不可能へのあこがれ
―数学の驚くべき真実―

Yearning for the Impossible: The Surprising Truths of Mathematics

John Stillwell 著
柳谷　晃 監訳
内田雅克・柳谷　晃 訳

共立出版

Yearning for the Impossible
The Surprising Truths of Mathematics

John Stillwell

Copyright © 2006 by A K Peters, Ltd.

All rights reserved. No part of the material protected by this copyright notice may be reproduced or utilized in any form, electronic or mechanical, including photocopying, recording, or by any information storage and retrieval system, without written permission from the copyright owner.

Japanese language edition published by
KYORITSU SHUPPAN Co, Ltd., ©2014

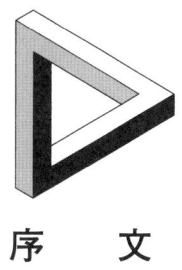

序文

　本書は，私が（いくらか皮肉をこめて）書いた「数学は不可能を受け入れる」という論文が元になっている．1984 年に *Monash University Magazine Function* に掲載したこの論文は，左上の図のような存在しないペンローズの三角構造が，実際には存在することを示すことにあった．この三角構造は，われわれが普段生活している空間とは異なる空間に存在する．しかし，その空間は，数学者にとっては合理的に存在することが証明できるし，また，非常に大きな意味があることが知られている．この一つの例から，私は一般的な読者に，数学は想像あるいは空想さえも必要とする学問分野であることを伝えたかった．たとえば，Philip Davis は *"The Mathematic of Matrices"* (1965) につぎのように書いている．

> 数学は矛盾を許さないと言われるが，実は矛盾をうまく受け入れて，付き合ってきた長い歴史を持っている．これはパラドックスである．このパラドックスは，2500 年という期間を超えて作られた数の概念の拡張に最もよく表れている．… それぞれの場面で必要だった拡張は，その場面での，矛盾していると思える理論的な問題を克服してきた．

　数学は人が拒否するような，神秘的な用語をたくさん使う．無理数，虚数，超越数など数え上げれば切がない．おそらくこれらの用語は，不可能なことをなんとか扱うために使われてきたのだろう．数に使われる用語だけでもこれだけある．数学の他の分野，たとえば幾何学にも，多くの人が理解できないと思うような，四次元，有限領域，曲率空間といった多くの概念がある．しかし，

幾何学者（および物理学者）は，これらの言葉なしでは理論を展開できない．このように数学は不可能に思えることに挑戦し，それによって進歩してきたことは間違いないだろう．なぜそのような挑戦をするのか，疑問でもある．

その答えは，1943 年，ロシアの数学者コルモゴロフ (A.N. Kolmogorov) の言葉にもっともよく表れていると思う [31, p.50]．

> どんな時でも「明らか」と「不可能」の間に綺麗な光がある．数学の発見はこの光の中でなされるのだ．

言葉を変えれば，「すべての偉大な発見は不可能のそばにあり，数学は不可能との遭遇の物語である．」本書の目的は，数学の歴史の中の最も重要な発見を，予備知識なしにわかりやすく解説することである．発見が完全な理論で書かれてしまったときに失われてしまう，なぜその発見が必要だったのかを予備知識なしに，伝えたいと思っている．教科書や研究論文は不可能と出会ったときの人間の驚きを伝えない．なぜその困難を解決しなければならなかったかを明確にしない．新しい理論を作った目的を説明することなしに，新しい概念を紹介する．これは長い話を短くはするが，初めて見る理論や，新たに導入される概念の必要性を理解するには，混乱を招くだけである．

解決しなければならない不可能との出会いを考えることは，なぜ新しい概念が必要なのかを知ることに役に立つ．ただし，それが数学を理解することを簡単にするわけではない．いまだに，数学に王道はない．やはり，難しさは乗り越えなければならない．高校までに扱う数学の内容を習ったことがある読者は，本書に登場する概念のすべてを正しく認識して理解できるはずである．しかし，それらの概念は必ずしも簡単ではないし，それらをやさしく理解する方法はない．何度も読まなければならない部分もあるだろうし，本書の前の部分を読み返さなければならないこともあるだろう．しかし，その理論ができた目的がわかれば，どのように理解しなければいけないかを考えることができる．それが，数学の魅力を引き立てることになる．もし，あなたを魅きつけるような理論や，概念に出会ったら，参考文献を読んで，さらに高度な理論に挑戦することも可能である．（これは数学者にも当てはまる．皆さんは，数学の中での他の分野を学ぶために，本書を読んでくれているかもしれないから．）

特に，本書に続いて読むことを薦めたいのは，拙著『数学とその歴史』("Mathematics and Its History") である．この本は本書の内容をより詳細に発展させ，練習問題によってその理論の理解を深めることもできる．そして，数学の名著を読む実力を付けることもできる．そこでは，「不可能への憧憬」を目の当たりに経験することができる．

本書の執筆と修正には，多くの人が手助けをしてくれた．彼らの努力によって，本書が完成した．妻 Elaine はいつも最初に多くの原稿を読み，校正や批判をしてくれた．また Laurens Gunnarsen, David Ireland, James McCoy, Abe Shenitzer らが丹念に原稿に目を通してくれて，全体的な観点から，本の目的を明確にするために，有効で極めて重要な示唆をしてくれた．

謝 辞

本書を作るにあたり，作品を使わせていただいたことに感謝します．M. C. エッシャーカンパニー（バルン，オランダ）に対して，エッシャーの絵，「滝」を図 8.1 に，「円の極限 IV」を図 5.18 に使わせていただいたことに大変感謝しています．図 5.18 と図 5.19 に「円の極限 IV」を使用しています．エッシャーの作品 (2005) は，版権を所有する，オランダの M. C. エッシャーカンパニー (www.mcesher.com) から使わせてもらっています．

また，ニューヨーク著作権協会に対しても，マルグリットの「許されない反復」を図 8.8 に使わせていただいたことを感謝します．この絵 (2006) は C. ヘルスコヴィッチ，ブリュッセル（芸術家著作権協会，ニューヨーク）が版権を保有しています．

ジョン　スティルウェル
南メルボルン，2005 年 2 月
サンフランシスコ，2005 年 12 月

目　次

第1章　無理数　　1
- 1.1　ピタゴラスの夢　　2
- 1.2　ピタゴラスの定理　　7
- 1.3　無理数の三角形　　10
- 1.4　ピタゴラスの悪夢　　13
- 1.5　無理数の意味は何か　　16
- 1.6　$\sqrt{2}$ に対する連分数　　21
- 1.7　等しい音列　　26

第2章　虚数　　31
- 2.1　負の数　　32
- 2.2　虚数　　36
- 2.3　3次方程式を解くこと　　38
- 2.4　虚数で表される実数解　　41
- 2.5　1572年以前，虚数はどこにあったのか？　　42
- 2.6　乗法の幾何学　　46
- 2.7　複素数は我々が思っているより多くの実りがある　　51
- 2.8　なぜ"複素"数と呼ぶのか？　　55

第3章　水平線　　59
- 3.1　平行線　　61
- 3.2　座標　　63
- 3.3　平行線と視覚　　68

3.4 距離を考えない描き方 73
  3.5 パッポスとデザルグの定理 77
  3.6 小デザルグ定理 82
  3.7 代数学の法則とは何か？ 86
  3.8 射影的加法と乗法 90

第4章 無限小   97
  4.1 長さと面積 98
  4.2 体　積 100
  4.3 四面体の体積 102
  4.4 円 106
  4.5 放物線 110
  4.6 他の曲線の傾き 113
  4.7 傾きと面積 117
  4.8 π の値 121
  4.9 無限小の幽霊 123

第5章 曲がった宇宙   127
  5.1 平らな宇宙と中世の宇宙 128
  5.2 2次元球面と3次元球面 131
  5.3 平らな曲面と平行線公理 135
  5.4 球面と平行線の公理 139
  5.5 非ユークリッド幾何学 142
  5.6 負の曲率 145
  5.7 双曲型平面 148
  5.8 双曲型空間 153
  5.9 数学的空間と現実の空間 154

第6章 4次元   159
  6.1 パリの算術 160
  6.2 三つの組の算術の世界の探検 162

- 6.3 なぜ $n \geq 3$ のとき n 個の数の組は，数の集合の演算ができないのか 164
- 6.4 四元数 167
- 6.5 4平方定理 172
- 6.6 四元数と空間回転 175
- 6.7 3次元における対称 178
- 6.8 正四面体の対称と24胞体 181
- 6.9 4次元正多面体 185

第7章 イデアル 189
- 7.1 発見と発明 190
- 7.2 余りのある割り算 193
- 7.3 素因数分解の一意性 197
- 7.4 ガウスの整数 199
- 7.5 ガウス素数 203
- 7.6 有理数の傾きと有理数の角度 206
- 7.7 成立しない素因数分解の一意性 207
- 7.8 イデアルと素因数分解の一意性の復活 211

第8章 周期的な空間 217
- 8.1 あり得ないトライバル 219
- 8.2 円柱と平面 221
- 8.3 野生のものはどこにあるのか 224
- 8.4 周期的な世界 227
- 8.5 周期性とトポロジー 229
- 8.6 周期についての歴史 232

第9章 無限 239
- 9.1 有限と無限 240
- 9.2 潜在的，現実的無限 241
- 9.3 非可算 244

目次

- 9.4 対角線論法 247
- 9.5 超越数 249
- 9.6 完備性への熱望 253

エピローグ 257

訳者あとがき 261

索　引 263

第 1 章　無 理 数

はじめに

　数とは何か？　何のためにあるのだろうか？　簡単な答えは，自然数 $1, 2, 3, 4, 5, \ldots$ と，数えるためにある．別の使い方は，たとえば物の長さを測ることもできる．測る量の単位（インチやミリメーターなど）を決めれば，長さなどの量を数で表すことができる．与えられた長さの中に，いくつ単位の長さが入っているかを数えれば，数は長さを測ることにも使うことができる．

　二つの長さは，両方を正確に測る単位と公約数があれば，比較することができる．図 1.1 でその例を見てみよう．適当な単位を決めると，一つの線分は 5 単位の長さ，もう一方は 7 単位の長さになる．それで，二つの線分の長さの比は 5:7 となる．

　この例のように，あらゆる二つの線分に対して，適当な測定単位を見つけることができれば，二つの線分の長さはすべて自然数比で表される．数学はかつてそのような世界を夢見た．この世界は単純であり，この世界は自然数によってすべて説明されることを夢見た．しかし，これは夢でしかなかった．世界はこの「単純な原理」に従ってはいなかった．

　古代ギリシャ人は，正方形の一辺と対角線を，自然数の比で表す測定単位がないことに気づいていた．私たちは，正方形の一辺の長さが 1 のとき，対角線の長さが $\sqrt{2}$ であることを知っている．この「$\sqrt{2}$」が自然数の比では表せない

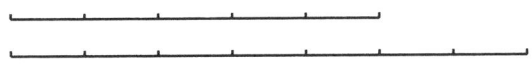

図 1.1　長さの比を見つける

のである．$\sqrt{2}$ のように，自然数の比で表せない数は無理数と呼ばれる．

自然数の比で表せる数，普通に私たちが，分数と呼んでいる数を有理数という．$\sqrt{2}$ は自然数の比，すなわち有理数の世界の外にある．それでも，$\sqrt{2}$ を数として扱うことは可能なのだろうか？

1.1 ピタゴラスの夢

> 明らかに二つの科学的方法によって，量というものを扱う．そのひとつは絶対量である算術であり，もうひとつは相対量である音楽である．
>
> ——ニコマコス，『算術』

古代より，高等学問は7つの分野に分けられていた．最初に学ぶ三つの科目，文法，論理，修辞は比較的やさしいとされ，いわゆる三科を構成して *trivium*（トリフィウム）と呼ばれていた．（数学の証明などで「明らか」という意味で使う「trivial」はこの言葉に由来する．）残りの4つの科目，算術，音楽，幾何学，天文学が高度な学問分野を構成し，四科と呼ばれた．四科の学問分野は，算術と音楽，幾何学と天文学という二組に，普通は分けられる．幾何学と天文学の関係は，幾何学が星の位置関係などを調べることに使われることから，すぐに密接な関係があるとわかる．ところが，算術はどうして音楽と結びついたのだろうか？

よく言われる説は，ピタゴラスと彼の直弟子であるピタゴラス学派の人たちから，算術と音楽の関係が始まったといわれている．この説は，ニコマコスなどのようなピタゴラスの後期の弟子の文献の記述から予測することができる．最初に引用したニコマコスの「算術」は，紀元1世紀頃に書かれたものである．

弦の長さの比が，それほど大きくない自然数の比であるとき，弦をはじくと音色が調和するということをピタゴラス学派の人たちは発見した．この音の調和の発見が，音楽と算術を結びつけた（弦は同じ原料から作られ，同じ張力をもつとする）．音色の間に最も調和が取れるための間隔，すなわちオクターブ

は，長さの比が 2:1 のときである．次に最も調和する間隔は完全 5 度で，長さの比が 3:2 のときである．その次に調和するのは 4 度で，長さの比が 4:3 のときである．このように音楽における音の度数の間隔は，弦の実際の長さではなく，弦の長さの比による「相対的な」量である．音楽の中の数は，ピタゴラス学派の人たちにとって偶然の発見であった．彼らは何か偉大なものにかすかに触れたように感じた．それこそ，数がすべての現象に潜む証であり，数とこの世界を含む宇宙の調和である．つまり，万物は数である．

　私たちは現在の研究から，ピタゴラス学派が描いたこの夢の中に多くの真実があることを学んでいる．数学の発想は自然数をはるかに越える豊かさをもっている．そうだとしても，現在までの研究によって彼らの考え方の中に豊かな真実があることが明らかになっている．その一つとして，音楽における自然数の比の本質的な役割がある．自然数と音楽が，非常に深い関係をもっていることを，少し考えてみよう．自然数の役割の重要性がおわかりになると思う．

　オクターブの間隔は見事に調和しているので，私たちはある音色を，1 オクターブの違いの下方の音色と「同じ」であると知覚している．そして，習慣的に 1 オクターブの間隔を 7 つの音名—ド，レ，ミ，ファ，ソ，ラ，シ，ド—に分けている．（音の間隔がどれだけ離れているかで，「オクターブ」，「5 度音列」，「4 度音列」という言葉を使う）．8 音階の最後の音は次のオクターブの音階を始めるために，最初のものと同じ名前がつけられている．

　しかし，なぜオクターブ離れた音が「同じ」音に聞こえるのだろうか？　その理由は張られた弦の長さと，その振動の周波数間の関係によって説明される．周波数は，私たちが実際に聞く音が，どのくらい空気を振動させるかを表している．1 秒間にこの振動が何回起こっているかを表すのが周波数である．単位はヘルツを使う．私たちの鼓膜を同じ周波数で振動させさえすれば，フルートの音でも，ギターの音でも同じ高さの音に聞こえる．同じ周波数の音は，同じ高さに聞こえるからだ．たとえば，弦の長さを 2 分の 1 にしたら，2 倍の速さで振動するので，周波数は 2 倍になる．感じる音は高くなる．一般的には弦の長さを n 分の 1 にすれば，その周波数は n 倍になる．この法則は，1615 年オランダ人科学者アイザック・ビークマン (Isaac Beeckman) によって，初めて明らかにされた．弦が音を生み出すしくみが明らかになると，各音が 1 オクター

図 1.2 振動の姿

ブずつ高い音を含むことが示された．（弦が振動することにより音が聞こえる．音を聞いているときには，図 1.2 に示されているように，弦は等分割の振動もしている．すなわち，弦の等分割の振動が出す音も一緒に聞いていることになる．）鼓膜に等分割の弦の振動による二つの音が，まったく同じように聞こえることには，何の不思議もない．

弦の振動には無限に多くの等分割された弦の振動の重なりがある．端点を固定した弦を震わせると，等分割の点では，弦が止まっているような振動がいくつもできる．すなわち弦が $2, 3, 4, 5, \ldots$ に等分された振動の重なりで，全振動は作られる．基本周波数が f であるなら，その振動はビークマンの法則により，等分割された点を動かない点としてもつ，多くの振動により作られる．すなわち $2f, 3f, 4f, 5f, \ldots$ の周波数をもつ振動から，一つの基本周波数 f の振動が作られる．

弦がはじかれて鳴らされたとき，これらすべての周波数の振動が同時に起こる．人間の耳は，理論的にはこれらすべての周波数を聞くことができる．（もちろん，人間の能力の限界もある．周波数が増加するにつれて音量が小さくなり，

人間の耳は毎秒約 20000 以上の振動は感知できない.）半分の長さの弦は, 基本周波数 2f—1 オクターブ高い周波数—を作りだす. さらに, 弦の長さを, 半分の長さ半分の長さと繰り返して等分したときの周波数 4f, 6f, 8f, 10f を, すべて弦の振動は含むことになる. すなわち, 弦の振動は, 1 オクターブずつ高い振動をすべて含んでいることになる.

周波数の 2 倍は「同じ音で, 高いだけの」音を生み出す. 2 倍を繰り返すことで生み出されるオクターブ高い音は, 同じ音で周波数だけ増加した高い音と知覚される. この事実は, 人間の研究心を, まったく異なる別の注目すべき現象へと, はじめて向けることとなった. すなわち, 倍倍と増える乗法的な振動の増加を, 知覚が 1 オクターブ, 2 オクターブ, 3 オクターブと加法的な増加として感知するということである. この知覚の特性は, 心理学でウェーバー-フェヒナーの法則として知られることとなる. 同じような理論は, 近似的に音量や光の強度の知覚にも適用することができる. しかし, この法則は特に音の高さに対して, 正確に適応させることができる法則である. 音におけるオクターブの考え方は, 単位の長さの振動する弦が生み出す音の知覚に対して, 非常に適した音階の作り方なのである.

ピタゴラス学派の人たちは, 音を出す弦の内分比の積（彼らの見方では, 長さの比）に関して, 弦の分割を増やしたときの周波数の積の法則と, 聴覚が感知する和の感覚との対応関係を知っていた. たとえば, 5 度音列（周波数の $\frac{3}{2}$ 倍）と 4 度音列（周波数の $\frac{4}{3}$ 倍）を重ねると（積を作る）

$$\frac{3}{2} \times \frac{4}{3} = 2$$

となり, オクターブに等しくなる.

このように 5 度音程と 4 度音程は, 重ねると 1 オクターブとなる. この積の性質から, オクターブより小さな音程の自然な区切りとなる, 8 音階の他の音程の区分がどうしてできたのかを予測できる. ピタゴラス学派の人たちは, 5 度音列をたしていく（重ねていく, 計算では積を作る）ことによって, 8 音階を作ることができることを発見した. しかし, そのプロセスの中で, 彼らの教義である「自然は自然数の比である」ことの限界も見つけている.

二つの5度音列を重ねると，周波数に $\frac{3}{2}$ を2回かけることになる．

$$\frac{3}{2} \times \frac{3}{2} = \frac{9}{4}$$

となるので，この結果は周波数に $\frac{9}{4}$ をかけることになる．これは2より少し大きい値であるから，音の高さはオクターブより少し高くなってしまう．オクターブをもとにした区切りを見つけるためには，2で割ることにより8音階に対応させる．先ほどの結果を2で割れば $\frac{9}{8}$ が得られる．これは周波数に，$\frac{9}{8}$ をかけることにより作られる振動数の音である．これによりできる音の高さの間隔は，1オクターブ上の次の音，すなわち，音階の2番目に対応するので2度と呼ばれる音程である．その他の音も同様に見つけることができる．そのために最初に，$\frac{3}{2}$ どうしをかけることによって「5度を加える」作用をさせる．次に，2で割ることによって「オクターブを引く」作用をさせ，そのときの「差」がオクターブ以下の間隔になるまで繰り返す（つまり，周波数比が1と2の間に入るようにする）．

12回5度が加えられると，その結果は7オクターブに非常に接近し，8音階の等間隔を作るために，十分な精度をもつ．ここで，5度を加えて（$\frac{3}{2}$ をかける）オクターブを引くことを止める．問題は，12回の5度は7オクターブと完全に同じではない，ということである．それらの間隔は周波数比で

$$\left(\frac{3}{2}\right)^{12} \div 2^7 = \frac{3^{12}}{2^{12}} = \frac{531441}{524288} = 1.0136\ldots$$

に対応する．

これはとても小さなずれであり，「ピタゴラスの端数」と呼ばれる．音階における最も小さな間隔の約 $\frac{1}{4}$ であり，このことから，音階が完全には正しくないのではと懸念する人もいる．さらに，このずれは5度をさらに繰り返し加えて，オクターブを引くという操作をしても改善されることはない．5度の和は，オクターブの和と決して完全には等しくならないのである．なぜであろうか？その答えはこの章の最後にある．

この事実は，世界が自然数の比によってすべて記述される「合理的な」世界であるというピタゴラス学派の夢を脅かしてしまう．ピタゴラス学派の人たち

は，彼らの創造の世界である音楽の算術的理論を愛したであろう．しかし，その理論の中に，ピタゴラス学派の人たちにとっての大きな脅威があった．私たちは，その脅威をピタゴラス学派の人たちが心の中で気づいていたかどうかは，知りえない．しかし，私たちが確実にわかっていることがある．彼らが幾何学の世界を見たとき，彼らにとっての脅威が明らかになったということである．

1.2　ピタゴラスの定理

音楽における自然数比の役割は，ピタゴラス学派の人たちの独自の発見である可能性が高い．しかし，幾何学において，自然数の果たす驚くべき役割は，ピタゴラス学派以外の多くの人たちにより発見されている．そのいくつかは，ピタゴラス学派が発見する以前に使われている．その中で最も有名なものが，バビロニア，エジプト，中国，インドなどの古代文明で発見された．誰もが知っている三平方の定理である．直角三角形に関する，この三平方の定理は，現代ではピタゴラスの定理とも呼ばれている．斜辺 c を一辺とする正方形は，他の二つの辺 a と b を一辺とする二つの正方形の和に等しい，というものである（図 1.3）．ここで，「正方形」といっているのは，直角三角形の各辺を一辺として作った正方形の面積のことである．正方形の辺の長さが l 単位なら，その面積は $l \times l = l^2$ という辺の長さの積で表される面積となる．この l^2 が「l 平方」と呼ばれるものである．図 1.4 は，一辺が長さ 3 単位の正方形である．そ

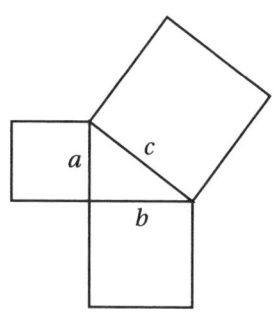

図 1.3　ピタゴラスの定理

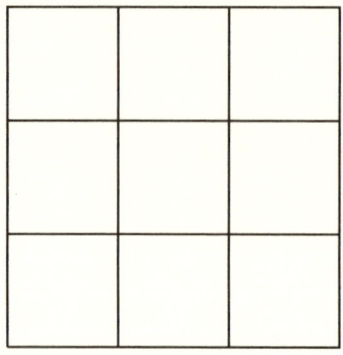

図 1.4 正方形の面積

の面積は $3 \times 3 = 9$ 平方単位である．この正方形の面積を使えば，直角を挟む辺の長さが a と b で，三つ目の辺の長さが c のとき，ピタゴラスの定理は等式

$$a^2 + b^2 = c^2$$

で表せる．

逆に，この等式を満たす三つの正の数のすべての組 (a,b,c) は，直角三角形の辺となる．幾何学における自然数の物語は，この等式が自然数の解 a,b,c を，非常に多くもつという発見から始まった．その結果，自然数の長さの辺をもつ直角三角形はたくさんあることがわかる．最も簡単な組合せは $a=3, b=4, c=5$ であり，これは等式 $3^2 + 4^2 = 9 + 16 = 25 = 5^2$ を満たしている．ほかにも簡単な自然数の組で，ピタゴラスの定理の等式を満たすものがある．三つの自然数の組，$(5,12,13), (8,15,17), (7,24,25)$ などである．このような解の組は，無限に多くあり，ピタゴラス数と呼ばれている．

大昔，紀元前 1800 年，バビロニア人は何千もの a と b の値でピタゴラス数を計算する能力をもっていた．バビロニアで計算されたピタゴラス数は，粘土板の上に書かれている．この粘土板が博物館のカタログ番号から，プリンプトン 322 として知られる有名な粘土板である．実際には，b と c の値のみが書かれているが，どの場合も $a^2 = c^2 - b^2$ の値が自然数の 2 乗であることから，a の値は自然数である．──この事実の中に，偶然でない何かがある！── また，二

1.2 ピタゴラスの定理

a	b	c	b/a
120	119	169	0.9917
3456	3367	4825	0.9742
4800	4601	6649	0.9585
13500	12709	18541	0.9414
72	65	97	0.9028
360	319	481	0.8861
2700	2291	3541	0.8485
960	799	1249	0.8323
600	481	769	0.8017
6480	4961	8161	0.7656
60	45	75	0.7500
2400	1679	2929	0.6996
240	161	289	0.6708
2700	1771	3229	0.6559
90	56	106	0.6222

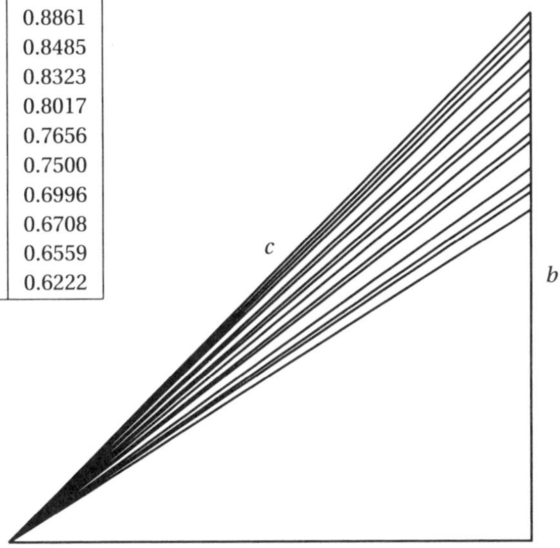

図 1.5 プリンプトン 322 にある直角三角形

つの数の組 (b, c) は $\dfrac{b}{a}$ の値の大きさの順に正しく並べられている．図1.5 からもわかるように，$\dfrac{b}{a}$ の値が減少しているように並んでいる．

さらに，これらの三つの値が作る直角三角形の斜辺の傾きは，傾きが 30° から 45° の間の角度の範囲にほとんど稠密に分布していることがわかる．それは，ピタゴラス学派の人たちが信じたように，まるでバビロニアの人たちも，自然数比の世界を信じていたように思える．ピタゴラス学派の人たちが，自然数比でオクターブを分割する計算をしているように，直角三角形の三辺を計算している．しかし，もしそうであるとすれば，有理数の幾何学の世界がもつ重大な欠陥が先ほどの図の中にあるはずである．それは，$\sqrt{2}$ が有理数の世界に

はないことから，傾きを表す線分の一番上，すなわち $a = b$ となる直角三角形が存在しなくなるということなのだ．このことから 45° に対応する直角三角形は，有理数の幾何学の範囲では描くことができない．

ピタゴラスの定理を発見したすべての人の中で，彼らピタゴラス学派の人たちのみが有理数の世界の欠陥に悩まされたのである．バビロニアの人たちは，同じ定理を使っても，$a = b$ の場合が有理数では表せないことを気にしていなかっただろう．ピタゴラス学派の人たちだけが，それに悩まされた．これは，ピタゴラス学派の人たちにとっての名誉となる．彼らはそれを解明しようと悩み，大変な努力をした．そのなかで無理数の世界を発見したのである．

1.3　無理数の三角形

確かに世界でもっとも単純な三角形は正方形の半分，つまり直角二等辺三角形である（図 1.6）．直角をなす 2 辺の長さを 1 とすると，ピタゴラスの定理から斜辺 c は $c^2 = 1^2 + 1^2 = 2$ を満たす．ゆえに c はいわゆる $\sqrt{2}$，2 の平方根である．

$\sqrt{2}$ は自然数の比だろうか？　今までこのような比率を見つけた人はいない．この疑問は，私たちが十分詳しく自然数の性質を見ていないから，出てくることかもしれない．ピタゴラス学派はたぶん，偶数と奇数の簡単な性質を用いて，そのような比率が存在しないことを発見していた．たとえば奇数の 2 乗は奇数

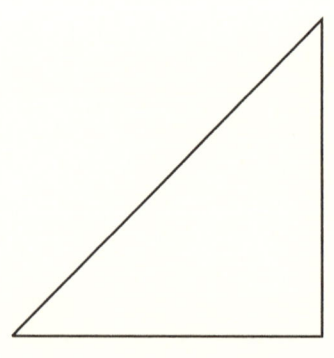

図 1.6　最も単純な三角形

であることを知っていたので，偶数の2乗は必ず偶数の2乗であることがわかっていた．しかし，これは簡単な事実である．自然数の比が，私たちの知っている唯一の数であるときに，$\sqrt{2}$が自然数の比のなかにないことを証明するのは想像しがたいほど難しいことである．

この証明には矛盾を導く証明，すなわち，仮定を矛盾に導く「背理法」として知られる大胆な証明法を必要とする．$\sqrt{2}$が自然数の比ではないことを示すためには，$\sqrt{2}$が自然数の比で表されると仮定し矛盾を導く．ゆえにその仮定「$\sqrt{2}$は自然数の比である」は偽となり，「$\sqrt{2}$は自然数の比ではない」が証明されたことになる．

この証明は，自然数m, nに対して$\sqrt{2} = \frac{m}{n}$であると仮定することから始める．さらにm, nは互いに素であるとする．とくにmとnはともに偶数ではない．もし，偶数であれば，mとnは公約数2をもち，互いに素であることに矛盾する．両辺を2乗することにより次の式が成立する．

$$2 = \frac{m^2}{n^2}$$

両辺にn^2をかける

ゆえに	$2n^2 = m^2$	左辺は偶数より
ゆえに	m^2は偶数	偶数の2乗は偶数
ゆえに	mは偶数	
ゆえに	$m = 2l$とおける	lは自然数
ゆえに	$m^2 = 4l^2 = 2n^2$	なぜなら$m^2 = 2n^2$だから
ゆえに	$n^2 = 2l^2$	両辺を2で割った
ゆえに	n^2は偶数	
ゆえに	nは偶数	

これはmもnも，ともに偶数ではないという（互いに素であるから）ことに矛盾するので，$\sqrt{2}$は自然数比$\frac{m}{n}$ではない．このことから，$\sqrt{2}$は無理数となる．

"無理数" と "不合理"

　普段の会話において "無理数" の「無理」という言葉は，非論理的あるいは訳のわからないという意味である——数学用語に適用するには，かなり偏見を抱かせる言葉であると思う人もいるかもしれない．では，数学者はなぜ，気にせずそのような言葉を使うことができたのだろうか？　この理由はとても興味深く，数学用語の進化がいかに偶然に左右されるかを教えてくれる．

　古代ギリシャでは，ロゴス (logos) という言葉は言語，理性，説明，数をすべて意味するような，広い概念の集まりを表す言葉だった．それは英語の論理という言葉，そして –ology で終わるすべての言葉の元になっている．よく知られたように，ピタゴラス学派は数を証明のための究極の手段とみなしていたので，論理的なものをすべて含む言葉であるロゴスは，数の比率や計算をも意味したわけである．

　逆に，単語アロゴス (alogos) は一般的な意味においても，幾何学に限った意味でも，有理数でないことを意味した．幾何学においてはユークリッドが，自然数の比で表現できない量を示すためにアロゴスを用いた．

　ロゴスとアロゴスはラテン語の有理数 (rationals) と無理数 (irrationalis) に翻訳された．そして，紀元 500 年頃東ゴート族のテオドリック王の秘書であったカッシオドルスによって，初めて数学で用いられた．英語の有理数 rational と無理数 irrational はラテン語に由来するものであり，数学的にも一般的にも同じ意味をもっている．

　同時に，ロゴスとアロゴスは "表現できる" と "表現できない" という意味でも使える．紀元 800 年頃の数学者アルクワリズミ (al-Khwarizmi) の著作の中では少し変化したアラビア語の意味 "聞こえる"，"聞こえない" となった．後にアラブ人の翻訳者が "聞こえない" から "口のきけない" ということまで拡大解釈して，それが "静かな" を意味する surdus として，再びラテン語に伝わった．最終的にはロバート・レコード (Robert Recorde) の 1551 年の『知識への小道』のなかで，surdus は surd という英語になった．その派生語である「不合理」(absurd) は非旋律的な，あるいは「調和しない」を意味するラテン語の absurdus に由来するので，実際ピタゴラス学派の原点からかけ離れてはいな

かった.

　しかし，私たちはピタゴラス学派の哲学から遠く離れたところまできてしまった．不合理という意味の言葉を，無理数に使うのは，最初は自然な意味があった．しかし，自然数の世界の外に数学の「無理」という言葉の意味を求めることは"無理"であり，現在"無理の"という言葉の日常的な使い方と，数学における使い方には，かなりの隔たりがある．私たちは，確かに理性に従わない行動を"無理"と言う．だから数学では，数の種類を"無理数"と呼ぶことをやめる方が良い．不幸にも，これは機会を失った感があるようだ．

　1585年，オランダ人数学者サイモン・ステヴィン (Simon Stevin) は，数に"無理数"や"不合理な"という言葉を使うことについて反対していた．しかし，彼の主張は聞き入れられなかった．この広い視野から，ステヴィンは自然数比で表せない数に対して，数の性質を表す「通約できない」("公約数のない") を用いた．このことにより，"無理数"のような性質を表さない用語の使用を厳密に避けていた．同じ理由で，ステヴィンは「有理数」を「算術的な数」と呼んでいる．ストゥルイクによる，ステヴィンの言葉の要約がある．

> 不合理，不規則な，説明のできない，無理な，などという数はない．$\sqrt{8}$ は自然数の比では表せない，というのは真であるが，それは不合理ということを意味するわけではない．$\sqrt{8}$ は自然数の比とほんの少しずれているということだけである．

1.4　ピタゴラスの悪夢

　幾何学における無理数の発見は，自然数をこの世界の原理とするという夢への痛烈な一撃であった．単位正方形の対角線は確かに実在する—正方形自体と同様に実在する—．しかしその長さは自然数の比で表すことができない．ゆえに，ピタゴラス学派の人たちの観点では，正方形の対角線を数で表すことは不可能となる．後のギリシャの数学者は，幾何学を非算術の学問—大きさと呼ばれる量の学問—として発展させることによってこの悪夢に対処しようとした．

　大きさは長さ，面積，体積といった量を含む．また数も含むが，古代ギリシャ

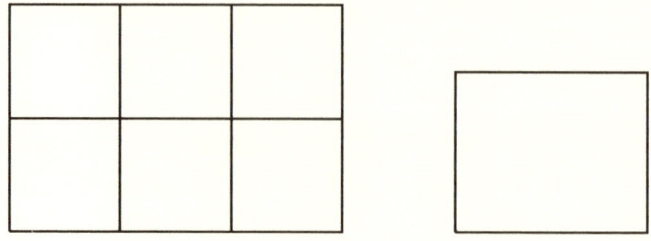

図 1.7　2×3 の長方形と $\sqrt{2} \times \sqrt{3}$ の長方形

人は長さが，数のすべての特徴をもっているわけではないと見ていた．たとえば二つの数の積はそれ自体数であるが，二つの長さの積は長さではない．矩形となる．辺が 2, 3 である矩形は $2 \times 3 = 6$ 個の単位正方形からなるということは確かであり，数字 2 と 3 の積が 6 であるという事実を反映している．今日，私たちは矩形を "2×3 矩形" と呼び，面積と乗法の間のこの対照を活用している．しかし，辺 $\sqrt{2}$ と $\sqrt{3}$ の矩形は $\sqrt{2} \times \sqrt{3}$ 単位正方形から成るのではない．実際，それはどのような大きさの正方形にも分割することができないので，ピタゴラスの数の感覚においては，単位正方形のどのような "数" からも確かに構成されない．

これは代数の一般的な概念に反する．代数では，普通，加法と乗法は，乗法が加法から作られるという関係より同じように扱える計算である．このような加法と乗法の関係の概念を明白に損なうものである．一つの図形を 1 単位ずつに分割し，もう一度その図形を形成するために再び集める．この二つの図形が，等しい面積になることが示されている．どのような多角形も単位正方形によってこのように "測定する" ことが可能である．ゆえに，困難を伴ってはいるが，ギリシャ人の面積の理論は私たちと同じ結果を得ることができる．実際 "カット&ペーストによる同等" でさえも，いくつかの代数に固有の性質に関する，わかりやすい証明を提供する．図 1.8 は，なぜ $a^2 - b^2 = (a-b)(a+b)$ であるかを示している．

しかし，体積の概念に関しては，さらに悪い問題が起こる．ギリシャ人は三つの長さ a, b, c の積を直角をなす辺 a, b, c をもつ箱と見なし，箱によって体積

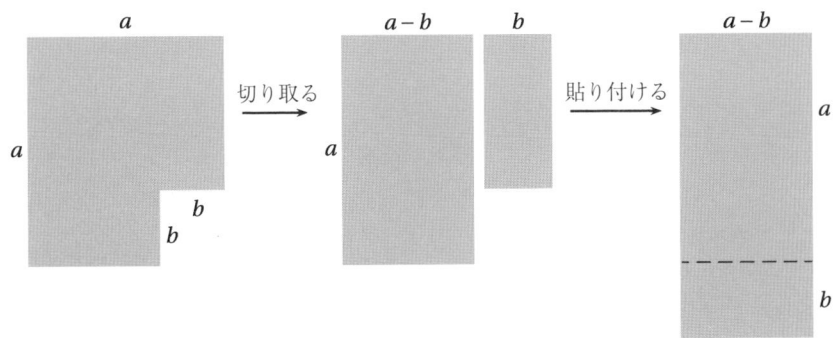

図 1.8 2つの数の2乗の差 $a^2 - b^2 = (a-b)(a+b)$

を測った．この考え方を繰り返すことは，すくなくとも二つの問題がある．

- 体積は有限の数に分割した立方体によって定義することはできない．体積を計算するためには，長さの3乗が必要である．すべての多面体の体積を求めるときに，有限個の立方体に分割することだけにより求められるわけではない．実際，四面体の体積を測定するためには無限に多くの立方体が必要である．（この方法については 4.3 節参照）．ギリシャ人は気づいていなかったが，ここでも無理数についての，ピタゴラス学派の教義との矛盾が起こる．1900 年，ドイツの数学者マックス・デーン (Max Dehn) は四面体の体積についてのこの矛盾は，その表面間の角度が直角の有理数倍でないことが原因であることを示した．

- 4次元以上の次元の空間を私たちは見ることができないので，4次元の体積を求める4つの長さの積などについては，解釈に難しさがある．

この問題は，ギリシャ数学において幾何学と数の理論の分裂を招き，最終的には幾何学の理論に傷をつけることになる．大きな影響力をもっている数学の著作である，ユークリッドの『原論』のなかに幾何学と数の理論の分裂は顕著に表れる．『原論』は紀元前 300 年頃に書かれ，ヨーロッパでは 19 世紀末まで数学教育の基礎であり続け，今日でもよく読まれている．（私は最近，ロサンジェルスの空港の書店で見かけた．）

『原論』は 13 の編に分けて書かれ，定版となっている英語版はぶ厚い 3 巻からなる．最初の 6 編は一般の大きさを扱い，長さ，面積，角度に関する基本的な理論が含まれている．たとえばピタゴラスの定理は，第 1 編命題 47 である．私たちが知っているような自然数の理論——被整除性，共役数，素数——が始まるのは，第 7 編である．初歩の数学教育ではほとんど到達しないところである．この本の中で，無理数の性質についての幾何学的な扱いが定着してしまった．こうして無理数が起こしたパニックが，代数学と数の理論の発展を妨げたのである．『原論』後の学問分野は 16 世紀まで，無理数について実際には論じられなかった．16 世紀，ついにヨーロッパ人は三つの量を一度にかけるという恐れを克服した．次章でこの話を取り上げよう．

実際，『原論』の読者の多くは，第 5 編を通読してはいない．自然数と大きさの関係を説明している非常に難解で捉えにくい編である．第 5 編は大きさを数として扱っているので，無理数の計算を可能にする手がかりが含まれている．しかし，実際に実行するまでには至っていない．その理由は次節で説明しよう．

1.5 無理数の意味は何か

心の目には，正方形の辺と対角線との間にあるような，共通の長さの測定単位がないことは映りはしない．共通な単位を使おうとしても，片方はどうしても分数では表せない．このような，明らかな違いがあるが，私たちの目には映らない．辺と対角線は，一方から他方を，たやすく描くことができる．これはサイモン・ステヴィンの 1585 年に行った，算術における無理数の表現の要点となっているものだ．1.3 節で見たように，幾何学から見るとすべての数はすべて具体的なので，数を "無理（論理的ではない）" と呼ぶ考えには彼は反対であった．しかし現在，私たちはいまだにステヴィンの "算術" ではなく，"無理" という言葉を使用している．"無理数" という言葉を使っているので，それらが何であるかを説明することが問題となっている．私たちは有理数と無理数の違いをいかに認識しているのだろうか？ そして $\sqrt{2}$ のような無理数は，どのような形で完全に理解されるのだろうか？

重要なことは，無理数と私たちの知っている有理数とを比較することである．

1.5 無理数の意味は何か

そこから見えてくることがあるはずだ。この単純だが奥の深い考えは，紀元前350年頃エウドクソスによって始まり，ユークリッドの『原論』V編でようやく展開を見た．単位正方形の対角線のような無理数の長さをもった線分は，有理数の長さで測ることはできない．しかし，それが1より大きく2より小さいということはわかっている．実際，1の有理数倍のうち，どれが対角線より小さく，どれが大きいかを正確に把握できる．エウドクソスは自分たちが唯一知りたいことに気づいた．それはある無理数は，それより小さい有理数とそれ以上の有理数に，有理数を分割するということだ．

このことを，より簡単に説明するためには，有理数の分数の姿ではなく，小数を使った表現を使うとよい．有理数を小数で表すということは，分数を使って表すことと，それほど異なることではない．たとえば，1.42という小数は，小数点を使って書いた有理数の表現である．これと同じ有理数は $\frac{142}{100}$ という分数でも表すことができる．無理数があるので，すべての小数が有理数で表されるとは限らない．しかし，どのような無理数でも，それを十分に正確に表現する有理数である小数が存在する．無理数はそれより小さい有理数の小数とそれより大きい有理数の小数とによって表現される．

ことわざで，"友人を見ればそのひとがわかる"という．これは数学にも言えることである．このことわざが，どのように数学で使われるかを，無理数 $\sqrt{2}$ を例にして考えてみよう．

$$1 < \sqrt{2} < 2$$

であることがわかる．さらに，$\sqrt{2}$ について，

$$1.4 < \sqrt{2} < 1.5$$

がわかる．小数第1位が，隣り合う自然数になるようにして $\sqrt{2}$ を挟む．実際に2乗してみれば，このような二つの有理数である小数が見つけられる．さらに

$$1.41 < \sqrt{2} < 1.42$$

が計算できれば，もっと近づくことができる．

$$1.414 < \sqrt{2} < 1.415$$

この手順をどこまでも繰り返していけばよい．

　どのような有理数の小数 d に対しても $d < \sqrt{2}$ か $d > \sqrt{2}$ かがわかれば，$\sqrt{2}$ が完全にわかる．なぜなら，有理数を表すどのような量も $\sqrt{2}$ と同じ位置にはないからである．有理数の小数は，$\sqrt{2}$ を表す小数と同じ位置にはない．どんな有理数の量 q も $\sqrt{2}$ とある量だけ異なる．たとえば $0.00\cdots01$ だけ大きい．しかしその場合，q は $\sqrt{2}$ より小さいすべての有理数の小数 d について，$d + 0.00\cdots01$ よりも大きい．もちろん，$\sqrt{2}$ より小さい q の場合は，逆のことが起こる．このように $\sqrt{2}$ によって占められた有理数と有理数の間は，"一点の大きさ" である――他のどんな量もそこには入らない．

　有理数と $\sqrt{2}$ の隔たりを探すために，小数を使って，$\sqrt{2}$ とそばにある有理数とを比較する．それを始めるとき順番に小数点以下を 1 個の数字，2 個の数字，3 個の数字，… と，数字を順々に多くして比較していく．$\sqrt{2}$ と比較する小数に使う数字の数を，無限に増加させているので，$\sqrt{2}$ との隔たりの幅が 0 に縮んでいく．

　$\sqrt{2}$ と隣接する数は（それらの平方は 2 以下）次のようになる．

$$
\begin{aligned}
&1 \\
&1.4 \\
&1.41 \\
&1.414 \\
&1.4142 \\
&1.41421 \\
&1.414213 \\
&1.4142135 \\
&1.41421356 \\
&1.414213562 \\
&1.4143135623 \\
&1.41421356237 \\
&1.414213562373 \\
&\vdots
\end{aligned}
$$

1.5 無理数の意味は何か

また $\sqrt{2}$ 以上で隣接する数は（それらの平方は 2 以上）次のようになる.

$$\vdots$$

1.414213562374

1.41421356238

1.4142135624

1.414213563

1.41421357

1.4142136

1.414214

1.41422

1.4143

1.415

1.42

1.5

2

これら二つの小数の組の間で $\sqrt{2}$ の位置は,

1.414213562373 $\cdots$

で始まる有限小数によって, いくらでも正確に記述される.

　今, 私たちはこの有限小数をよく $\sqrt{2}$ とみなして使っている. このように無理数を近似する有限小数を考えると, 一つの有力な考え方にたどりつく. もしかしたら, 無限小数があらゆる種類の無理数を表現する最も具体的な方法かもしれない. ステヴィンは 1585 年の著書 *"De Thiende"*（第 10 章）において, 無限小数を簡単に紹介している. たしたりかけたりできるので, 無限小数は有理数のように扱えるだけでなく, 同じような働きをしてくれる.

　ギリシャ人たちは無理数を表すのに無限小数を使わなかった. 有限小数すらもっていなかったからだ. 彼らは無限のものを信じていなかったので, どのような場合においても無限の表現を受け入れなかったのであろう. 彼らは自然数 $1, 2, 3, \ldots$ の列挙というような無限の過程, つまり終わりのない過程を喜んで

受け入れた．しかし，彼らには無限そのものは，終わらない過程を終わらせてしまう，あってはならない結果のように思えた．そのため，無限そのものは受け入れられなかった．しかし，無理数を理解しようとすれば，必ず無限にかかわる手段は発生してしまう．$\sqrt{2}$ の場合，ギリシャ人は無限小数をより確実に理解できるプロセスを発見した．この無限の過程については 1.6 節で扱う．

「これが読めるならば，英語の先生のおかげであろう」

　平方根の無限小数を計算する合理的で簡単なアルゴリズムがある．実際 20 世紀初期に学校で教えられていた．日本では，昭和 40 年代にも教えられていた．私の学生時代，この方法は，すでにシラバスにはなかった．数学の先生が病気でいなかった 7, 8 年生のある日，この方法に偶然出会った．英語教師のバーク先生が数学の先生の代わりに教えてくれた．平方根の計算のアルゴリズムは，彼女の学生時代に習った思い出に覚えていたことの一つだった．$\sqrt{2}$ の連続する小数点以下の数字が現れたとき，私は驚きと喜びとともに，数学には神秘があると気づいた．

　どれだけの数字を調べても，最初の 40 桁は，

$$1.414213562373095048801688724209698078569\ldots$$

であり，次に何が来るかはわからない．バーク先生は，数字の列には，わかっているパターンはないと言った．彼女の言葉はおそらくいまだに正しい．数字の列はでたらめであるか，現れる比率にある程度の規則があるのか，どちらであるか立証することはできない．各数字が同じ頻度で起こるかどうかもわからない．たとえば 7 のような特定の数字が，無限に頻繁に起こるかどうかさえもわからない．このように $\sqrt{2}$ に対する無限小数の全体をわれわれは本当には"わかっていない"．その有限部分を計算する方法を知っているだけである．

　これが，私が初めて数学，とくに無理数に興味を抱いた最初である．$\sqrt{2}$ を表す無限小数を"知る"ことは，多少なりとも解決の機会を残す問題を好む数学者にとっては，意欲をそがれる問題だろう．一方でそれは，まだまだ明らかにすることが残っていることを思い出させてくれる．無限小数の数の分布につい

ては，どこかに発見の方法を見つけたいという希望はある．ところが，問題の難しさにかなり戸惑ってしまう．どこかに解決の希望を見つけたい．しかし，その難しさが，$\sqrt{2}$ を表す正確な無限小数を作り上げるアプローチ開発の新しい方法を工夫するヒントになる．確かに $\sqrt{2}$ は単純な無理数だ，何か打開する簡単な方法があるはずだ．

1.6　$\sqrt{2}$ に対する連分数

　無限小数を作るアルゴリズムよりさらに有効な方法は，$\sqrt{2}$ を表す無限に続く数を予想できるような，連続な数字の列と関連した方法である．そのような計算手順は実際に存在する．それが，有名なユークリッドアルゴリズムである．そのアルゴリズムが初めて知られたのは『原論』第 VII 巻の中であるため，ユークリッドにちなんで名づけられた．無理数に関することを調べると，それ以前にも使用された証拠がある．
　ユークリッドアルゴリズムの目的は，二つの大きさ a と b の共通の測定単位を見つけることである．ある自然数 m と n に対して $a = mc$ と $b = nc$ であるなら，c が a と b の共通の測定単位であると言える．このアルゴリズムの鍵は $a - b = (m - n)c$，つまり a と b の共通測定単位 c はそれらの差の測定単位でもある，という事実である．そこで a が b より大きいなら，a と b の共通測定単位を見つけるという問題を，$a - b$ と b の共通測定単位を見つけるという問題に変換できる．"より小さな" 数を扱う問題に置き換えることができたわけである．このアルゴリズムは "大きいものから小さいものを連続的に引くこと" によって共通の測定単位を探すのである（ユークリッドがそのように計算した）．
　共通測定単位が存在するとき，ユークリッドアルゴリズムは有限の回数でそれを見つけることになる．とくに a と b が正の自然数であるとき，アルゴリズムは a と b のいわゆる最大公約数を与える．この概念は自然数の理論において非常に重要であり，1.7 節でより詳細に追究する．
　さて，有限の回数で終わらない場合も，興味深いものである．そこでは a と b は共通の測定単位をもたない．この場合，そのアルゴリズムは必ず永遠に続く．この永遠に続く状態が，「なぜ永遠に続くのか」が理解できるような方法

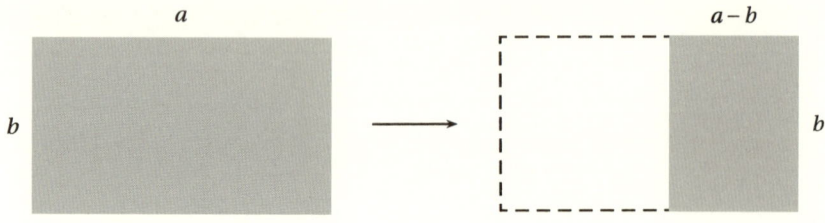

図 1.9 大きな辺から小さな辺を引いた長方形

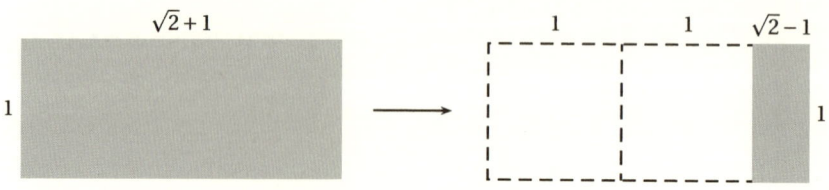

図 1.10 $\sqrt{2}+1$ から 1 を 2 回引く

であることが重要なのである.

$a = \sqrt{2}, b = 1$ の場合は,幸いにわかりやすい.この場合,ユークリッドアルゴリズムは,周期的に永遠に続く.つまりそれは何度も前の状況に戻ることを繰り返す.$\sqrt{2}$ を表す無限小数を求める場合とは異なり,$\sqrt{2}$ と 1 に対するユークリッドアルゴリズムは,もっとも単純な,同じことを繰り返す無限の動きをする.

できるだけ周期的な動きがわかりやすいように,$\sqrt{2}$ と 1 の代わりに,数字 $a = \sqrt{2}+1$ と $b = 1$ にユークリッドアルゴリズムを適用してみよう.この場合は,周期性が $\sqrt{2}$ の場合よりも少し早く現れる.また,幾何学的な意味も図からわかる.アルゴリズムを図示すると図 1.10 のようになる.二つの大きさ a と b は長方形の長辺と短辺で表され,短辺 b は辺 b の正方形を切り取ることによって長辺 a から引かれる(図 1.9).

$a = \sqrt{2}+1, b = 1$ のとき,b より小さい大きさになる前に,a から b を 2 回引くことができる.その結果,図 1.10 に示されているように,長辺 1,短辺 $\sqrt{2}-1$ の長方形となる.この新しい長方形は最初のものと同じ形,すなわち相

1.6 $\sqrt{2}$ に対する連分数

似比が等しいため最初の形の繰り返しであると考えられる．

本当にそうなっているかを確かめてみよう．長辺/短辺の比を計算すればよい．これは長方形の辺の比を表す．最初の長方形に対して，

$$\frac{長辺}{短辺} = \frac{\sqrt{2}+1}{1} = \sqrt{2}+1$$

新しい長方形に対しては，

$$\frac{長辺}{短辺} = \frac{1}{\sqrt{2}-1}$$
$$= \frac{1}{\sqrt{2}-1} \times \frac{\sqrt{2}+1}{\sqrt{2}+1} \quad (\text{分子分母に}\sqrt{2}+1\text{をかけて有理化})$$
$$= \frac{\sqrt{2}+1}{(\sqrt{2})^2 - 1^2} \quad (\text{なぜなら}(\sqrt{2}-1)(\sqrt{2}+1) = (\sqrt{2})^2 - 1^2.$$
これは1.4節の"二つの正方形の面積の差"のところと同じ)
$$= \frac{\sqrt{2}+1}{2-1} = \sqrt{2}+1$$

このように新しくつくられた長方形は，元の長方形と同じ形（相似形）である．よってユークリッドアルゴリズムを続けると，同じことが何度も繰り返し起こる．つまり二つの正方形が新しい長方形から切り取られ，また同じ形の別の長方形が生まれることになる．同じ幾何学的な関係を生み出し続けるので，そのアルゴリズムは終わらない．

これと同じように，ユークリッドアルゴリズムは，$\sqrt{2}$ と 1 のペアから始まった場合には，明らかに，終わらずに繰り返される．唯一の変化は，最初に一つの正方形が，初めからある長方形から切り取られるということである．その後，$\sqrt{2}:1$ の比の辺をもつ長方形は永遠に繰り返される．

ギリシャ人は，$\sqrt{2}$ が無理数であることを知っていたので，ユークリッドアルゴリズムを $\sqrt{2}$ と 1 に適用すると，無限に繰り返すことはわかっていた．実際，『原論』第V編，命題2は，アルゴリズムが終わらないことを，無理数の基準として述べている．はっきりしないのは，ギリシャ人が $\sqrt{2}$ と 1 におけるアルゴリズムの周期を認識していたかどうかである．認識していたと考える人も多いが，『原論』には，それについての記述はない．また別の類似する情報も

失われたようである．

　明らかなことが一つある．分数表記を用いての $\sqrt{2}$ の周期性を，図形を使って示すことはそれほど難しくない．しかしギリシャ人は，そのとき使う分数表記をもっていなかった．周期性がより早く始まるほうが便利であるから，もう一度，$\sqrt{2}+1$ を説明のために使おう．ユークリッドアルゴリズムの方法に従い，$\sqrt{2}+1$ から 1 を 2 回引くことから始める．その結果，$\sqrt{2}-1$ が現れて，上で見たように $\sqrt{2}-1$ は $(\sqrt{2}-1)(\sqrt{2}+1) = 1$ なので $\dfrac{1}{\sqrt{2}+1}$ に等しい．このように

$$\sqrt{2}+1 = 2 + (\sqrt{2}-1) = 2 + \dfrac{1}{\sqrt{2}+1}$$

が成立する．これは右辺の分数の分母 $\sqrt{2}+1$ が，左辺と等しいことを示している．そこで $\sqrt{2}+1$ を $2+\dfrac{1}{\sqrt{2}+1}$ で置き換えることができる．気の向くだけ，何度も繰り返すことができる．

$$\sqrt{2}+1 = 2 + \cfrac{1}{\sqrt{2}+1} = 2 + \cfrac{1}{2+\cfrac{1}{\sqrt{2}+1}} = 2 + \cfrac{1}{2+\cfrac{1}{2+\cfrac{1}{\sqrt{2}+1}}} \cdots$$

このプロセスの繰り返しによって，得られる結果は $\sqrt{2}$ についての，無限周期分数であり，このような分数は連分数と呼ばれる．

$$\sqrt{2}+1 = 2 + \cfrac{1}{2+\cfrac{1}{2+\cfrac{1}{2+\cfrac{1}{2+\cfrac{1}{2+\cfrac{1}{\ddots}}}}}}$$

最後に両辺から 1 を引くとことによって，$\sqrt{2}$ に対する連分数が求められる．

1.6 $\sqrt{2}$ に対する連分数

$$\sqrt{2} = 1 + \cfrac{1}{2 + \cfrac{1}{2 + \cfrac{1}{2 + \cfrac{1}{2 + \cfrac{1}{2 + \cfrac{1}{\ddots}}}}}}$$

ユークリッドアルゴリズムで現れる 2 の無限の循環は，連分数における 2 の無限循環に反映されている．

連分数の周期性と小数

分数の分母に無限の操作を入れたままで，今までのように等式の右辺から 1 を引く計算が有効だろうか．$\sqrt{2}$ を求めるために，このような計算をすることが有効かどうかを疑う人がいるかもしれない．連分数は有限確定の数を表し，意味があることを認めれば，その値を計算する方法はある．今までの計算で使った，連分数が $\sqrt{2}+1$ であることは，次のように計算できる．

$$x = 2 + \cfrac{1}{2 + \cfrac{1}{2 + \cfrac{1}{2 + \cfrac{1}{2 + \cfrac{1}{2 + \cfrac{1}{\ddots}}}}}}$$

とおくと，x は正の数（実際 2 より大きい）であり，右辺の 1 の下の分母の項は左辺に等しい．よって，書き直すと

$$x = 2 + \frac{1}{x}$$

となる．両辺に x をかけて整理すると，次の 2 次方程式になる．

$$x^2 - 2x - 1 = 0$$

この 2 次方程式は，二つの解 $1+\sqrt{2}$ と $1-\sqrt{2}$ をもつ．ところが，x は正より，前者のみが連分数の値となる．

　同じ方法により，どのような周期連分数もある 2 次方程式の解であると考えられる．ということは，連分数に現れる周期性が，かなり珍しいことを意味する．無限小数において周期性は，よりいっそう特別な場合である．これは，有理数に対してのみ起こることである．この理由は，次のような例を考えることによって予想できる．

$$x = 0.2357171717171\ldots$$

とする．1000 をかけることによって小数点の位置を三つ（周期性が現れる前にある部分 235 の長さ）だけずらす．

$$1000x = 235.7171717171\ldots$$

次に 100 をかけることによってさらに二つ動かす．これは，周期性が現れる数が，2 桁ずつで，71 が繰り返されているからである．最後に $100000x$ から $1000x$ を引き，小数点以下の部分の重なっているところを消す．

$$100000x - 1000x = 23571 - 235 \quad \text{すなわち，} 99000x = 23336$$

よって x は分数の比，有理数 $\dfrac{23336}{99000}$ となる．

1.7　等しい音列

　1.1 節で提起された音楽の問題に戻ろう．5 度音列の合計はオクターブの合計と等しくなり得るか？ 答えはノーである．5 度音列を m 回合計することは振動数に $\left(\dfrac{3}{2}\right)^m$ をかけることに対応し，一方オクターブを n 回合計することは周波数に 2^n をかけることに対応するからである．二つの音程の合計が等しいなら，

$$\left(\dfrac{3}{2}\right)^m = 2^n$$

1.7 等しい音列

が成立するはずである．そこで両辺に 2^m をかけることによって

$$3^m = 2^m \times 2^n$$

という方程式が得られるが，これは起こりえない．左辺は奇数（奇数の積だから）であり，右辺は偶数（偶数の積）だからである．このようにオクターブと5度音列は"共通の測定単位"をもたず，有理数を用いてオクターブを自然数の音階に分けようとしたピタゴラス学派の試みは最初から失敗であった——ピタゴラス学派の人たちは決して気づかなかったかもしれないが．

オクターブと5度音列が与えられたときに，最も心地よい和音の音階が欲しいと思ったとする．このとき，オクターブを等しい音階に分けてしまうと，両方に合わせた音を作ることはできない．5度音列の12の合計は7つのオクターブに近いので，そのような音階への近似なら可能である．しかし（1.1節で述べたように）5度音列12個と7つのオクターブの違いは，音階と合わないところがあるので，いくらかの妥協が必要となる．完全な5度音列が，音階における音に一致しているとする．すると，等しいと考えられる音階の中のいくつかの音階は，別の音でなければならなくなる．もし，音階のほうを優先させるなら，音階の5度音列の音は不完全になるだろう——その最初の音との周波数比は完全に3:2にならないだろう．

この問題は東洋，西洋両方において音楽を苦しめた．中国では，たいてい音楽は異なる音階に基づいていた．（オクターブを7つに分ける代わりに5つの音階に分けた——ピアノの黒鍵に対応させている）中国人は12の完全5度音列の周期から彼らの音階を作ろうとし，同じ問題にぶつかったのだ．驚いたことに，一つのオクターブの12の等しい部分からの音階を構成する妥協（"半音"）は，東洋と西洋でほぼ同時に提案された．これは，中国の朱載堉（チュー・チアン）とオランダのサイモン・ステヴィンによる．彼らの発見は大体それぞれ1584年と1585年となっているが，どちらも正確にはわからないので，その発見を個別に考えるのが妥当であろう．（さらに，1580年代はイエズス会の伝道師が中国にはじめて西洋の数学を伝えた10年間でもあったのだ．それは信じられないような一致である．）

オクターブを作るために12の等しい半音を加えることは，2の乗法による表

現を使うために，2の12乗根を考えることになる．このことに，朱もステヴィンも気づいていた．そこでステヴィンが書いたように，一つの半音は2の12乗根，$2^{\frac{1}{12}}$という累乗に対応する．東洋，西洋の音階において，ともに重要な音は最初の7半音であり，

$$(2^{\frac{1}{12}})^7 \text{の振動率} = 2^{\frac{7}{12}} = 1.49831\cdots$$

となる．聞くと違いがわかる人もいるが，確かに1.5の完全な5度音列に近い．しかし，この不完全な5度音列の利点は，それらの12の重ね合わせは，ちょうど7つのオクターブを作り，12の5度音列が新しい音階のすべての音と正確に対応するということである．

　等しい半音，等しい音律は明らかにすばらしい単一性と数学的美しさをもっている．しかし，それは音楽家たちにはすぐに評価されなかった．西洋の音楽では，19世紀になって初めて広まった．1722年バッハの平均律クラヴィア曲集は等しい音律の好例と考えられるが，それは古いシステムを引き立たせるように意図されたようであった．ピタゴラス学派の測定単位よりも，等分された半音に近づく完璧な5度音列を保つ"正しい音律"のシステムは多く存在する．

　有理数の累乗は必ず，有理数である．$2^{\frac{1}{12}}$はその6乗が無理数$\sqrt{2}$なので，もちろん現代の数学者にとって基本比$2^{\frac{1}{12}}$は無理数であることがわかっている．ここに，等しい音律は興味深い性質をもっている．このように等しい音律は，オクターブに対する比2:1を除いて音楽におけるすべての整数比を拒絶する．長い間，中国人は無理数に気づいていなかったようである．ジョセフ・ニーダム (Joseph Needham) の『中国の科学と文明』(40, vol.III, p.90) によると

> 中国の数学者たちは…無理数に惹かれなかったか悩まされてはいなかったようである．彼らが，もし無理数の不思議な性質の存在に興味を示していたなら…

　朱載堉は，中国人の中でも例外だったかもしれない．無理数に興味をもったようだ．1604年に彼は「新しい計算方法」書き，その中で等しい音律に必要であった2の2乗根の値を論理的に導いた．彼は$\sqrt{2}$にあまりに魅了され，9個の計算盤を用いて25位の精度まで計算してしまった．

1.7 等しい音列

図 1.11 ギターのフレット

　1.3 節からわかるように，ステヴィンは無理数の存在を認めて，有理数と等しく扱うべきだという主張を強くした．彼の著作『歌うための技術論』の中で，無理数を信じない者たちをあざける新たな方法を発見した．$2^{\frac{7}{12}}$ が非常にすばらしい数であるため，平均律の中での 5 度音列は心地よい音を奏でるに違いないとさえ主張していたのである！

　5 度音列の作り方と，その心地よい音が，言葉で表現できない無理数によって説明される．この古代からの不思議な発想に疑問をもつ人がいるかもしれない．これに対する正しい答えが存在する．しかし，… 無理数に言葉で言い表せない，表現を拒否する不合理さを見て，それとともに，論理的な適切さや有用性を有理数に見てしまう誤解をもってしまう．無理数が自然にもつすばらしい完璧な姿と，これらの誤解の不適切さを，ここで説明するのは私たちの意図に反する…．

　これはピタゴラス学派の再生である！"すべてが数である" が再び蘇り，"数" は無理数を含むまでに拡張された．

　結論として，朱もステヴィンもともに，あたかもピタゴラスがそうであったように，音楽の中の比率を見た．それが，弦の長さの比である．彼らはビークマンがピッチと振動数が対応することを発見した 2,30 年前に，この説をすでに書いていたのである．今日，彼らの考えが最も直接的に取り入れられているのは，ギターなどの楽器のフレットの配置である（図 1.11 参照）．あるフレットから隣のフレットまで滑らかに移ることは，振動している弦の長さを比 $2^{\frac{1}{12}}$ で変化させることにほかならない．

第2章 虚 数

はじめに

　数 $1, 2, 3, \ldots$ は，数えることや基本的な算術に使われている．しかし，第1章で見てきたように，幾何学を表現するためには，必要なすべてのものを備えているわけではない．線分を測るためには，$\sqrt{2}$ などの無理数が必要である．線分の長さは連続的に変化するので，$1, 2, 3, \ldots$ の間のすき間を埋め尽くすような，連続する数の集まりが必要である．

　私たちは $1, 2, 3, \ldots$ から $-1, -2, -3, \ldots$ を作ったように，連続に変化する正の数 x から負の数 $-x$ を反対側に考えて，連続した数を拡張し，実数直線 $\mathbb{R}$ を作った．この直線は，両方向に無限に続く直線となり，加法，減法，乗法，除法を大きさの制限なしに行うことができる（ただし，0 で割ることは除外する）．

　実数の "実" という言葉は，この数以外に実際に存在する数がないこと示している．しかし，代数学はより多くの数の種類を必要とする．代数学では，次のような等式を解かなければならない．

$$x^3 - 15x = 4$$

この等式は実数の解をもつのであるが，不思議なことが起こる．それは「このような方程式を解くための公式によると，$x^3 - 15x = 4$ の解は $\sqrt{-1}$ を含む」ということだ．そのような解は有り得ないように思える．2 乗して -1 になるような実数はないからである．実際に $\sqrt{-1}$ のような数字はかつて「あり得ないもの」と呼ばれ，現在でも，それらは「虚数」と呼ばれる．

　$x^3 - 15x = 4$ の実数解と，解の公式から得られたこの方程式の「あり得ない」解の意味を考えるとき，数学者は「あり得ない」数の計算は，意味があることだ

と信じなくてはならなかった．この「あり得ない数で計算すること」の成功により，$\sqrt{-1}$ は，現在複素数と呼ばれる新しい種類の数として受け入れられた．

2.1 負の数

　負の数はある数より大きな数を引いたときの答えである．お金を扱う人には馴染み深いものである．もちろん私たちは，0 も大切な数として忘れてはならない．それはまさに，いまある数から同じ数を引いた結果である．

$$0 = n - n$$

よって負の数 $-n$ は正の数 n の鏡像として理解することができる．同じことであるが，0 から正の数を引くことによって，負の数が得られる．

$$-n = 0 - n$$

自然数 $1, 2, 3, 4, \ldots$ の鏡像の負の数は，$-1, -2, -3, -4, \ldots$ であり，負の整数と呼ばれる．負の整数と 0 と $1, 2, 3, 4, \ldots$ とを合わせて整数と呼ぶ．負の有理数を負の整数の間に入れて，さらに，負の有理数の間を負の無理数で満たす．これで，左右に無限に延びる，左右対称な実数直線 $\mathbb{R}$ を作ることができる．

　すでに述べたように，負の数はお金を扱う人に馴染み深いものである（気温が 0 度を下回る，寒い気候に住む人々にとってもなじみ深いであろう）．しかし，負の数がよく使われるのは，加法と減法の計算までである．気温が 3 度上がれば私たちは 3 を足し，気温が 3 度下がれば 3 を引き，必要であれば 0 から引き，負の気温を得る．同様に，3 ドル払うとき預金高から 3 を引き，必要であれば 0 から引き，負の差額，つまり借金となる．

　数学者が負の数のかけ算に気づき，使おうと思ったときにある不安を感じた．多くの人は，加法と減法のためだけに意図された数をかけ算することは無意味であるというだろう．たとえば -1 と -1 をかけることの意味は何なのかとい

2.1 負の数

うことである．しかし，数学の計算の規則が適用可能ならば，無意味にはならない．正の数に適用できる法則が，負の数にも適用できれば意味がある．

計算法則を負の数にまで拡張すると，-1 と -1 のかけ算に，一つの論理的に正しい値があることがわかる．それは実際には，負の数を含むあらゆる積に対して使える計算方法である．積を考えるときに，すぐに考えなければならない法則は，分配法則と呼ばれるものである．次のように簡単に書ける．

$$a(b+c) = ab + ac$$

この法則は，使っていること自体にめったに気づいていない法則である．この法則はもちろん正の数に対して成立している．真である．(ひょっとして，この法則が正しいことを，認識していないかもしれない．以下のような経験からもわかるように，まれに分配法則が正しいことをわかっていない人がいるかもしれない．妻ともう一組の夫婦とで 25% のサービス料を求めるレストランを訪れた．ウェイターはサービス料を私たちの全勘定に 1/4 を掛けるのではなく，それぞれの夫婦の勘定に 1/4 をかけてそれを加えてサービス料を計算した.)

正の数について知られている法則が，負の (あるいは他の) 数に対して使われたときにどんなことが起こるか．この未知の効果を調べることを現実問題にしたのは，1830 年の英国とドイツの数学者たちである．しかし，著者の考えでは，負の数の積における分配法則を，正の数の積についての分配法則から説明した最初の試みは，1585 年のサイモン・ステヴィンの『算術』のなかにある．その本の 166 ページで，彼は分配法則を用いて，$8-5$ と $9-7$ をかける計算をしている．そして，正しい答え 6 を得るために，$(-5)(-7) = 35$ を仮定しなくてはならないということを指摘している．

$a(b+c)$ において $c = 0$ とすることにより，分配法則から，0 をかけるとなぜ 0 にならなければならないかがわかる．

$$ab = a(b+0) \quad \text{なぜなら } b = b+0$$
$$= ab + a \cdot 0 \quad \text{分配法則}$$

よって $\quad 0 = a \cdot 0 \quad$ 両辺から ab を引いた

これで，0 をかけると 0 になることがわかる．

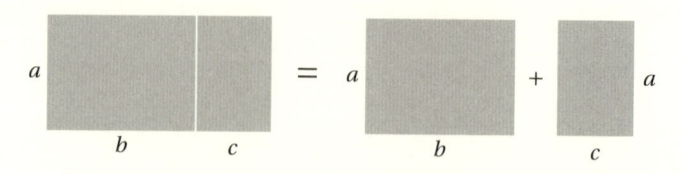

図 2.1　面積の分配公式 $a(b+c) = ab + ac$

さらに，$a = -1, b = 1, c = -1$ とおくと，分配法則から $(-1)(-1)$ が 1 になることがわかる．

$$0 = (-1) \cdot 0 \quad \text{なぜなら } a \cdot 0 = 0 \text{ がすべての } a \text{ について成立}$$
$$= (-1)(1 + (-1)) \quad \text{なぜなら } 0 = 1 + (-1)$$
$$= (-1) \cdot 1 + (-1)(-1) \quad \text{分配法則}$$
$$= -1 + (-1)(-1) \quad \text{なぜなら } a \cdot 1 = a \text{ がすべての } a \text{ について成立}$$

よって　$1 = (-1)(-1)$　1 を両辺に足す

このことから，すぐに，あらゆる正の数 a に対しても，$(-a)^2 = a^2$ が成立することがわかる．すると，すべての数——正，負，あるいは 0 ——の平方は負ではなくなる．とくに -1 は数直線上のどの数の平方でもない．このような理由から，数直線上の数は実数（現実の数）と呼ばれる（そしてこの直線は $\mathbb{R}$ と書かれる）．現実の数「実数」は，平方が負である非現実でありえない虚の数と対比した言葉である．

ギリシャ幾何学における分配法則

　古代ギリシャの積は面積を表すと考えられていた．そして，この積は分配法則を満たしている．$b + c$ が長さ b と c の和であるなら，長方形 $a(b+c)$ は明らかに長方形 ab と ac の和である（図 2.1）．（この場合，長方形という言葉で，その面積も表している．）

　ユークリッドは『原論』第 II 編命題 2 と 3 において，分配法則の特別な場合を証明している．彼は，和の平方の公式が，図形的な意味で成立するという証明のためにこの結果を使った：$(a+b)^2 = a^2 + 2ab + b^2$（図 2.2）．

2.1 負の数

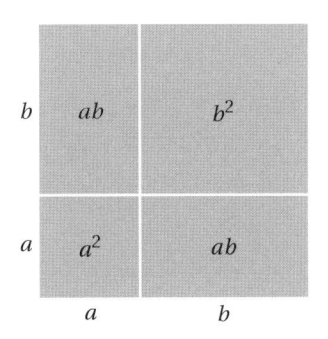

図 2.2 ユークリッドが使った 2 乗の展開 $(a+b)^2 = a^2 + 2ab + b^2$

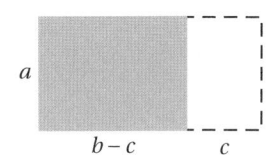

図 2.3 $a(b-c) = ab - ac$ の幾何的説明

アートマン [3,p.63] は，紀元前 404 年からギリシャの硬貨にまったく同じ図形が刻印されていることを指摘している．ということは，公式 $(a+b)^2 = a^2 + 2ab + b^2$ は，ユークリッドの 100 年前から普通に知られていたことだった！またギリシャ人が，$a(b-c) = ab - ac$（図 2.3）という減法を含む分配法則を考えていたことは想像に難くない．

もしそうなら，彼らは公式 $(a-b)^2 = a^2 - 2ab + b^2$（図 2.4）も見つけられたはずだ．$(-b)^2 = b^2$ を得るために $a = 0$ とすることについては，ためらったに違いない．

（最初の図で，辺 a の平方に，その斜めの位置にある辺 b の平方を加えた図形を考える．二つの正方形である．その面積は $a^2 + b^2$ となる．そして二つの張り出した面積 $a \times b$ の長方形を引けば，辺 $a - b$ の灰色の正方形が残る．）

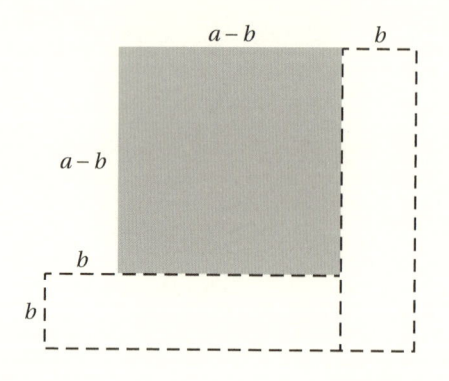

図 2.4 $(a-b)^2 = a^2 - 2ab + b^2$ の幾何的説明

2.2 虚　数

　これまでの経験から，平方して負になる数は絶対に求められないように思える．前節の説明のように，すべての実数は平方すれば負の数にならない．それ以外に考えられない．誰かが方程式

$$x^2 = -1$$

を解けと言ったなら，絶対に解がないということができる．それは，どんな2次方程式

$$ax^2 + bx + c = 0$$

についても言えることである．a, b, c の値の組合せに対して解がある場合もあるが，解がない場合もある．どの組合せの場合に解があってどの場合にないかを判断するための簡単な式がある．平方が負であることが求められるとき，実数解は存在しない．

　解があるかどうかの判断ができる簡単な式を作ってみよう．高校で習う2次方程式の解の公式の求め方を使えばよい．解の公式の求め方をどのように習ったかを思い出そう．まず方程式を a で割ると

$$x^2 + \frac{b}{a}x + \frac{c}{a} = 0$$

2.2 虚　　数

平方完成するために，$x^2 + \dfrac{b}{a}x$ の部分に $\dfrac{a^2}{4b^2}$ をたす。

$$\left(x + \frac{b}{2a}\right)^2 = x^2 + 2\frac{b}{2a}x + \left(\frac{b}{2a}\right)^2 = x^2 + \frac{b}{a}x + \frac{b^2}{4a^2}$$

であるから，方程式の両辺に $\dfrac{a^2}{4b^2}$ をたすと，平方完成した形 $\left(x + \dfrac{b}{2a}\right)^2$ ができる。方程式の両辺に実際に，$\dfrac{a^2}{4b^2}$ をたすと

$$x^2 + \frac{b}{a}x + \frac{b^2}{4a^2} + \frac{c}{a} = \frac{b^2}{4a^2}$$

すなわち，

$$\left(x + \frac{b}{2a}\right)^2 + \frac{c}{a} = \frac{b^2}{4a^2}$$

よって，

$$\left(x + \frac{b}{2a}\right)^2 = \frac{b^2}{4a^2} - \frac{c}{a} = \frac{b^2 - 4ac}{4a^2}$$

両辺の平方根をとると

$$x + \frac{b}{2a} = \pm \frac{\sqrt{b^2 - 4ac}}{2a}$$

両辺から $\dfrac{b}{2a}$ を引けば，よく知られた2次方程式の解の公式

$$x = \frac{-b \pm \sqrt{b^2 - 4ac}}{2a}$$

が得られる．

　この解 x を求める公式は，負になる可能性がある式 $b^2 - 4ac$ を含んでいる．このような，より一般的な2次方程式に対しても，解がない場合があるといえるのである．

$$\left(x + \frac{b}{2a}\right)^2 = \frac{b^2 - 4ac}{4a^2}$$

数 $b^2 - 4ac$ は，実数係数の2次方程式に対して，実数解をもつ方程式とそうでない方程式を判別するので，2次方程式の判別式という．$b^2 - 4ac$ が負の値ならば，実数解がないため，その2次方程式の解の公式を無視してよいことになる．$b^2 - 4ac < 0$ のとき解を "虚数" と呼ぶのは，単に "解なし" ということを小難しく言っているにすぎない．

38　　　　　　　　　　　　第 2 章　虚　　数

　歴史の偶然のいたずらによって，数学者は 3 次方程式を解くための公式を作るときに，無視できない"虚数解"をはじめて見つけることになった．その公式は 16 世紀初頭にイタリア人数学者フェロとタルタリアの英雄的努力によって発見された．それらは，カルダノによって書かれた本『偉大なる方法』(1545)の中に書かれている．カルダノはその革命的な方法を絶賛した．彼は次のように書いている [6,p.8].

> われわれと同時代に，ボローニャのツィピオーネ・デル・フェロは 3 乗と 1 乗が定数に等しい場合の 3 次方程式を解いた．その方法はとても洗練されており，賞賛に値する．この方法はすべての人間の発想や，理論展開に決定的に重要である明瞭さにおいて，どの方法よりも勝り，本当にすばらしい贈り物である．人間の知的能力を試すためにはとても適したものであり，能力がある人ならば，すべての人が，理解できないことはないと思うだろう．

2.3　3 次方程式を解くこと

　なぜカルダノが 3 次方程式を解くことにどんなに胸を躍らせたかを理解するためには，3 次方程式を自分で解いてみるとよいだろう．たとえば，等式 $x^3 + 6x - 4 = 0$ を解いてみよう．2 次方程式の解しかわからないとしたら，この 3 次方程式を解くときに，なにから始めればよいのだろうか．これを考えるのは大変難しいということは，誰にでもわかってもらえると思う．しかし，$x^3 + 6x - 4 = 0$ を解く単純なトリックがある．ただ 2 次方程式を解き，その解の 3 乗根を求めることによって 3 次方程式を解くのである．それでは，この方法を使ってみよう．

　このトリックは $x = u + v$ とおくことにある．一つの未知数 x を，二つの未知数 u と v にわざと置き換える．すると，未知数の多くなった方程式を解かなくてはならなくなるが，これにより，私たちは解くための自由度を増やしたことになる．

　等式を $x^3 = -6x + 4$ と書き換え，最初に左辺 x^3 を考える．$x = u + v$ なの

2.3 3次方程式を解くこと

で x^3 を計算するためには，$(u+v)(u+v)(u+v)$ をかけ合わせて展開すればよい．これにより，左辺は次のようになる（分配法則を繰り返し使えばよい）．

$$x^3 = u^3 + 3u^2v + 3uv^2 + v^3 = 3uv(u+v) + u^3 + v^3$$

左辺 x^3 は，右辺 $-6x+4$ と等しくならなくてはならない．右辺は，$-6(u+v)+4$ となる．これにより，u,v の方程式を作ると，

$$3uv(u+v) + u^3 + v^3 = -6(u+v) + 4$$

ここから u,v を求める一つの方法は，左辺と右辺を比較して，次のように対応させればよい．

$$3uv = -6 \quad \text{かつ} \quad u^3 + v^3 = 4 \tag{2.1}$$

このようにできるのは，u を自由にもってこられるような置き変えを，私たちがしたからだ．

式 (2.1) の1番目の式から $v = \dfrac{-2}{u}$ を作り，2番目の式に代入すると，

$$u^3 - \frac{2^3}{u^3} = 4 \quad \text{すなわち} \quad u^3 - \frac{8}{u^3} = 4$$

となる．u^3 を両辺にかけて

$$(u^3)^2 - 8 = 4u^3 \quad \text{すなわち} \quad (u^3)^2 - 4u^3 - 8 = 0$$

を得る．この方程式は，u^3 の2次方程式となっている．2次方程式の解の公式により u^3 を求めることができる．

$$\begin{aligned} u^3 &= \frac{4 \pm \sqrt{4^2 + 4 \times 8}}{2} \\ &= \frac{4 \pm \sqrt{48}}{2} \\ &= \frac{4 \pm 4\sqrt{3}}{2} \\ &= 2 \pm 2\sqrt{3} \end{aligned}$$

いま，式 (2.1) の二つの等式を見ると，u と v は交換可能であることがわかるので，v^3 は u^3 と同じ 2 次方程式を満たす．$u^3 + v^3 = 4$ より，u^3 と v^3 の値として $2 + 2\sqrt{3}, 2 - 2\sqrt{3}$ を，それぞれ一つずつ対応させればよい．

$$x = u + v = \sqrt[3]{2 + 2\sqrt{3}} + \sqrt[3]{2 - 2\sqrt{3}}$$

$x = u + v$ とした方法の優れたところは，$x^3 = px + q$ という形のすべての方程式に対して使えるということである．そしてこの方法は，「カルダノの公式」と呼ばれる次の式を導くことができる．

$$x = \sqrt[3]{\frac{q}{2} + \sqrt{\left(\frac{q}{2}\right)^2 - \left(\frac{p}{3}\right)^3}} + \sqrt[3]{\frac{q}{2} - \sqrt{\left(\frac{q}{2}\right)^2 - \left(\frac{p}{3}\right)^3}}$$

しかし，これはいつも解になるのか？ 2 次方程式のように，公式は負の数の 2 乗根が生じたときに解のないことになってしまうのではないか？ その説明は次節ですることにしよう．3 次方程式

$$x^3 = 15x + 4$$

で，この公式が成立するかどうかを試してみよう．$\frac{p}{3} = 5$ と $\frac{q}{2} = 2$ として，カルダノの公式を使うと

$$\begin{aligned}x &= \sqrt[3]{2 + \sqrt{2^2 - 5^3}} + \sqrt[3]{2 - \sqrt{2^2 - 5^3}} \\ &= \sqrt[3]{2 + \sqrt{-121}} + \sqrt[3]{2 - \sqrt{-121}} \\ &= \sqrt[3]{2 + 11\sqrt{-1}} + \sqrt[3]{2 - 11\sqrt{-1}}\end{aligned}$$

この解は明らかに $\sqrt{-1}$ を含んでいるので，虚数解であるように見える．しかし，それはあり得ないことである．方程式 $x^3 = 15x + 4$ は，明らかに整数解をもっている．$x = 4$ のとき，$4^3 = 64 = 15 \times 4 + 4$ より，$x = 4$ は整数解になっている．ならば本当に

$$\sqrt[3]{2 + 11\sqrt{-1}} + \sqrt[3]{2 - 11\sqrt{-1}} = 4$$

は，成立するのだろうか．

2.4 虚数で表される実数解

方程式 $x^3 = 15x+4$ の明らかに異なる二つの解,つまり $x=4$ と $\sqrt[3]{2+11\sqrt{-1}} + \sqrt[3]{2-11\sqrt{-1}} = 4$ は,イタリア人数学者ラファエル・ボンビエリ (Rafael Bombellie) によって 1572 年に初めて注目された.ボンビエリは,彼の著書『代数学』の中で,この二つの解に注意を向けた.彼は非常に優れた方法により,3 乗の公式を虚数に適用することにより,3 乗根に意味を与えた.

$$2 + 11\sqrt{-1} = (2+\sqrt{-1})^3 \quad \text{より} \sqrt[3]{2-11\sqrt{-1}} = 2 + \sqrt{-1}$$

$$2 - 11\sqrt{-1} = (2-\sqrt{-1})^3 \quad \text{より} \sqrt[3]{2-11\sqrt{-1}} = 2 - \sqrt{-1}$$

このことより,

$$\sqrt[3]{2+11\sqrt{-1}} + \sqrt[3]{2-11\sqrt{-1}} = 2 + \sqrt{-1} + 2 - \sqrt{-1} = 4$$

という機械的な計算ができる.すなわち,$\sqrt[3]{2-11\sqrt{-1}} = 2 + \sqrt{-1}$ と $\sqrt[3]{2-11\sqrt{-1}} = 2 - \sqrt{-1}$ とを足し合わせることにより,$+\sqrt{-1}$ と $-\sqrt{-1}$ が相殺される.非常に巧みな消去が起こるのである.ボンビエリの考え方で最も重要な進歩は,$\sqrt{-1}$ が通常の代数の規則に従うということだった.特に彼は,

$$(\sqrt{-1})^3 = -1 \quad \text{すなわち} (\sqrt{-1})^3 = -1\sqrt{-1} = \sqrt{-1}$$

を仮定している.分配公式のような別の代数公式を使うと,次のような計算が可能になる.

$$(2+\sqrt{-1})^3 = 2^3 + 3 \cdot 2^2\sqrt{-1} + 3 \cdot 2(\sqrt{-1})^2 + (\sqrt{-1})^3$$
$$= 8 + 12\sqrt{-1} - 6 - \sqrt{-1}$$
$$= 2 + 11\sqrt{-1}$$

この結果は,ボンビエリの主張したものである.同じようなことが,3 乗根に関する非常に巧みな相殺によって起こり,

$$(2-\sqrt{-1})^3 = 2 - 11\sqrt{-1}$$

も成立する．

　ボンビエリは3乗根の解の公式から，方程式 $x^3 = 15x + 4$ が明らかにもっている整数解を作り出した．彼は，実数の計算公式を，$\sqrt{-1}$ を含む数の計算公式へと拡張したことになる．そして虚数 $\sqrt{-1}$ が重要な意味をもち，かつ現実に大きな役割を果たしている数であるということを初めて示したことになる．実際，3次方程式を解くときに，虚数の存在は必要不可欠なのである．

2.5　1572年以前，虚数はどこにあったのか？

　多くの数学者は自分たちが数学を創作するのではないと思っている．天文学者が星や惑星を発見したり，化学者が元素を発見したりするのと同じように，数学を発見すると信じている．この数学と他の科学の分野とのかかわりは，いろいろな考え方がある．そのうちのいくつかについてはまた後で書くことにしよう．しばらくの間，ここではあまり知られていない話をしよう．

　天文学史のなかでもっとも有名な出来事の一つは，1846年のアダムズとレヴェリエによる海王星の発見であった．この "発見" とは，海王星が初めて本当に惑星として認識されたときのことである．なぜなら，1846年以前の2世紀以上の間，望遠鏡によって空を見渡し，誰かが確実に海王星を見ていたはずである．にもかかわらず，ただ他の星と同じとみなしていたのである．実際，現在の私たちは海王星の動きを十分に知ることができる．過去数世紀のあらゆる時間において，その位置を計算することができる．そしてガリレオが1612年に惑星とは認識せずに，海王星を見たこともわかったのだ！　1612年12月28日と1613年1月2日のメモに，彼が海王星を普通の星であると思ったことが記録されている．しかし，その普通の星と思われた星の位置は，海王星が計算により存在する場所に位置している．（ガリレオはその "星" が二度の観察の間に動いたようであると気づいてもいたが，彼はそれを観測の間違いであるとみなしていた．Kowal and Drake, Galileo's Observation of Neptune, *Nature*, 28, 311 (1980) を参照．）

　現在，"虚" 数は重要な概念であり，カルダノの公式を記述する単なる便宜上の方法ではない．便宜上の方法でなかったなら，1572年以前の数学において

2.5 1572年以前，虚数はどこにあったのか？

も，その有効性が感じ取られていたはずである．$\sqrt{-1}$ が現実にある数だとすれば，$a+b\sqrt{-1}$（a,b は実数），すなわち $a+bi$ で表される複素数には，計算公式があるはずである．そして，その計算公式から作られる算術は本当に大きな働きをするはずである．複素数の和は簡単に定義できる．

$$(a+bi)+(c+di)=(a+c)+(b+d)i$$

このように，単純に実部 a,c どうし，虚部 b,d どうしを別々に加えた結果である．しかし，複素数の積を作るとき，実部と虚部はおもしろい相互作用を起こす．分配法則と $i^2=-1$ を使うことにより，次の公式を作ることができる．

$$(a+bi)(c+di)=ac+bdi^2+bci+adi$$
$$=(ac-bd)+(bc+ad)i$$

このように実部 a,b と虚部 c,d の組合せでできている複素数の積は，実部 $ac-bd$ 虚部 $bc+ad$ の複素数となる．

この実数のペア間の演算規則は，1572年よりずっと以前から気づかれていた．おそらく最初の"注目すべき考察"は，紀元200年頃のディオファントスの著作においてであろう．彼は『数論』[25, Book III, Problem 19] のなかで，以下の謎めいたコメントを残している．

> 65は本来2通りの方法で二つの平方に分けられる．つまり 7^2+4^2 と 8^2+1^2 であり，それは65が13と5という，それぞれ平方の和となっている数の積のためである．

彼は二つの平方の和の積はそれ自体二つの平方の和であるということを知っていたようで，とくに

$$(a^2+b^2)(c^2+d^2)=(ac-bd)^2+(bc+ad)^2 \tag{2.2}$$

の公式に気がついていたようだ．彼の65の 7^2+4^2 という分割は，$a=3, b=2, c=2, d=1$ とすることによって得られる．前の式に代入すると

$$65=13\times5=(3^2+2^2)(2^2+1^1)=(3\times2-2\times1)^2+(2\times2+3\times1)^2=4^2+7^2$$

となる.彼の2番目の数の分割 $8^2 + 1^2$ は,先ほどの公式を次のように書き換えることによって求めることができる.

$$(a^2 + b^2)(c^2 + d^2) = (ac + bd)^2 + (bc - ad)^2$$

実は,ディオファントスの与えた答えは,式 (2.2) の一つの例しか与えていない.これは彼の書き方である.彼の記述は一つの変数以上の場合に対する記号をもたないので,読者が彼の精選した例から一般的規則を推測することを期待しているのだ.一般公式 (2.2) は紀元 950 年頃アブジャファール・アルカージン (Abū Ja'far al-Kahzin) によって,ディオファントスのこの問題とのつながりで,明確に認識された.そして 1225 年に,フィボナッチ(正確には,ピサのレオナルド)により,彼の著書『2 乗について』において証明された.フィボナッチの非常に手のこんだ証明は [19,p23～p28] に詳しい.

ディオファントスにとって,式 (2.2) は,数を平方和になっている二つの数の積に分割するための規則を与える.二つの数が a, b と c, d の平方に分かれるなら,それらの積は $ac - bd, bc + ad$ の平方に分けられる.このようにディオファントスの規則は,複素数の乗法に対する規則とまったく同じ形である.これは偶然の一致なのだろうか? いや,なぜならもっと …

ディオファントスは数の平方和に興味をもっていたが,$a^2 + b^2$ を垂直な辺 a と b をもつ直角三角形の斜辺の平方として見ている.このように彼は直角三角形を通して,斜辺の長さ $a^2 + b^2$ を辺のペア a, b に明確に結び付けて考えている.式 (2.2) の背後にある幾何学的な規則は,二つの直角三角形をとり,その斜辺が最初の二つの斜辺の積である三つ目("積"三角形と呼ぶこともできる)と対応をつけることである(図 2.5).

この図はわれわれが現在,複素数を理解するのに "適切な" 方法とみなしているものに驚くほど近い.数 $a + bi$ は点 O,つまり原点から水平方向の距離 a,垂直方向の距離 b だけ離れた点とみなされる.よって $a + bi$ は O を左下の頂点にもつ三角形の右上の頂点である.直角三角形の斜辺の長さ $\sqrt{a^2 + b^2}$ は $a + bi$ の絶対値 $|a + bi|$ と呼ばれ,式 (2.2) は絶対値が満たしている,次の乗法の性質を表している.

$$|a + bi||c + di| = |(a + bi)(c + di)| \tag{2.3}$$

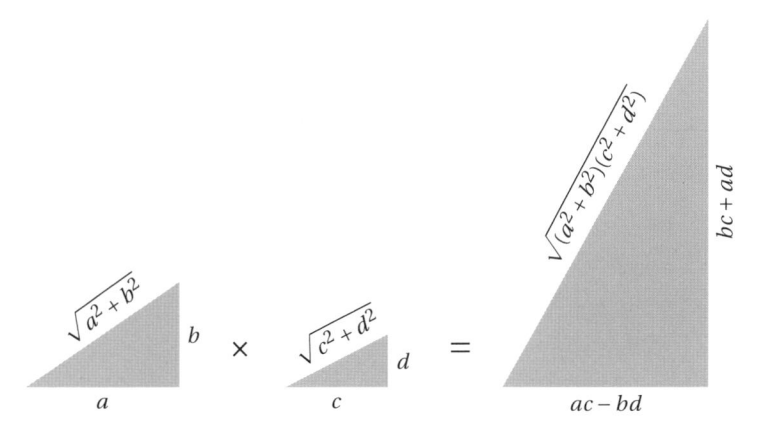

2.5　1572 年以前，虚数はどこにあったのか？

図 2.5 ディオファントスの三角形の積

もっと正確に言うと，式 (2.2) は式 (2.3) を 2 乗して得られたものである．なぜなら

$$|a+bi|^2 = a^2+b^2$$

$$|c+di| = c^2+d^2$$

$$|(a+bi)(c+di)|^2 = |(ac-bd)+(bc+ad)i|^2 = (ac-bd)^2+(bc+ad)^2$$

である．

式 (2.2) が複素数を勉強するための最初のポイントとしてすぐれているもう一つの点は，"虚数" をまったく含まないことである．その式は単に実数の性質を使った式であり，それは辺々をかけ合わせることによって証明され得る．-1 の 2 乗根を考えることから複素数に気がついたのが運の良い出来事なら，式 (2.2) の発見も運の良い発見である．二つの平方の和の積が二つの平方和になるということを誰が前もって予測したか？これは三つの平方和についても当てはまるのか？ 4 つは？ 5 つは？ これらの疑問については，第 6 章で詳しく考えてみよう．

図 2.6 角の足し算

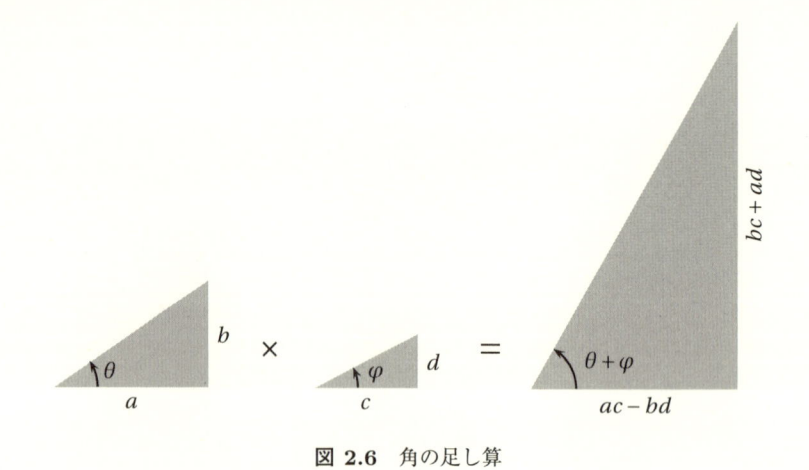

2.6 乗法の幾何学

複素数はボンビエリの『代数学』の後 200 年以上もの間，数学においてあちこちに出現したが，完全には受け入れられたり認識されてはいなかった．代数学において，後には，純粋に実数の計算方法で説明される結果を得るために，$\sqrt{-1}$ を使ったこともある．またあるときは，現在 $\sqrt{-1}$ の性質を使って普通は説明される，実数の予想外の性質に戸惑っていた．

そのような出来事の一つは，1590 年頃フランスの数学者フランソア・ヴィエト (Francois Viète) により発見された．彼は『三角形の性質』のなかで，ディオファントスの三角形の "積" を研究し，斜辺の乗法特性と同じくらい注目すべき第二の特徴である角の加法的性質を発見した．図 2.6 に示したように，与えられた三角形の角度が θ と φ の二つであるとすると，"積" 三角形の角は $\theta + \varphi$ である．

これを 1.1 節で説明した音に関することと比較しよう．そこでは "ピッチ" と呼ばれる聞き取れる量が，振動数が積で変化するときに，刺激の強さは和の変化で加えられた．ここでは，私たちは，三角形（あるいは少なくともそれらの斜辺）がかけられたときに，和として変化する "角度" という量を目で見ることができる．加法として知覚できる乗法の別の例である！ここでの "乗法" は，

2.6 乗法の幾何学

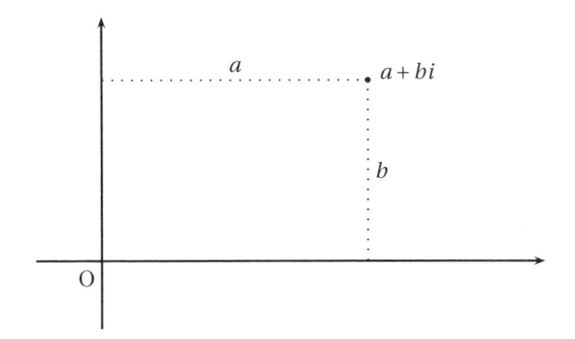

図 2.7 複素数を表す平面の点

前の"乗法"と同じなのだろうか？

1800年頃，ディオファントスとヴィエトの結果は同じような，簡単な図での表現として考えられた．数平面において複素数 $a+bi$ は，原点 O からの水平距離 a，垂直距離 b の点 (a,b) により表される（図2.7，水平にも垂直にも，原点からこの点への矢は正の方向を示している）．

この図が描かれた背景には，18世紀における，いくつかの複素数の応用の成果がある．この図は1797年にノルウェーの測量士キャスパー・ヴェッセル (Casper Wessel) により提案された．ヴェッセルの論文は約100年もの間気づかれないままであったが，同様の考えが他の人たちによって提出された．この考え方は1832年に主流となる．この年1832年は，偉大なドイツの数学者カール・フリードリヒ・ガウス (Carl Friedrich Gauss) が2乗の和を研究するために複素数の幾何学を使った年である．この続きは第7章で再度取り上げる．ここで私たちの目標は，どうして複素数の乗法は角度の和として考えることができるのかということである．

数平面のもっとも重要な性質は，長さや距離が絶対値で表せることである．ピタゴラスの定理によると，0から $a+bi$ までの距離は $\sqrt{a^2+b^2}=|a+bi|$ であり，これにより，どんな二つの複素数間の距離もその差の絶対値であることが簡単に示せる．

今 u をある複素数とし，平面上のすべての点に u をかけるとする．これにより数 v と w は，uv, uw になる．uv と uw 間の距離は $|uw-uv|$ であり，

$$|uw - uv| = |u(w-v)| \quad \text{分配法則}$$
$$= |u||w-v| \quad \text{絶対値の乗法特性}$$
$$= |u| \times vw \text{ 間の距離}$$

このように，平面上のすべての距離は $|u|$ をかけられることになる．ゆえに数平面を定数 u 倍することは，平面全体を $|u|$ 倍することになり，これは数直線での場合と同様である．このように，平面上のすべての距離は $|u|$ をかけられることになる．ゆえに数平面を定数 u 倍することは，平面全体を $|u|$ 倍することになり，これは数直線での場合と同様である．

しかし u による乗法は，また平面の回転も引き起こすことになる．乗法因子の絶対値 $|u|$ が 1 のとき，この回転を最も明確に見ることができる．この場合，u による乗法によってすべての距離はそのままなので，平面上の点どうしの位置は変わらずに動く．平面が固体として動く．また $0 \times u = 0$ なので，このかけ算で原点 O は動かない（不動点）．そして $u \neq 1$ のとき，$v \neq 0$ なら $uv \neq v$ なので，O だけが唯一の固定された点（不動点）である．ゆえに絶対値 1 の複素数 u による乗法は，原点 O の周りの回転である．

この回転は必ず点 1 を点 $u \times 1 = u$ に回転で移す．ということは，回転は必ず原点 O から点 u に向かう直線への，実軸の正方向からの角 θ の大きさの角度となる（図 2.8）．

いま u と v を二つの複素数で，それぞれ角 θ と φ をもち，絶対値が 1 であるとする．私たちは最初に平面を角 θ だけ回転する u をかけ，次に平面を角 φ により回転する v をかけること，と考えることにより，積 uv による乗法が可能である．ゆえに積 uv の角度は $\theta + \varphi$ となり，すなわち u と v の角の和である．これは角の加法についてのヴィエトの発見による説明であり，彼の考える複素数の "乗法" は，実際に数の乗法であることを示している．

要約すれば，複素数系は乗法が "聞こえる" だけでなく，加法として "見える" ような実数系の拡張となっている．複素数 u を実数 $|u|$ と複素数 $\frac{u}{|u|}$ に分解することにより，u による乗法は $|u|$ によるかけ算と $\frac{u}{|u|}$ によるかけ算の組合せになる．

2.6 乗法の幾何学

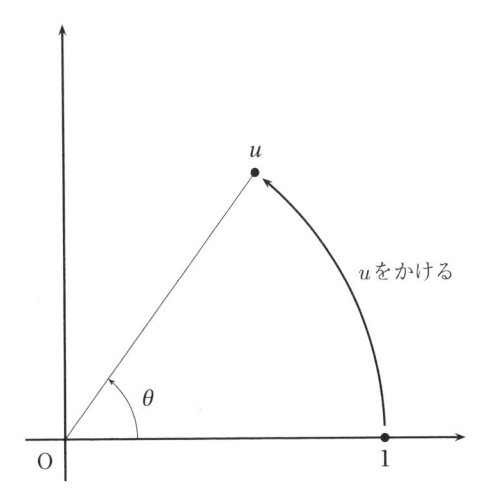

図 2.8 かける数の偏角だけ回転する

- $|u|$ による乗法は "聞こえる" 部分である．周波数の実定数による乗法はピッチへの足し算として認識することができるからである．

- $\dfrac{u}{|u|}$ による乗法は "見える" 部分である．$\dfrac{u}{|u|}$ の絶対値は 1 であるから，この数による乗法は数平面の回転となるからである．

回転と 1 の複素数における n 乗根

i による乗法は，図 2.9 から明らかなように，数平面を直角に回す，すなわち 4 分の 1 回転する．これは $i^2 = -1$ を確認することになる．4 分の 1 回転を 2 回繰り返すと半回転になり，それは半回転を意味している -1 による乗法と同じであるからだ（半回転は原点に関する点対称の変換と同じである）．ゆえに $\sqrt{-1}$ による乗法は "半回転の 2 乗根"，つまり半回転の半分，直角による回転である．

また $(\sqrt{-1})^4 = 1$ なので，$\sqrt{-1}$ による乗法を "1 回転の 4 乗根" と考えることもできる．同じように考えれば，1 回転ということに対して，複素数 $\zeta_n, n = 2, 3, 4, \ldots$ が存在して，ζ_n をかければ，その乗法は 1 回転の $\dfrac{1}{n}$ だけ数

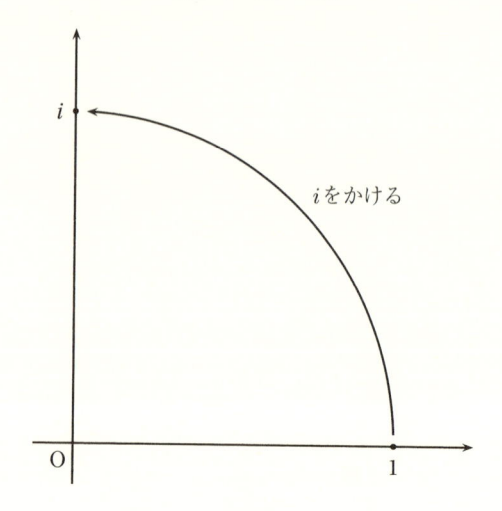

図 2.9 虚数単位 i をかける

平面を回転することを意味する．ζ_n は単純に，1回転を意味する点 1 を，1回転の $\dfrac{1}{n}$ だけ数平面上で回転したところにあり，$\zeta_n^n = 1$ なので，1 の n 乗根と呼ばれている．そのすべての累乗 $\zeta_n^2, \zeta_n^3 \ldots$ もまた，1 の累乗根であることはすぐにわかる．

1 の累乗根についての注目すべき事実は，1 の 2 乗根 ± 1 と 4 乗根 $\pm 1 \pm i$ だけが "有理" 複素数であるということである．有理複素数ということは，自然数 a, b, c によって，$\dfrac{a}{c} + \dfrac{b}{c}i$ という形で表される複素数のことである．この複素数解の性質については，もう少し勉強をしてから再度 7.6 節で証明する．"有理" 直角三角形—$a^2 + b^2 = c^2$ を満たす自然数の辺 a, b, c をもつ直角三角形—は "有理" 角をもたない（自然数 m, n に対する 1 回転の分割 $\dfrac{m}{n}$ となる角）ことに関係する．これは図 1.5 に現れる角を分割している角の大きさの列について，何かの事実を説明している．（プリンプトン 322 における，3 個の数の組であるピタゴラス数の事実についてわかることである．）その分割の列は必ず不規則にならざるを得ない．なぜなら，直角は自然数の辺をもつ直角三角形によって二つに分割することができないからだ．

また音楽のピッチ間隔と角度の目盛りの間に，同じような関連した理論を作

ることができる．有理/非有理の区別は，それが実数について重要であると同時に，複素数についても興味深いことを表している．

- 等しいピッチ区間の分割は，振動数に定数比をかけることに対応する．自然なオクターブの音を，振動数により有理数比に分割するときは，ピッチを等間隔に分けることは不可能である．

- 同様に，等しい角度は絶対値 1 の複素定数をかけることにより得られる．自然数の角度，直角を有理直角三角形の斜辺により等しく分けることは不可能である．

2.7 複素数は我々が思っているより多くの実りがある

> これは，実数領域と複素数領域の二つの真実を行き交う最も短くて優れた道を表している．
>
> ―ジャック・アダマール，『数学発見の心理学』

数学者は 3 次方程式 $x^3 = 15x + 4$ を解くために数 $\sqrt{-1}$ を受け入れたとき，$x^2 = -1$ のような 2 次方程式について，また考えなくてはならなかった．複素数の領域において，"虚数" 解 $x = \pm i$ は実際に存在し，また一般の 2 次方程式 $ax^2 + bx + c = 0$ の解

$$x = \frac{-b \pm \sqrt{b^2 - 4ac}}{2a}$$

についても，虚数解は存在する．

1.3 節で見たように，$x^3 = px + q$ という形の 3 次方程式ならば，いつでも 2 次方程式を解き，3 乗根をとることにより，その解を求めることができる．任意の 3 次方程式 $ax^3 + bx^2 + cx + d = 0$ を $x^3 = px + q$ という形に変換することは簡単なので，実際にすべての 3 次方程式は，それらを 2 次方程式に変換することによって解けるだろう．1545 年のカルダノの「驚くべき方法」にすべてのタイプの 3 次式およびそれ以上の次数の方程式を解くための方法が書いてある．それには 4 次方程式（最も高次の x が x^4 であるもの）の解法も含まれて

いる．この方法は，カルダノの学生ロドビコ・フェラリによって発見されたものである．一般の4次方程式は3次方程式と2次方程式によって解けるので，それもまた複素数解をもつことになる．

このように特別な方程式 $x^2 = -1$ の解 $x = i$ を使って，次数4以下のすべての方程式の解を求めることができる．この代数学の輝かしい成功に続いて，さらに大きな希望を抱いた疑問が形をもち始めた．それは，次数 n のすべての方程式は複素数の中に n 個の解をもっているのか？フランスの数学者アルベール・ジラール (Albert Girard) は，その可能性をはじめて提起した人であり，1629年の『代数学の新しい発見』の中で次のように書いている．

> 代数学のすべての方程式は，もっとも高次の項がもつ次数と同じ数の解をもつ．

ジラールの予想は，現在「代数学の基本定理」として知られている．この予想は彼の同国人である，ルネ・デカルト (René Descartes) の1637年の著作『幾何学』のなかで再び取り上げられた．そこには，現在因数定理として知られているデカルトの結果の裏付けもあったのである．

[因数定理]
　もし $x = x_1$ が方程式 $p(x) = 0$ の解であるならば，$p(x)$ は $(x - x_1)$ を因数としてもつ．すなわち

$$p(x) = (x - x_1)q(x)$$

である．ということは，$q(x)$ の次数（$q(x)$ の最も高い x の次数）は，必ず $p(x)$ の次数より1だけ小さくなければならない．もし，$q(x) = 0$ が解 $x = x_2$ をもつなら，前と同様に以下のような式が成立する．

$$q(x) = (x - x_2)r(x), \quad \text{すなわち} \quad p(x) = (x - x_1)(x - x_2)r(x)$$

ここでは $r(x)$ の次数は，$q(x)$ の次数より1小さい．これを繰返し続けることができる．このように，それぞれの方程式 $p(x) = 0, q(x) = 0, r(x) = 0, \ldots$ が解をもつなら，次数 n の $p(x) = 0$ は，n 個の解 $x = x_1, x_2, x_3, \ldots, x_n$ をもつ．

　因数定理は簡単に証明できるが，代数学の基本定理の証明で難しいことは，あらゆる方程式 $p(x) = 0$ が一つの解をもつことの証明である．2次，3次，4

次方程式の性質は，この証明において，ある意味誤解を招いてしまう．なぜなら，次の次数において恐るべき障害が生じるからである．$p(x)$の次数5であるとき，方程式$p(x) = 0$は，一般的にはより低い次数の方程式に変形することはできない．このことにより低い次数の方程式によって，5次方程式を解こうとする試みが無駄に終わり，代数学の基本定理の証明を長い間遅らせることになった．

結局1799年，ガウスが新たな解法を試みた．平方根，3乗根などによって解を構成しようと試みるのではなく，解の存在のみを証明し始めたのだ．ガウスの最初の試みには重大な欠陥があったが，全体的な方向性は間違いがなく，後に彼は完璧な証明を完成した．彼は，いくつかの「代数学の基本定理」の証明をしている．複素数のある意味での最小値を巧みに作り，それを使って，2次方程式を解くことに帰着するという2番目の証明以外は（ガウスの第二の証明，1816），ほとんど本質的には複素数の幾何学を用いている．ガウスはあらゆる次数の方程式の解法を，以下の2点に帰着できることを示している．

- 2次方程式を解くこと．
- 奇数次の任意の方程式を解くこと，つまりxの最高次数が奇数である方程式を解くこと．

奇数次の方程式，すなわち，

$$x^{2m+1} + x の 2m+1 より低い次数の項 = 0$$

は必ず実数解をもつ．これは，左辺を関数と考えると，xの大きな負の値に対して，この関数はとても大きな負の値をとる．また，左辺の関数は大きな正のxに対して，大きな正の値をとる．すると必ずどこかでx軸と交わることになり，その点が奇数次数の方程式の実数解となっている．このことが，なぜ$x^2 = -1$を解くことが，あらゆる次数の方程式を解くために本質的なことなのかを説明する最もよい方法かもしれない．

しかし，これは$\sqrt{-1}$の役割のほんの一部でしかない．今までは，私たちは$\sqrt{-1}$の役割を多項式関数

$$p(x) = a_n x^n + a_{n-1} x^{n-1} + \cdots + a_1 x + a_0$$

54   第2章　虚　　数

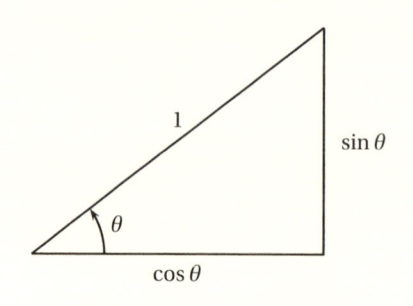

[図: 直角三角形、斜辺1、底辺 $\cos\theta$、高さ $\sin\theta$、角 θ]

図 2.10　cos と sin の関数

ここで, $a_n, a_{n-1}, \ldots, a_1, a_0$ は定数である

の範囲でだけ考えてきた．複素数が $\sin x, \cos x, e^x$ のような多項式以外の関数の変数になったときに，より驚くべきことが起こる．普通，コサイン，サインの関数は，斜辺が1の直角三角形の幅と高さとして，最初に幾何学で使われる（図 2.10）．

これによって $\cos\theta + i\sin\theta$ は，絶対値1の複素数として扱える．ということは，前の節で考えた複素数の乗法の幾何学的特性により，$\cos\theta + i\sin\theta$ をかけることは，角 θ だけ数平面を回転することになる．

指数関数 e^x は説明するのがより難しい．e はある決まった実数であり，2.718... で近似できる．実数 x が $1, 2, 3, \ldots$ の区間を変化するのと同様に，e^x の値は $e^1, e^2, e^3, \ldots$ の区間を変化する．その変化にすき間はない．x が実数のとき，e^x と $\cos x$ と $\sin x$ の間にはまったく関係がないように見える．しかし複素数の世界では，1748 年スイスの数学者レオンハルト・オイラー (Leonhard Euler) によって発見された，驚くべき関係がある．

$$e^{ix} = \cos x + i\sin x \tag{2.4}$$

この信じられない結果は，オイラーの著書『無限の分析の入門』のなかに見ることができる．関数 e^x が和を積に変えること，

$$e^{u+v} = e^u e^v$$

を知っているなら，結果として，式 (2.4) は十分に信じられるようになるだろ

う．関数 $\cos x + i \sin x$ も同様の性質をもつからである．

$$\cos(u+v) + i\sin(u+v) = (\cos u + i \sin u)(\cos v + i \sin v) \tag{2.5}$$

式 (2.5) の左辺は $u+v$ だけ数平面を回転し，右辺は数平面を u だけ回転し，さらに v だけ回転することを意味している．

複素数によって明らかにされた $\cos x, \sin x$ と e^x の間の関係は，工学や物理において，$x = \pi$ を式 (2.4) に代入して得られる神秘的な式

$$e^{i\pi} = -1$$

を含めて，無数に応用がある．

残念ながらこれを説明する十分な紙数はないが，さらに多くのことを二つのすばらしい本から学ぶことができる．ポール・ナーヒン (Paul Nahin) の "*An Imaginary Tale*" とトリスタン・ニーダム (Tristan Needham) の "*Visual Complex Analysis*" が勧められるよい本である．

2.8　なぜ "複素" 数と呼ぶのか？

"複素（complex ＝ 複雑）" という言葉は，"虚" や "不可能な" 数を取り囲む神秘を払い去ろうとする善意の試みで使われたのだろう．また，2次元は1次元より複雑であるために使われた．今日，"複素，複雑な" は，もはや言葉としてよい選択とは思えない．たいてい "複雑にされた" と解釈され，以前に，複素数に対して使われていた言葉と同様に，偏見を抱かせるものになりかねないからである．なぜ人々を不必要に恐れさせるのか？ 数学における "解析" が何であるか定かでない人にとっては，"複素解析" について知りたくならないだろう—しかし，それが解析の最高の場所なのである！

実際，複素数は実数より複雑ではなく，複素数を作る多くの構成要素は実数を作る構成要素より動きは単純である．

その一つのよい例が多項式である．n 次の多項式はいつでも複素数を使った n 個の因数，$x - x_1, x - x_2, \ldots x - x_n$ に因数分解することができる．このときの $x_1, x_2, \ldots x_n$ は，方程式 $p(x) = 0$ の n 個の解である．これら n 個の解に対

応する n 個の複素数因子に分かれることは,すでに書いた.(ここで n 個の解の中に重複解があっても,n 個の解があるということは,まったく問題はない.因数は必ず n 個であるからである.)多項式を実数の因数に分けることは,完全に異なる特性である.次数2のときでさえ,複素数の範囲で因数分解することと,実数の範囲で因数分解することは違った状態が起きる.二つの因数に分けられる場合 $x^2+2x+1=(x+1)(x+1)$ もあるし,x^2+1 のように,これ以上実数の範囲では因数に分けられない場合もある.

因数分解に関連して,2番目の意味は,曲線の交点を数えることである.曲線上の点 (x,y) が,二つの変数 x,y の多項式で表される方程式 $p(x,y)=0$ を満たすとき,この曲線を代数曲線と呼ぶ.最初に,x を原点からの水平距離,y を垂直距離と考えた.たとえば等式

$$x^2+y^2=1 \quad \text{すなわち} \quad x^2+y^2-1=0$$

は平面における原点からの距離が1の点を定義するので,この方程式は中心が原点 O,半径1の円を表す.先ほどの定義より,この円は代数曲線である.この方程式のもっとも高次の累乗が2であるため,この代数曲線は次数2をもつという.同様に考えて,

$$x=y \quad \text{すなわち} \quad x-y=0$$

は次数1の代数曲線を定義し,すぐにわかるように原点 O を通る直線である.その直線は,先ほどの円と2点で交わるので,この場合の交点の数は,たまたま次数の積になっている.

こうした2,3の例から,アイザック・ニュートン (Isaac Newton) は [42,vol.1, p.498] において,1665年に以下の大胆な推測を提出した.(彼は次数に対して"次元",曲線に対して"線",積に対して"長方形"という言葉を用いている).

> 次元 y^e の線の交点 w^{eh} について,その数は,二つの線の次元の長方形 $y^n y^e$ を超えることはない.y^e は線の次元である.二つの線は虚数の w^{eh} を除いても,十分に多くの交点がある.

現在,ニュートンの主張は Bézout の定理と呼ばれている.次数 m の曲線は

2.8 なぜ "複素" 数と呼ぶのか？

次数 n の曲線と，mn 個の点において交わるというものである．交点を正しく数える際には，いくつかの条件が必要なのだが，もっとも重要なことは，複素数の点も認めることである．意味のある条件の下で，次数 m の曲線と次数 n の曲線の交点を見つける問題は，次数 mn の方程式を解くことに帰着させることができる．これを解いて mn 個の解を得るために，ご存じのように，解が複素数も認めるのは必要不可欠である．このように考えれば，複素数の点からなる "曲線" を考える必要がある．すなわち，複素数である x, y の点 (x, y) からなる組で曲線を作ることを認めなくてはならない．しかし，それが Bézout の定理を証明することの意味なのである．

実代数曲線の性質は次数と交点の数の間にはほとんど関連がなく，恐ろしく複雑である．たとえば，円（次数 2）と直線（次数 1）は二つの実数の点で交わることができるが，それが同一の点だったり，存在しなかったりすることがある．Bézout の定理によれば，複素代数曲線は実に "単純" であり，実曲線は "複雑" であることがわかる．

同様に，複素関数は実際に実関数より素直な動きをする．実解析は野生的で，精神病理的といわれるが，複素解析は規則性があり整合性の点でも素直である．なめらかな複素関数は，任意の小さな領域における値によって，その関数のすべての場所の値を決定できるという意味において，予測可能である．なめらかな曲線であっても，実曲線は完全に予測不能であり，大部分で 0 であるような関数でも，なめらかに 1 という値をとれるように接続できる．

"複雑な" という言葉の最悪の側面—著者の意見では最後の不適合と揶揄されるところ—は "単純な" といわれる複素数の構成要素にも，また「複雑（複素）」という言葉が使われることである．数学は "単純な" という言葉を，"単純化" できないものに対する専門的用語として用いる．素数は，より小さい数の積で書くことができないため，"単純な"（その場合，たいていは単純という言葉で表現できない性質があるが）と表現されるようなことである．程度の問題もあるが，複素数上に構成されるいくつかの "単純な" 構造のうちには，数学者が言う「複素単純 Lie 群」のようなものさえ入る．これは言葉の使用の一貫性を考えれば混乱を起こさせるものである．言葉どおりとらえられない専門的な意味での "単純な" という言葉か，"複雑な" という言葉のどちらかを使わなくて

はならない．複素数より"さらに複雑な"数がある可能性もある．それらを何と呼ぶだろうか？ 超複素数？ 気の利いた予想である．それは実際に存在して，それら（とそれらに対するより良い名前にも）とは第6章で出会うことになる．

第3章 水 平 線

はじめに

　15世紀，芸術家は遠近法を発見した．それは3次元の情景を描くことに革命を起こした（図3.1を図3.2と比較せよ）．その発見はまた，古い幾何学の距離感とはかなり異なる新しい幾何学の発想において，幾何学に革命を起こした．
　しかし，この新しい発想は，目が存在しない点を"見る"という考え方をするために，新しい幾何学に発展するには，見かけほど簡単ではなかった．数学

図 3.1　透視図が発見される前の絵

図 3.2 透視図が発見された後の絵（アルブレヒト・デューラー，「研究するサン・ジェローム」）

者は無限遠の点という言葉を見いだす前，"理想の" あるいは "虚の" 点と呼んだ．無限遠の点（以下，無限遠点と呼ぼう）は直線，水平線を形成し，そこでは平行線の交点といったありえないことが起こる．幾何学はどのようにこのパ

ラドックスを解釈し，それによってさらに優れた，応用範囲の広い学問に発展していったのかがこの章の主題である．

3.1 平行線

ガブリエル・ガルシア・マルケスが，はじめてカフカの『変身』を開いたのは十代の時で，ソファにもたれながらであったと思う．

> グレゴール・ザムサが不快な夢からある朝目覚めると，自分がベッドのなかで巨大な虫になっていることに気がついた…

ガルシア・マルケスはソファから落ち，あなたがそのようなことを書くことが許されるという啓示にひどく驚いた！

…誰かの新しい考えや新しい解釈を聞いて，驚きとともに"そのようにすることが許されていたとは気づかなかった！"と考えながら，ガルシア・マルケスのように寝椅子から落ちる（たとえばの話だが）ことは，しばしば私にも起こり，また確かに同様なことがすべての数学者に起こる．

—バリー・メイザー，『不思議な数』

幾何学における重要な概念の一つは，平行線の概念であり，それは簡単には平面上で交わらない直線ということができる．なぜ平行線が重要なのか，これが交わることが許されたときに，より重要になることを示すのがこの章の目的である！このパラドックス—直線が交わるはずのないときに交わることを許すという—は3.3節で説明しよう．この節では，平行線の基本性質とその重要性について説明することで，最初の段階を理解することにしよう．

まず平行線は存在し，ただ一つである．この性質を正確に表現すると次のようになる．

平行線の公理 $\mathscr{L}$ がある直線であり，点Pが，$\mathscr{L}$ 上にない点であるとすると，点Pを通り $\mathscr{L}$ と交わらない唯一つの直線が存在する．

第 3 章　水　平　線

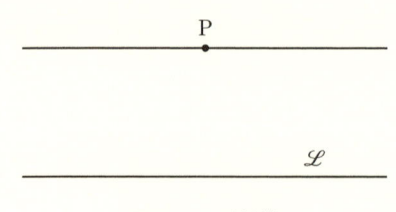

```
                    P
  ────────────●────────────

  ─────────────────────────
                           𝓛
```

図 3.3　平行線

　この唯一つの直線を，点 P を通り $\mathscr{L}$ に平行であるという（図 3.3）．

　証明ができないことにより，平行線の存在と一意性を "公理" と呼ぶことで，その真偽に関していくらかの疑いがあることを示唆しているのではない．むしろそこから他の真実を生み出す，出発点としての役割を強調している．幾何学における平行線の役割は，ユークリッドによってはじめて認められた．彼は『原論』のなかで，多くの幾何学の定理は平行線の存在と一意性から導かれることを論証している．

　ユークリッドは私たちが書いたような平行線の公理は述べていない．実際，彼の表現ははるかに煩わしいものである．ギリシャ人たちは無限の直線を認めず，有限な直線を無限に延長するという可能性だけを受け入れていた．そこで，十分遠くに延長したなら，有限な直線が交わるかもしれないという条件で，ユークリッドは平行線公理を述べざるを得なかった．彼の言っていることは，以下のようになる．この表現も，上の平行線公理と同値である．

ユークリッドの平行線の公理　直線 N が，直線 $\mathscr{L}$ と $\mathscr{M}$ とに交わり，同じ側に α, β の角度で交わっている．$\alpha + \beta$ が 2 直角より小さいならば，直線 $\mathscr{L}$ と $\mathscr{M}$ を十分遠くまで延長すると，直線 $\mathscr{L}$ と $\mathscr{M}$ とはこちら側で交わる（図 3.4）．

　このように，平行線の公理を述べるために，ユークリッドは補助線と見かけ上不思議な角の使い方を必要とすることに注意してほしい．直線が無限であると想定されるとき，平行線の公理がどれくらい単純になるかということは印象的である．にもかかわらず，ユークリッドの平行線の公理もまた優れた表現である．それは平行線の公理が角の動きを支配し，それと同時に，おそらく長さや面積も支配することを示唆している．これは非常に重要な事実である．『原

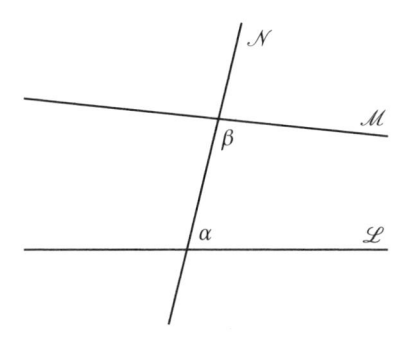

図 3.4 平行でない線

『論』のなかで見つけられる平行線公理から導ける主なものをあげてみよう.

- 長方形が存在する.
- ピタゴラスの定理
- どんな三角形の角も二つの直角になる.

3.2 座 標

ユークリッドの時代の後,幾何学における最初の偉大な進歩は座標を作ったことである.座標は数による点の表現である.第 2 章では複素数との関連でこの考えに触れたが,幾何学との関連性をより明確にするために,ここでは格子点から座標を考えてみよう.座標は平行線の公理の自然な結果であるため,ギリシャ人は考え出すことができたはずだ.しかし,彼らは代数学を持っていなかったため効果的に使うことはできなかった.これまで見てきたように,代数学はようやく 16 世紀に成熟し,最初の幾何学への応用は,1630 年頃フランスの数学者ピエール・ド・フェルマー (Pierre de Fermat) とルネ・デカルトが行ったものだった.

平面上の点 P の座標 (x, y) は,単純に原点 O と呼ばれる固定された基準点からの水平方向,垂直方向の距離である.図 3.5 には,いくつかの点とそれらの座標が示されている.

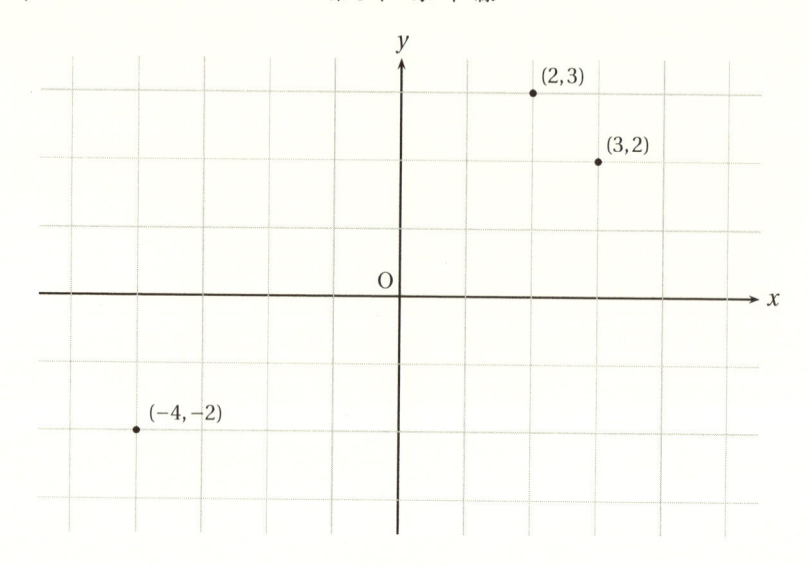

図 3.5 座標

　原点 O を通る水平方向の直線である x 軸は，すべての数 x によって表される点 $(x, 0)$ から作られている．また，$(0, y)$ というすべての点から y 軸は構成されている．座標 (x, y) の x と y が整数値をとる点を格子点と呼ぶ．この点を通る水平方向，垂直方向の直線も図示されている．この格子はいくつかの都市の道路の格子に似ている．たとえばマンハッタンの大通りや並木道である．さらに，たとえば点 $(2, 3), (3, 2), (-4, -2)$ といった点を"街角"と名づけてもよい．

　これら"街角"は平面上の整数点である．点 P は原点 O から，ちょうど水平距離 x と垂直方向の距離 y を持つ一つの点である．同じように考えれば，整数の値でなくても，あらゆる点 P は実数の座標の組 (x, y) を持つ．実数は直線のすべての点を表すことができるので，座標の組 (x, y) は，平面のすべての点を表すことができる．負の数は O の左，あるいは下の点に対して用いられる．

　x と y の平面上の意味から，点 (x, y) は点 (y, x) と異なるのは明らかである．（第二ストリートと第三アベニューの角は，第三ストリートと第二アベニューの角とは異なるのと同じである．）このように x と y の順序は区別しなければならない．このことを強調するため (x, y) を順序対と呼ぶこともある．

座標と平行線公理

P(a,b) と書いた場合，すなわち点 P が原点 O から水平方向に距離 a，垂直方向に距離 b にある場合である．このとき，暗黙のうちに O から P まで二つの異なる道があることがわかる．

- 水平方向に距離 a だけ行き，そして垂直方向に距離 b だけ行く．

- 垂直方向に距離 b だけ行き，そして水平方向に距離 a だけ行く．

これは幅 a，高さ b の長方形があることを考えることになる（図 3.6）．そして，前節で述べたように，長方形は平行線の公理によって存在している．

平行線の公理のもう一つの重要性は "傾き" を考えることができるようにしてくれることである．直線の傾斜，あるいはその傾きは，道の傾きを測る方法と同じである．"走った距離と登った距離" によって測れる．点 P から点 Q への登りは，P から Q への垂直距離であり，走った距離は P から Q への水平距離である（図 3.7）．たとえば 10 の水平方向の走りに対して，1 の登りのとき，道は "10 について 1" の傾きを持っているという．数学的に，傾きは数 "10 に

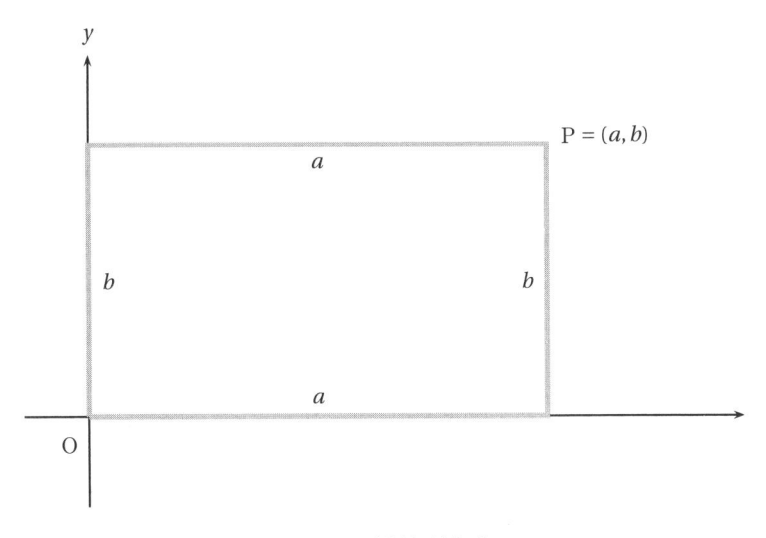

図 **3.6** 座標と長方形

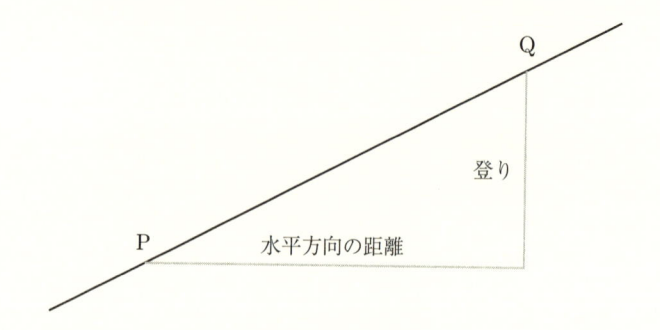

図 3.7 直線の傾き

対する1"，つまり $\frac{1}{10}$ である．

$\frac{\text{PからQへの上昇}}{\text{PからQへの水平距離}}$ を直線の傾きと呼ぶことによって，PからQへの傾きだけでなく，この直線上のどんな2点PとQに対しても，同じ傾きの値を持つことを仮定する．言い換えると，直線は一定の傾きを持つと仮定する．この仮定はユークリッドの平行線の公理と同値なので，直線の基本的な性質として考えてよい．

ある直線の傾きが一定であることによって，それぞれの直線を等式によって表せる．すると，直線に代数的な方法を使うことができる．

まず図3.8に示されているように，高さ c で y 軸と交わる傾き m の直線を考えよう．直線と y 軸との交点を切片という．

P(a,b) が直線上の任意の点であるとすると，図において薄い線によって示されたように，登った長さ $y-c$ と動いた長さ x を持つ．ゆえに，

$$\frac{y-c}{x} = \text{傾き} = m$$

両辺に x をかけ，両辺に c をたすことによって，よく知られた直線の方程式が求められる．この方程式を直線上のすべての点が満たす．

$$y = mx + c$$

この方法は，y 軸と交わるすべての直線に使えるので，y 軸と交わる直線は，$y = mx + c$ という形の方程式で表される．直線が y 軸と交わらなければ，x 軸

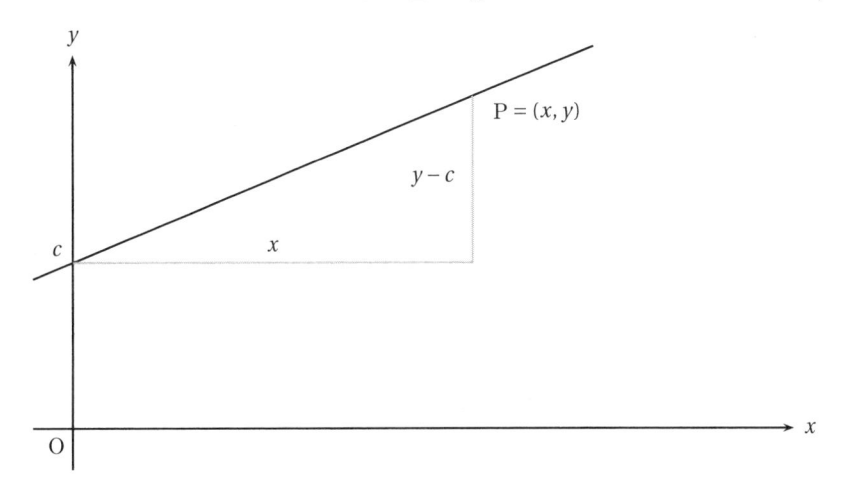

図 3.8 方程式 $y = mx + c$ で表される直線

に垂直な直線であり，ある数 d に対して

$$x = d$$

という形の方程式になる．

　これで方程式から，平行かどうかを簡単に判断できるようになる．平行線は同じ傾き m を持つ直線である．より正確には，2 本の平行線の組は，次の 2 本の方程式で表される．

$$y = mx + b, \quad y = mx + c$$

傾き m は同じだが，b と c は異なる

直線が x 軸と垂直のときは

$$x = c, \quad x = d \quad c \text{ と } d \text{ は異なる}$$

最初の場合は $b = c$ のとき，二つの直線は一致し，2 番目は $c = d$ のとき，二つの直線が一致する．一致する場合以外は，二つの方程式を解くことができない．このことから交わらないことがわかる．すなわち，確かに平行線である．

　幾何学的，代数学的に平行線について考えてきたが，どちらの考え方でも平行線は交わらない．なぜ，だれが，それらが交わると思うだろうか．

3.3 平行線と視覚

> なんと透視図は愛されているのだろう―昔の虚構ではないか
> 想像が視覚に命令されている
> 心が言われるままに動かされる
> 机の縁は平行ではない
> 離れていても近くにある
> 車輪を見れば，円より楕円
> 天井の縁は合っていない
> 広いハイウェイは一点に縮む
> 透視図は馬鹿にしているのか，もういい
> 見ない方が間違いを犯さない
>
> 　　　　　　　　　ロバート・グレイブス，『透視図』より

> 境界のないナラボー平原の上では，一本の鉄道線路が延び，光る二本の鉄の平行線が，どこまでもまっすぐに続き，太陽の光の中で刺すように輝く．終わりのないコンクリートの横木が組まれている．遙か彼方の地平線のどこかで，揺らぐ輝きの中に消え入るように，二つのレールがかすかに輝きながら一つになっていく．
>
> 　　　　　　　　　ビル・ブライソン，『灼熱の国』より

　この章の最初の二節で，計量の視点から平行線を考えた．それらは同じ傾きを持つ直線，あるいは，互いに一定の距離を保つ直線である．上の一節は，平行線が視覚の観点とはかなり異なることを私たちに思い出させる．平面が私たちの前に水平に広がっていたら，平行線は水平線上で交わるように見える．それらの交点は "視覚による想像で強調されるのである"．

　しかし，それらは実際には交わらないので，どう考えたらよいのだろう？　それぞれの直線は無限であり，端点を持たないため，水平線上に明らかにあると思われる交点は，どちらの直線上の点でもない．にもかかわらず，それぞれの

3.3 平行線と視覚

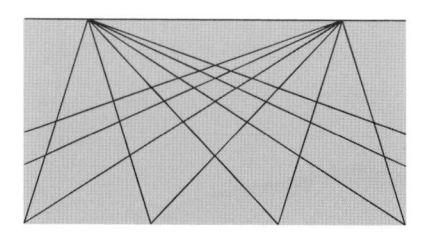

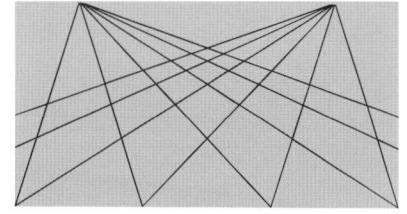

図 3.9 無限遠点がある場合とない場合の平面

直線に"属する"と定義してもおかしなことは起こらないので，両方の直線に付け加えよう．この点は二つの平行線の無限遠点と呼ばれている．最初の二つの平行線に平行なすべての直線は，無限遠において同じ点を共有する．だから，水平線上の各点は，それを無限遠点として持つ平行線の集まりが対応している．これにより，水平線を平面の無限遠直線と呼ぶ．

　無限遠点と平行線は自然な対応をするが，どのような場合でも人間の目では直線の端が一致するところは見ることができない．目に見えないような"直線"を描くことによって，無限遠の直線を表現しようとしたのが図 3.9 である．

　美術家や建築家が最初に無限遠点の大切さを認識し，それを"消失点"と呼んでいる．図 3.2 で示したように，15 世紀のイタリアで，3 次元の構造を絵画に描く方法が目覚ましく発展し，消失点を透視図の中でどのように使えばよいかを発見した．

　イタリアの透視図の数学的本質は，正方形のタイルを敷き詰めた床の描写法に見ることができる．いわゆる *costruzione legittima*（コストルジオーネ・レジッティマ，「正規の作図法」などと訳される）である．この作図法はアルベルティ (Alberti,1436) によって最初に画法の論文で発表された．彼の透視図の作り方を簡単に説明しよう．手前から第 1 列目のタイルの列の手前の辺が，絵（キャンバスの下の端と考えてもよい）の下の端に一致することを仮定する．絵の中に，任意の直線（無限遠直線としての水平線）を引いて，この直線を水平線とする（普通は目の高さに水平線を引く）．そして，絵の下端の辺をタイルの数だけ等間隔に分割して，タイルの端の点を決める．この等間隔に分割する点から，先ほどの水平線上の一点まで直線を引く．この直線が，正方形のタイ

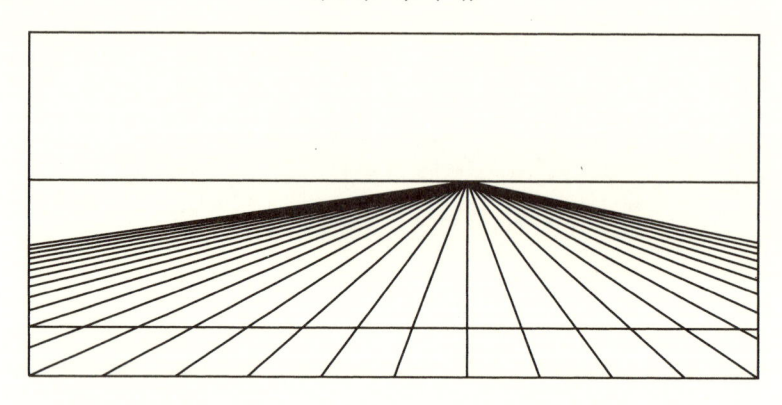

図 3.10 コストルジオーネ・レジッティマ（「正規の作図法」の最初）

ルの下の直線と直角な辺を表している（図3.10）．絵の下の辺の近くに引いた別の水平な直線は，最初の列のタイルの反対側の辺を表すことになる．これで最初のタイルの列が完成する．

難しい問題は2列目からである．タイルの2列目，3列目，4列目...を正しく描くためには，タイルの辺を表す直線をどのように見つければよいのだろうか？しかし，その答えは驚くほど単純である．最初の列のタイルを表している四角形の対角線を，どの四角形でもよいから引けばよい（図3.11において薄い線で示されている）．この対角線の延長線は必ず2列目，3列目，4列目，...の縦の辺を表す直線（無限遠点と，絵の下の辺を等分した点とを結んだ直線）と交わる．そして，この交点が，各列におけるタイルの角，すなわち縦の辺と横の辺とが交わる正方形の頂点を表す．対角線と縦の線を表す直線の交点で，水平方向の直線を引いていけば，これらの平行線が，それぞれのタイルの列の横の辺を表す直線となる．

このように costruzione legittima は，実際の図形を絵の中に描いたときに，交わりとか平行とかの関係を変えない作図法である．

- 直線は直線に

- 交点は交点に

- 平行線は，水平方向の場合は，平行線のままである．水平線上で交わる．

3.3 平行線と視覚

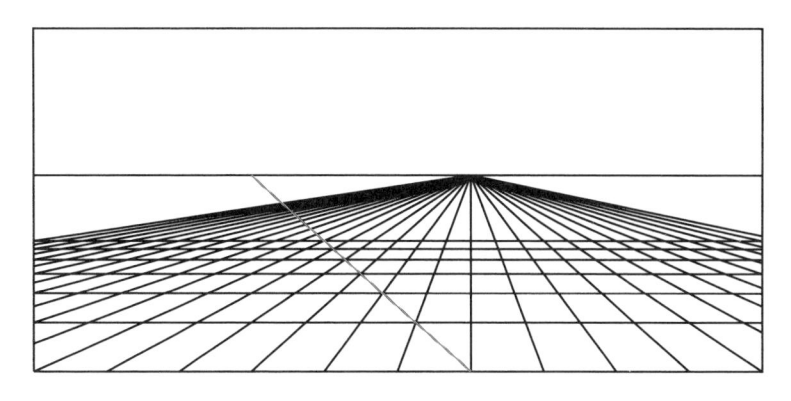

図 3.11 コストルジオーネ・レジッティマ (「正規の作図法」の完成)

"水平方向の" 平行線を水平方向の平行線とし，"垂直方向の平行線" を水平線上で交わらせるように作図している．その結果，"水平な直線" と対角線の交点は，タイルの "垂直な辺" と水平な辺との交点を与えている．このことから，作図の2列目以降を描く段階で，垂直な辺を表している絵の上の直線と，対角線の交点が各タイルの水平方向の線を決めることになる．

芸術家の使い方

ルネッサンスの芸術家は *costruzione legittima* にとても満足していたようである．ルネッサンス芸術に描かれるタイル貼りの床は，すべてこの方法に沿って描かれているようだ．横枠に平行に並べられたタイルの列のつながり，対角線に沿ってまっすぐに一直線に並べられたタイルの角，これらはともに，威厳と秩序という偉大な意味がある．宗教や古典文学からの主題を調和させて，疑いなくルネッサンス絵画のおおらかな雰囲気を表現するものである．

costruzione legittima の一般化は，フランスのルイ 6 世の秘書であったペルラン (J. Pèlerin) によってなされた．彼の著書『透視画法』(1505) のなかで扱われている．この本は遠近法の最初のマニュアルであり，フランス語とラテン語で書かれたが，実際は絵だけで簡単に理解できるようになっている．そのうちの一つが図 3.12 である．本の内容すべては Gallica のウェブサイトで見るこ

第3章 水平線

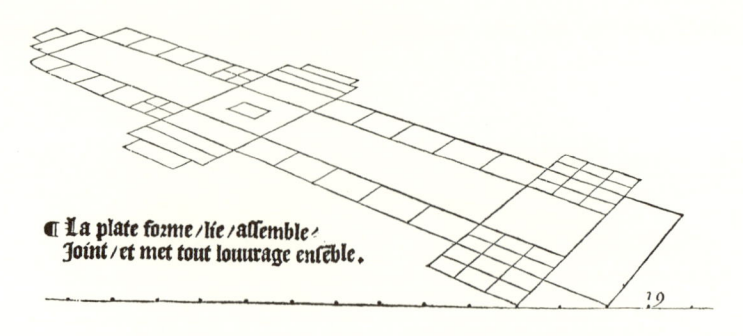

図 3.12 ペルランの「人工的な遠近法」からの図

とができる．それは著者名のラテン語形である，フィアトール (Viator)，すなわち旅人という名前を意味するラテン語の名前を使って出版された（Pèlerin はフランス語で旅人，巡礼を意味し，Viator はラテン語で"旅人，巡礼"の意味がある）．

ペルランは正方形のタイルの手前の辺を，絵の下の線と対応させる．これは，アルベルティと同じ方法である．絵の下の辺を等間隔に分け，これらの等分割する点と，水平線の上に取った二つの点とを，交差するように結ぶ．この交差するように結んだ線で，水平方向の平行線と，垂直方向の平行線を表す（図 3.9）．交差するように引いた直線の二つの族は，水平線上の 2 点の取り方によって変化するが，タイルの絵の中での見え方は，それほど自由にはならない．なぜなら，タイルの対角線は，いつも水平線に平行になるからである．

ペルランの透視図の描き方は，タイルの床を描写するときに，かなりの自由度を持っている．しかし，美術家がそれを利用するのは遅かった．最初は，17 世紀のオランダの絵画において広く使われるようになった．この頃の絵は，日常生活の中の普通の光景を描いたものに人気があった．透視図の画法の自由さが，絵の対象の自由さに影響を及ぼしていた．しかしそのときでさえ，透視図の描き方には，あまり多くの自由さは存在しなかった．——無限遠の 2 点は普通は対称に置かれるという制約があった．しかし，これが見たままを描くことにはならないよい例は，フェルメールの作品である．図 3.13 を見ると感じられるだろう．

3.4 距離を考えない描き方

図 3.13 フェルメールの「音楽のレッスン」における対角線のタイル

3.4 距離を考えない描き方

遠近法においてタイル貼りの床を描くことは，芸術の世界でも重要な問題であり，数学においても本質的な発展をもたらした．にもかかわらず，距離を使うことによって，水平線に平行な直線は簡単に描くことができるので，数学的には誤解を招くことも起こってしまう．もし，タイル貼りの床が任意の視覚的な中心を持つなら，距離は無意味と考えられる．距離感なしで情景を描くという，数学的により重要な問題を考えなければならないところに心が動いていく．図 3.14 に描かれている景色はどのような方法で描けばよいのだろうか？

この問題を解決するのは簡単なのだが，それが最初に美術家によって解かれたのか，数学者によって解かれたのかはわからない．この作図に必要とされた唯一の製図道具は，目盛がない直定規である．距離が必要ではないので，目盛は必要ではなかった．

最初にタイルは，二つの 2 直線で作られた組によって描かれる．この 2 直線は水平線上で交わるように描かれる．片方の 2 直線によって，タイルの平行な

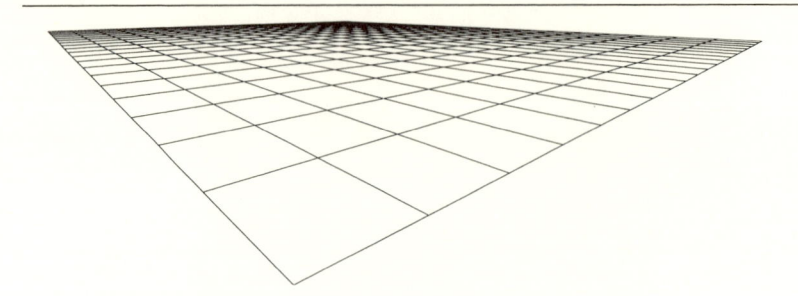

図 3.14　自由な方向に敷き詰められたタイル

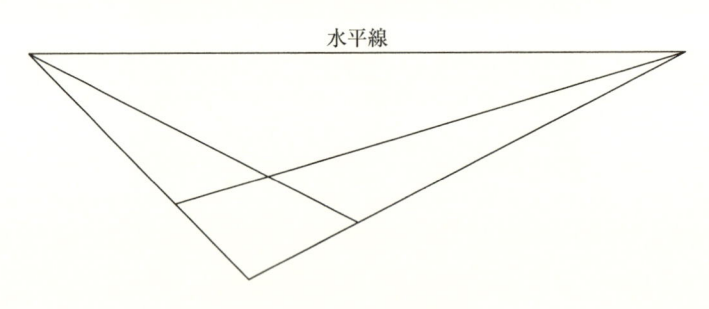

図 3.15　タイルの描き方

2辺が作られる．平行線であるが，絵の上では平行には描かれないのは，今までと同じである（図 3.15）．

さらに，並べられたタイルは，図 3.16 に示された対角線を用いて連続的に作図される．すべての対角線は水平線上の同一の点において交わっている．

明らかに，このように作図し続けることによって，好きなだけ多くのタイルを描くことができる．新しい直線は点をつなぐことにより作られ，新しい点は直線の交点として決められる．この図を描くには，直定規だけで十分であることがおわかりになると思う．数学的にいえば，以下の点と直線に対する結合公理のみを仮定する．

- 同一直線上に3点が乗らない，4点がある（開始するためのタイル）．

- どんな2点も，それを通る唯一の直線がある．

3.4 距離を考えない描き方

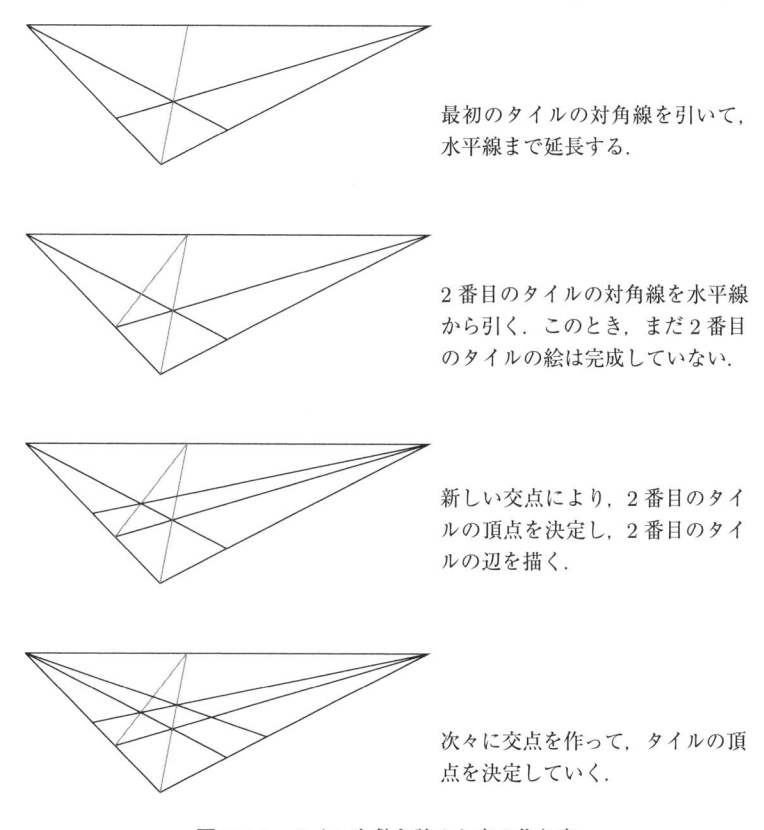

最初のタイルの対角線を引いて，水平線まで延長する．

2番目のタイルの対角線を水平線から引く．このとき，まだ2番目のタイルの絵は完成していない．

新しい交点により，2番目のタイルの頂点を決定し，2番目のタイルの辺を描く．

次々に交点を作って，タイルの頂点を決定していく．

図 3.16 タイルを敷き詰めた床の作り方

- すべての二つの直線はちょうど1点で交わる（水平線上において交わることも許す）．

結合公理は対象が交わるときの（あるいは"結合する"）根本的な関係を述べている．このような幾何学の研究分野は，絵を描くときに平面から別の平面へ対象を写すという根本的な問題を含む．このことから，この幾何学を結合幾何学とか，射影幾何学と呼んでいる．とくに遠近法によりタイル貼りの床を描くことは，床の平面から絵の平面へ格子を射影することになる．

射影幾何学は，ある意味でユークリッド幾何学を完全な形にしたものである．

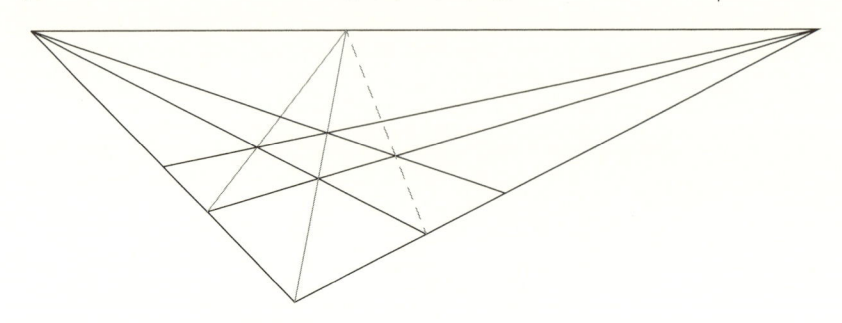

図 3.17 同一直線上になる三つの点

　この幾何学は平行線が他の直線と同じように扱えるように，平面に無限遠点を加えた，より均一な平面—射影平面—を考える．平行線はちょうど1点で交わり，その点が乗っている直線—水平線—は他のどの直線とも同じように扱える．射影平面上では，水平線としてどんな直線 h を選択してもかまわない．"平行線"という意味は"h 上で交わる直線"以外の何物でもない．

　射影幾何学は，ユークリッド幾何学より均一性を持っているが，扱えるものは必ずしも多くはない．直線どうしの関係だけはうまく表現できても，長さや角度については扱うことができない．さらに，上の三つの公理は射影幾何学のすべての定理を導き出すものではない．それらはタイル貼りの床の関係の特性をすべて説明してはいない．図 3.16 の製図において，最初の数段階を行えば，ある奇跡が起こることにすぐに気がつく．3点が同じ直線上にある．そのような奇跡に適する言葉は「同一直線上」である．最初の水平線上の2点は常に水平線に乗っているが，3点目が最初の二つと同じ直線上にあることが，同一直線上にある性質である．そのような同一直線上にある性質の一つは，図の最後の段階で見ることができる．タイルの対角線の延長線の交点として現れる3番目の点を含めた3点は，同じ直線上にある．それは図 3.17 に点線で示されている．

　次の二つの節を通して，「同一直線上」にあるという，直線の共有を説明する射影的配置定理の長い歴史を見ていくことにしよう．その証明は射影幾何学の理論の外にあるので，射影幾何学のなかで「同一直線上」を証明することはできない．この定理を証明したいなら，公理としてある種の配置定理を仮定し

なくてはならない．しかし，このときさらに別の奇跡を体験する．長さと角度の概念は結合概念から再構築することができるので，(イギリスの数学者アーサー・ケイレイ (Arthur Cayley) が言うように)「射影幾何学がすべての幾何学である」．

3.5 パッポスとデザルグの定理

射影幾何学の最初の本は，フランスの工学者ジラール・デザルグ (Girard Desargues) が 1639 年に書いた『円錐と平面の共有面についての作図法』である．その本は非常におおざっぱな書き方をしていたので，書かれてからすぐに忘れられてしまった．200 年後に見つけられたたった一つの写本以外に，現在まで伝わっているものはない．(円錐が平面と交わるとき，円錐曲線と呼ばれる曲線が作られる．円錐曲線は，楕円，放物線，双曲線と呼ばれる曲線である．よく知られたこれらの曲線についての，このあいまいな定義の方法は，別にデザルグの失敗ではない．この定義の方法が，現代では認められていることからもわかるように，幸いにも彼には，彼の考え方の重要性を理解している後継者が何人か存在していたのである．)

デザルグの友人の中にエティエンヌ・パスカル (Etienne Pascal) がいる．彼の息子のブレーズ (Blaise) は後にフランス数学 (とフランス文学) の巨星となった．(「パンセ」を書いたパスカルである．) 1640 年，16 歳のブレーズは，パスカルの定理として知られる多角形と直線についての定理で，射影幾何学の重要な貢献者となった．デザルグの他の後継者はアブラハム・ボス (Abraham Bosse) である．彼は彫刻師であり，1648 年に作られた芸術家向けの透視図の使い方のマニュアルにおいて，デザルグの考えを使っている．ボスの数学についての能力は平凡なものであった．ところが，幸いなことに彼の著書は，デザルグの名前を残すほどの出来ばえであった．射影幾何学はフィリップ・ドゥ・ラ・ヒール (Phillipe de la Hire) の『幾何学の新しい方法』によって数学に認められるようになる．ドゥ・ラ・ヒールの父親はデザルグの生徒であった．ドゥ・ラ・ヒールの本はニュートンにも読まれていたようである．ニュートンは 3 次曲線の幾何学において，射影を用いることにより，重要な進歩をもたらした．

このように，射影幾何学の重要性は，ただぼんやりと曲線論の中で認められたにすぎなかった．しかし，1700年までに射影幾何学は数学の世界の最高レベルに到達したと言える．

当時，射影幾何学はユークリッドの幾何学，およびフェルマーとデカルトの座標幾何学と混同されていた．また，デザルグの本のタイトルからもわかるように，射影幾何学の主な応用範囲は曲線の理論であった．直線に関する問題は，ユークリッド幾何学，あるいは座標を使った幾何によって，より効果的に扱える．射影幾何学の方法の重要性を認識させる最も良い例は，今までの他の幾何の方法では解くことができなかった問題を解決することである．他の幾何学では解くことができない曲線についての問題を，射影幾何の方法で解けることが明らかになった．このことから，円錐曲線の理論（デザルグ，パスカル，ドゥ・ラ・ヒールによる）と3次曲線（ニュートンによる）の理論への応用が強調された理由がわかる．

射影幾何学が曲線の理論への応用において，その重要性が強調されていたデザルグの時代に，直線についての二つの定理だけが，射影の観点からも注目されていた．そのうちの一つは，300年頃のギリシャ人の数学者パッポスにより発見された．もう一方はデザルグ自身により発見された定理である．

パッポスの定理 6点 A,B,C,D,E,F が二つの直線上に交互にあるなら，AB と DE，BC と EF，CD と FA の交点はある直線上にある．

この定理は純粋に射影的で興味深い．この種の主要な定理は，射影幾何が研究され始めた頃に，いろいろ発見されていた．その結果は結合概念のみを含んだ定理である．結合概念とは，交点が同一直線上にあることに関する結果である．射影的であるにもかかわらず，その証明はユークリッド幾何学を必要とする．線分の長さとか，長さの積についての結果も同様である．後ほどパッポスの定理の中で，積がどのように使われるかを示すが，その前に，デザルグによる直線の幾何学についての結果を見てみよう．

デザルグの定理 二つの三角形が1点からの射影の関係にあるなら，その対応する辺の交点は同一直線上にある．

3.5 パッポスとデザルグの定理

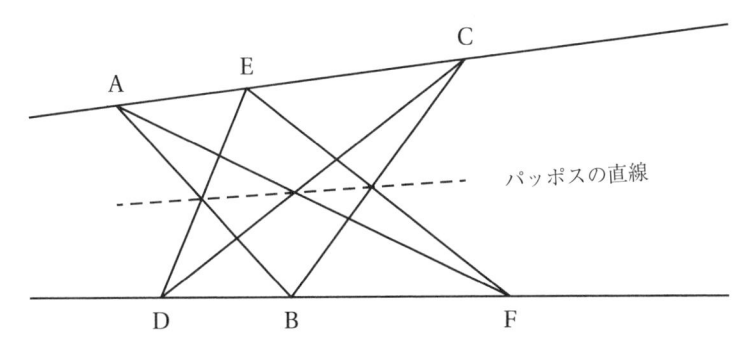

図 3.18 パッポスの定理

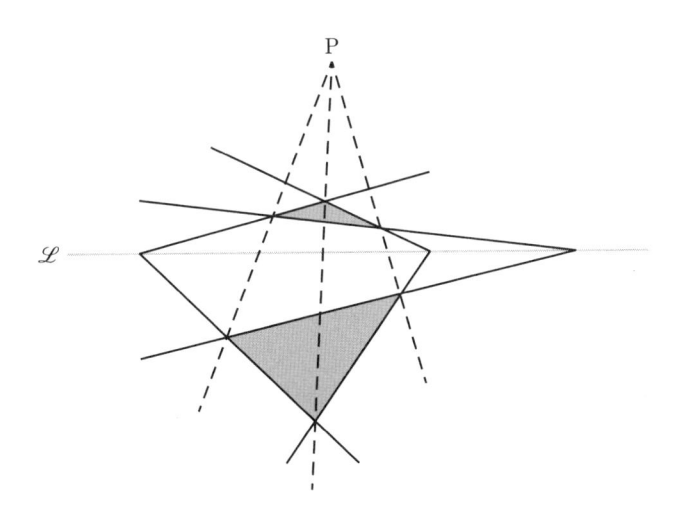

図 3.19 デザルグの定理

　図 3.19 の陰をつけた部分の三角形は 1 点 P からの射影の関係にある．つまり，その対応する頂点を通る直線は P で交わる．このような条件の下で，対応する辺は直線 $\mathscr{L}$ 上で交わる（これも薄い色で示されている）．

　パッポスの定理のように，デザルグの定理も結合についてのものだが，その証明では長さと乗法が使用される．しかし興味深い違いがある．デザルグの定理は図が平面内になくても適用できる．デザルグの定理を空間で考えると，射

影幾何としての証明をすることができる．

　つまり，図 3.19 の三角形が，二つの異なる平面の上にあると仮定する．射影平面における二つの直線がある点で交わるように，射影空間における二つの平面は直線で交わる（"無限遠における直線"も含む）．$\mathscr{L}$ がこの直線であるとする．もし，対応する辺が交わるとすれば，その点は二つの平面の共有点となる．$\mathscr{L}$ は二つの平面に共通なすべての点を含むので，対応する辺は直線 $\mathscr{L}$ 上で交わる．対応する辺は交わるので，同じ平面上にあり，3 組の対応する辺が作る平面は，点 P によって 1 点で結合されている．

パッポスの定理の証明

　残念ながら，射影空間の性質だけで，パッポスの定理を証明することはできない．証明するためには，射影幾何学以外の道具を使うことは避けられない．しかし，射影の考え方は定理の表現を簡単にして，より簡潔な証明ができるようにしてくれる．

　3.4 節から射影平面におけるすべての直線を，無限遠における直線と考えることができる，ということにもう一度注意しておこう．このことにより，無限遠における直線上で AB が DE と交わり，BC が EF と同じ直線上で交わるとする．言い換えると，AB は DE に平行であり，BC は EF に平行である．そして CD は無限遠において FA とも交わる，つまり CD と FA も平行であるということがパッポスの定理となる．

　図 3.20 はこの新しい射影の見方からパッポスの定理を図示している．

　太い直線の組は平行であり，薄い直線どうしも平行である．そして，点線の直線の組もまた平行であることを示したい．このために，ユークリッドの平行線の定理を使おう．相似な三角形において，対応する辺の長さは一定の比を持つ．たとえば三角形 OAB と OED は，AB が ED に平行なので相似である．よって

$$\frac{\text{上辺}}{\text{下辺}} = \frac{\text{OA}}{\text{OB}} = \frac{\text{OE}}{\text{OD}} \tag{3.1}$$

同様に，三角形 OEF と OCD は，EF が CB に平行であるから相似である．ゆえに，

3.5 パッポスとデザルグの定理

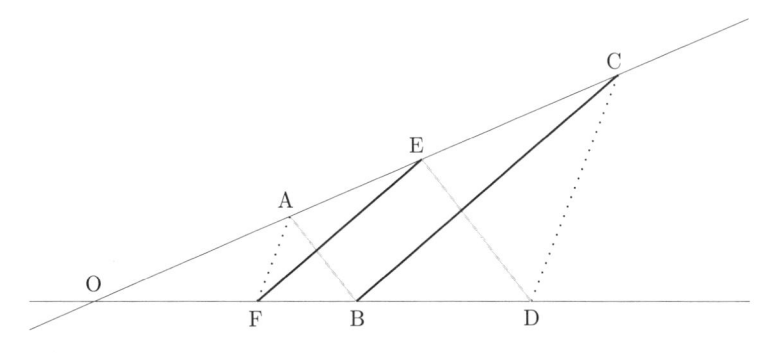

図 3.20 パッポスの無限遠直線とパッポスの相対的位置

$$\frac{\text{上辺}}{\text{下辺}} = \frac{\text{OE}}{\text{OF}} = \frac{\text{OC}}{\text{OB}} \tag{3.2}$$

等式 (3.1) の両辺に $\text{OB} \cdot \text{OD}$ をかけることによって,

$$\text{OA} \cdot \text{OD} = \text{OB} \cdot \text{OE} \tag{3.3}$$

また等式 (3.2) の両辺に $\text{OB} \cdot \text{OF}$ をかけることによって,

$$\text{OB} \cdot \text{OE} = \text{OC} \cdot \text{OF} \tag{3.4}$$

等式 (3.3) と (3.4) から $\text{OB} \cdot \text{OE}$ に等しい二つの項ができる. すなわち, $\text{OA} \cdot \text{OD} = \text{OC} \cdot \text{OF}$ が成立する. この等式の両辺を $\text{OF} \cdot \text{OD}$ で割ることによって最終的に

$$\frac{\text{OA}}{\text{OF}} = \frac{\text{OC}}{\text{OD}} \tag{3.5}$$

を得る. これは三角形 OAF と OCD は相似であるということを示している. よって, AF は CD と平行となる.（これから, 証明の終わりを示すために, 場合によっては □ の記号を使用する.) □

このようにパッポスの定理は証明されたが, 射影幾何学の理論の中においてではなかった. 事実上, 私たちはそれをユークリッド幾何学の言葉に言い換えた. そこでは平行線は傾きを持ち, 長さの等しい比を与える. パッポスの定理を平行線が傾きを持たない射影の世界で証明したいなら, 公理としてみなさなくてはならない. 同じことがデザルグの定理にも当てはまる. 次の節で, この

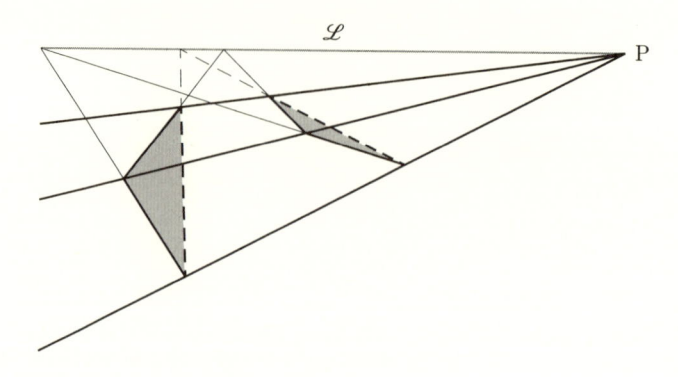

図 3.21 デザルグの小定理

新しい公理から得られる最初の成果を見ることにしよう．それらは，同値であることがわかる．

3.6 小デザルグ定理

　パッポスとデザルグの定理は，ある種の一致する性質を示している．—同一直線上に 3 点が存在するというような—実際にそれは必然の結果である．最初は偶然の一致と思われていた．しかし，それらの交点が同一直線上にあるという結果は，わずか約 100 年後には，すべてパッポスとデザルグの二つの定理の結果として説明できることが判明した．タイル貼りの床の交点が同一直線上にある性質が，ドイツの数学者ルース・モウファング (Ruth Moufang) により 1930 年代初期に証明されたように，実際はデザルグの定理の特別な場合の結果である．

　この注目すべき発見を説明するために，図 3.17 の交点が同一直線上にある性質を，どのようにしてデザルグの小定理から証明できるかを考えてみよう．その定理は，遠近法の消失点（遠近法の中心）P が，対応する辺の交点が乗っている直線と同じ直線 $\mathscr{L}$ 上にあるという特別な場合について考えている．図 3.21 は，上部に水平線 $\mathscr{L}$ を置いた場合の，デザルグの小定理の点の位置を示している．

3.6 小デザルグ定理

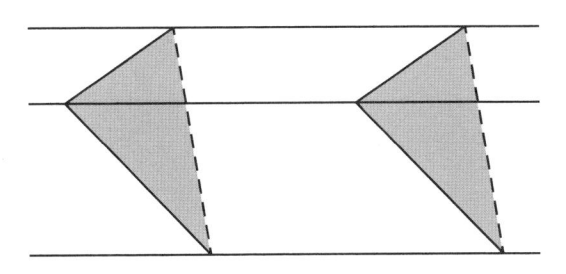

図 3.22 デザルグの小定理の平行線の場合

　その定理は，対応する辺の二つの組（図の太い線）が $\mathscr{L}$ 上で交わるなら，三つ目の対応する辺の組も（点線）また $\mathscr{L}$ 上で交わる，ということである．$\mathscr{L}$ を無限遠における直線と見ることができるので，$\mathscr{L}$ 上で交わる直線を平行線と考えられる．またPから出発する直線もまた平行線として考えることができる．これを図に表すと，図 3.22 に示されているような，わかりやすい点の配置でデザルグの小定理を表せる．$\mathscr{L}$ とPは無限遠に消え，$\mathscr{L}$ 上で交わる直線は平行である．

　この見方から考えると，デザルグの小定理は単純に次のことを言っていることになる．

　　二つの三角形が平行線上に対応する頂点を持ち，対応する辺の二つ
　　の組が平行であるなら，三つ目の組もまた平行である．

　実際パッポスの定理に対して行ったように，傾きを使うことによってデザルグの小定理の結果を証明するのは簡単である．しかしこれは私たちの目的ではない．代わりに，デザルグの小定理が，タイル貼りの床といった平行線を含むいろいろな構造について，何を意味しているかを知りたい．それが，交点が同一直線上にある性質を意味しているなら，遠近法においても同様の性質を意味している．そこでは傾きという考え方は適用されない．この意味で，デザルグの小定理は図 3.17 に示されたような同一直線上にある性質の射影的な解釈を与えている．

　デザルグの小定理の役割をより詳しく見るために，図 3.16 の方法に従って，図 3.17 を実際に平行線で描き直す．平行線を書かなくてはならないので，この

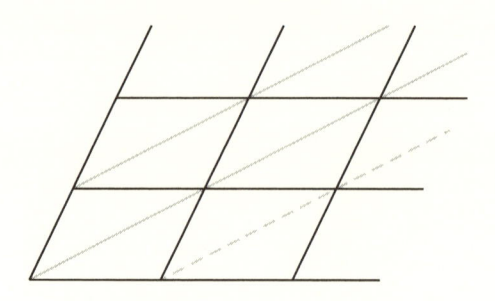

図 3.23 互いに平行な直線

方法は前の方法より，実際の作図が難しい．しかし平行線を使った図 3.23 を描いておくと，デザルグの小定理の例を理解するのは，よりやさしくなる．3 点を通る直線（そのうちの一つは無限遠である）に代わって，2 点を通り他の二つの直線に平行な直線が得られる．灰色の実線で表された直線は，タイルの作り方から平行である．灰色の点線はタイルの対角線であり，以前に示した同一直線上にある性質により最初の灰色の直線と平行となる．

実線の黒の直線も作図の方法から平行線になる（平行線の二つの集まりを作っている）ので，デザルグの小定理を多くの場所で適用できる図が描かれている．

最初に，図 3.24 に示された二つの灰色の三角形にデザルグの小定理を適用してみよう．対応する辺の二つの組（実線の黒と実線の灰色）は，作図によりそれぞれ二つの平行な組である．頂点は平行な水平方向の直線上にあるので，点線の辺はデザルグの小定理により平行である．

今度は，図 3.25 に示された二つの灰色の三角形にデザルグの小定理を適用する．作図の方法から実線の辺は平行であり，先ほど証明したことにより，点線の辺も平行である．また頂点は平行な水平方向の直線上にあるので，灰色の辺はデザルグの小定理により平行である．

灰色の辺は，平行であると証明したかった直線である．　　　　　□

平行の性質が繰り返した射影的な説明で十分であるにもかかわらず，"本来の" 説明は長さを含むべきであると，まだ感じる人がいるかもしれない．(3.5 節でパッポスの定理を証明したように) 長さをかけたり割ったりすることに

3.6 小デザルグ定理

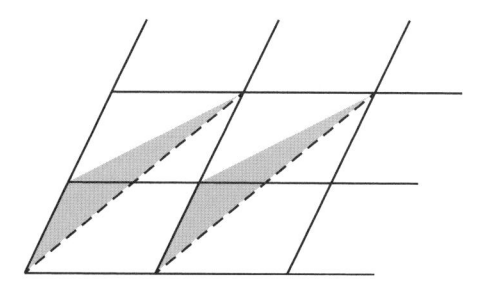

図 3.24 デザルグの小定理の最初の応用

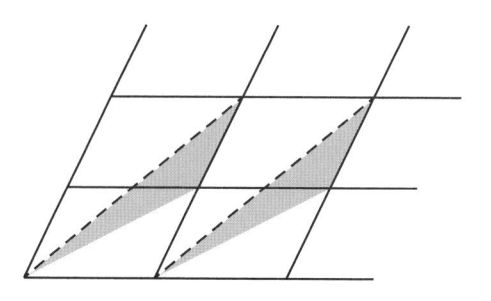

図 3.25 デザルグの小定理の2番目の応用

よって同じ結果を証明できるのに，どうしてパッポスやデザルグの定理を公理として仮定するのか？

　ある程度これは好みの問題である．多くの数学者は基本的な代数学においては扱いやすく多くの結果を出せるが，パッポスやデザルグの定理は比較的やっかいなものであることがわかっている．しかし，パッポスやデザルグの定理は射影的な一致の定理以上の多くの結果を証明できる——それらは，基本的な代数学の定理が，どのようにできているかも説明することができる．この驚くべき発見は，ドイツの幾何学者たち，とくにクリスチャン・フォン・シュタウト (Christian von Staudt,1847)，ダビッド・ヒルベルト (David Hilbert,1899)，ルース・モウファング (Ruth Moufang,1932) らの膨大な仕事によって証明された．彼らは代数法則と射影的な一致の定理との関係を発見した．次の節で彼らの壮大な物語の要点を説明することにしよう．

3.7 代数学の法則とは何か？

> 言おうとしていたんだ，…
>
> ——オリバー・ウェンデル・ホルムズ，『朝食テーブルの独裁者』

　数字の代わりに文字を用いて計算することは，一般の教育において大きな進歩である．それは具象から抽象へ，部分から全体へ，算術から代数へのステップとして正しく評価されている．しかし常に混乱から明瞭へのステップとして認識されるわけではない．代数学の明瞭さを正しく認識するために自問してみてほしい．数字を用いて計算するための規則は何か？

　最初に $0, 1, 2, \ldots$ の 10 個の数字に対する基本法則として，いくつかの特別の規則がある．加法表，乗法表，それに繰り上げと繰り下げ（借りる）規則である．これらは書き下すのに 1 ページほどかかる．そして "どのような順序で数が足されても，結果は同じである" といったいくつかの一般規則があり，それらは他のページに書いてある．（当たり前のように思われて，これらの規則はめったに書き留められていないため，説明するのが困難である）．

　これを文字で計算するための規則と比較してみよう．特別な数の基本的な計算の規則はもはや必要ないが，文字は数字を表すので，数の計算と同じ規則に従う．さらに重要なことは，あいまいでくどい数の一般的な規則は，

$$a + b = b + a$$

のような明快な記号の式に置き換えられている．（それは，"数字はどんな順序で足されても，結果は同じである" ということを表している）．これは言葉を学ぶと同様に記号を理解することは，学ぶ時間がとても短くできて，単純さと明快さにおいて驚くべきほどの進歩である．

　文字で計算するときに必要なすべての法則は，「代数学の法則」と呼ばれるものである．たぶん，すべてを 5 行で書けるだろう．実際には 9 つの法則があるが，それらは普通加法と乗法に対応する法則の 4 つの組と，両方に関係する一つの法則にまとめられる．

3.7 代数学の法則とは何か？

次の式ですべての法則を表現することができる．

$$a+b = b+a \qquad ab = ba \quad \text{(交換法則)}$$
$$a+(b+c) = (a+b)+c \qquad a(bc) = (ab)c \quad \text{(結合法則)}$$
$$a+0 = a \qquad a1 = a \quad \text{(単位元法則)}$$
$$a+(-a) = 0 \qquad a \neq 0, \ aa^{-1} = 1 \quad \text{(逆元法則)}$$
$$a(b+c) = ab+ac \quad \text{(分配法則)}$$

0と1以外の数字を含む場合には，$a+a$の代わりに$2a$，aaの代わりにa^2，aaaの代わりにa^3のような，いくつかの省略形を使う．これらは，基本の10個の数字に対しても同じように使える規則であるが，それらは計算法則の本質的な部分ではない．

これらの法則の意味を少し考えておくことは意味のあることである．

- 交換法則によると，数字が加えられる（あるいはかけられる）順序は問題ではない．

- 結合法則によると，三つの項の和（あるいは積）において項をまとめることで，問題は起こらない．その結果として，3項の和において括弧は必要ない．$a+(b+c)$と$(a+b)+c$は同じ計算結果になるから，両方とも$a+b+c$と書くことができる．いくつの項の和（または積）においても括弧は必要ないということになる．

- 単位元法則によると，0は加法の単位元であり，それを加えることは相手の数を変化させることがない．また1は乗法の単位元である．

- 逆元法則によると，$-a$はaの加法における逆元であり，aに$-a$を加えると加法に対する単位元になる．a^{-1}は$a, a \neq 0$に対する逆元で，a^{-1}とaをかけ合わせると乗法の単位元1となる．（$a=0$のときは$a^{-1} = \dfrac{1}{a}$は存在しない）．普通$a+(-b)$を$a-b$（「a引くb」と読む）と書く，また，ab^{-1}をa/bとか$\dfrac{a}{b}$（「aをbで割る」と読む）と表す．

- 分配法則により和との積を積の和として書き直すことができる．第2章

でどうして分配法則が $(-1)(-1) = 1$ であるために，重要であるかを認識した．

イギリスやドイツのさまざまな数学者によって，代数学の法則は 1830 年代に，この短いリストにのみ要約されることが示された．しかし，16 世紀の代数学の始まりから，文字による計算が，数字による計算の一般特性を証明することはわかっていた．数字による多くの計算を行う際に見られる等式は，文字だけによる単純な計算によって証明することができる．

たとえば次のような等式

$$1 \times 3 = 3 = 2^2 - 1$$
$$2 \times 4 = 8 = 3^2 - 1$$
$$3 \times 5 = 15 = 4^2 - 1$$
$$4 \times 6 = 24 = 5^2 - 1$$
$$\vdots$$

などは，すべて等式

$$(a-1)(a+1) = a^2 - 1$$

の具体例である．おそらく $(a-1)(a+1) = a^2 - 1$ をどのように証明するかはおわかりだと思うので，その証明の単純で退屈な計算を見るのは望まれないと思う．しかし，どのようにして代数学の法則が，その証明のなかで機能するかをもう一度示しておこう．

3.7 代数学の法則とは何か？

$$(a-1)(a+1) = (a-1)a + (a-1)1 \quad \text{（分配法則）}$$
$$= (a-1)a + (a-1) \quad \text{（単位元法則）}$$
$$= (a-1)a + a - 1 \quad \text{（結合法則）}$$
$$= a(a-1) + a - 1 \quad \text{（交換法則）}$$
$$= a^2 + a(-1) + a - 1 \quad \text{（分配法則）}$$
$$= a^2 + a(-1) + a1 - 1 \quad \text{（単位元法則）}$$
$$= a^2 + a((-1) + 1) - 1 \quad \text{（分配法則）}$$
$$= a^2 + a(1 + (-1)) - 1 \quad \text{（交換法則）}$$
$$(a-1)(a+1) = a^2 + a0 - 1 \quad \text{（逆元法則）}$$
$$= a^2 + 0 - 1 \quad \text{（単位元法則, 逆元法則）}$$
$$= a^2 - 1 \quad \text{（単位元法則）}$$

　数字による計算は，文字による計算に対するわかりやすいモデルである．一方，数字は長さとして解釈することができるので，幾何学的なモデルも，文字による計算についてのモデルを与えることができる．実際，フェルマーとデカルトの座標幾何学は代数学に基づいている．彼らはギリシャ人により研究された曲線は等式によって表すことができ，代数学は古典的な幾何学より簡単かつ体系的に，それらの謎を解き明かすことができることを発見した．しかし，最初に代数学を適用するために，フェルマーとデカルトは古典幾何学を想定した．とくにこの章の前節で行ったように，ユークリッドの平行線公理と，直線の方程式を得るために長さの概念を用いた．

　代数学と幾何学への新たなアプローチは，19世紀と20世紀に発見された．1847年，クリスチャン・フォン・シュタウト (Christian von Staudt) は幾何学において長さの概念を使うことなしに，代数学のモデルを作る方法を発見した．平行線の助けを借りて加法と乗法を定義したが，射影幾何学においては"平行"は単に"無限遠における直線上で出会う"ことを意味する．このことから，長さの概念を使用することを避けることができるが，加法や乗法に成立している代数学の法則を定義するときに新たな問題が生じる．

　たとえば和 $a+b$ と $b+a$ は，二つの異なる射影の作図から得られる点を表

す．これらの点は一致することが期待されるが，それは射影幾何学の交点が同一直線上にある性質として表現される．実際，代数学のすべての法則は射影的な交点が同一直線上にある性質に対応し，シュタウトは必要とされる同一直線上にあるという性質すべては，パッポスとデザルグの定理の結果から得られることを示した．

1899 年，ダビッド・ヒルベルト (David Hilbert) は乗法に関する交換法則以外のすべてはデザルグの定理の結果から得られることを示し，1932 年ルース・モンファング (Ruth Moufang) は，交換法則と結合法則以外のすべての代数法則はデザルグの小定理から得られることを示した．このように，パッポス，デザルグ，デザルグの小定理は，不思議なことに乗法の法則に密接に関連がある！ 幾何学と代数学におけるこの対応について，次節で詳しく説明しよう．

3.8 射影的加法と乗法

加法や乗法は，原点からの距離や平行線を使って，平行移動や拡大をすることである，という意味づけを最初にするのは簡単なことである．加法と乗法に作図で意味づけをすれば，射影平面における直線上の点について，加法と乗法を定義することができる．

点 a を点 b に加えるために，図 3.26 のように作図をしよう．

点 O, a と b は x 軸と呼ばれる直線上にあり，O を通る x 軸以外のどんな直線も y 軸とすることができる．次に x 軸に平行な，任意の直線 $\mathscr{L}$ が必要である．a+b は直線 $\mathscr{L}$ の位置にはよらないので，直線 $\mathscr{L}$ は "補助線" として必要となる．

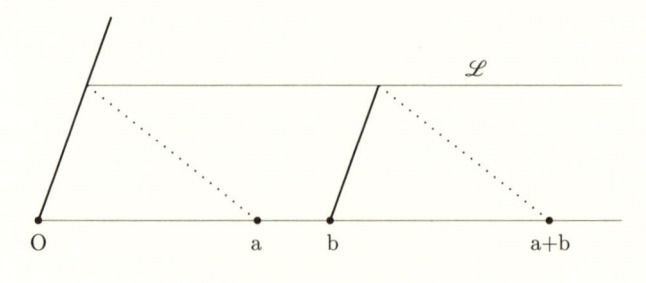

図 3.26 a を b に足す

3.8 射影的加法と乗法

a+bを表す点を見つけるために，最初に点bから直線 $\mathscr{L}$ へ，y 軸に平行な直線に沿って移動する（黒い実線）．次に，この直線 $\mathscr{L}$ 上の点から，点aと，直線 $\mathscr{L}$ と y 軸との交点を結んだ線に平行に（点線）x 軸上へ戻る．

ユークリッド幾何学において，この手順は合同な三角形を作り，それぞれの底辺の長さが a である．先ほどの最後に到達した点を $a+b$ と考えることは適切である．しかし射影幾何学においては，長さの概念を使うことができないので，a+bがaとbの和に関して望まれる性質を持つことを証明しなくてはならない．

たとえば $a+b = b+a$ については，b+aを作図すればよい．このためには，先ほど上で行った作図の中で，aとbの役割を逆にすればよい．この方法を説明しているのが，図 3.27 である．

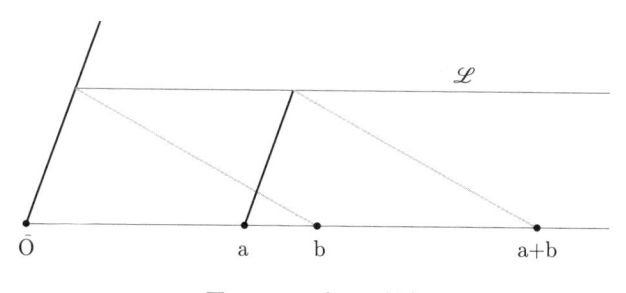

図 3.27 bをaに足す

これは異なる順序の作図である．しかし二つの図を重ね合わせれば（図 3.28），明確に，射影的な一致によって，二つの作図は同じ点となる—パッポスの定理である！点a+bは，点線の直線の端にあり（この点線は，もう一つの点線と平行である），点b+aは灰色の直線の端にあり（もう一つの灰色の直線に平行である），そしてパッポスの定理は，これらが同じ点であることを保証している．

aをbにかけるため，同じように x 軸と y 軸と呼ばれる，O を通る直線を考える．a,b を x 軸上にとり，O と異なる 1 と呼ばれる点も x 軸上に必要である．平行線を x 軸上の 1,a,b から y 軸に向かって引き，y 軸との交点を，それぞれ y 軸上の 1,a,b と呼ぶ．今，x 軸と y 軸の間に点線で作られた図 3.29 に示されている三角形を考えよう．この三角形を作っている点線の直線は，

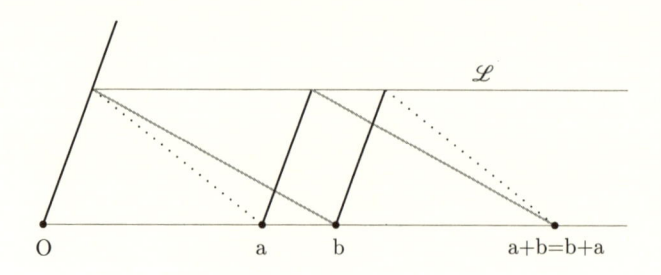

図 3.28 なぜ a+b=b+a なのか

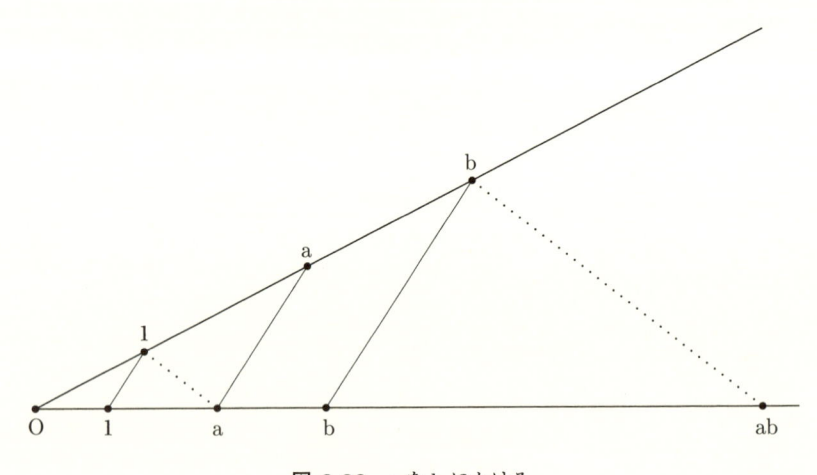

図 3.29 a を b にかける

- y 軸上の 1 から x 軸上の a への直線,と

- y 軸上の b から,この直線に平行に引いた直線である.

ユークリッド幾何学において,平行線は相似の三角形を切り取り,2番目の辺は最初の対応する辺よりも a だけ拡大されている.このように,点 b から点 ab へ行く点線により,積を定義することは,自然の理にかなっている方法である.

 b と a の役割を逆にするとき,作図の手順が異なるので,その結果の ba は ab と異なる可能性がある.今度は作図する直線を点線の代わりに灰色で描く.y 軸上の 1 と x 軸上の b とを結ぶ灰色の線に平行で,y 軸上の a から x 軸上の

3.8 射影的加法と乗法

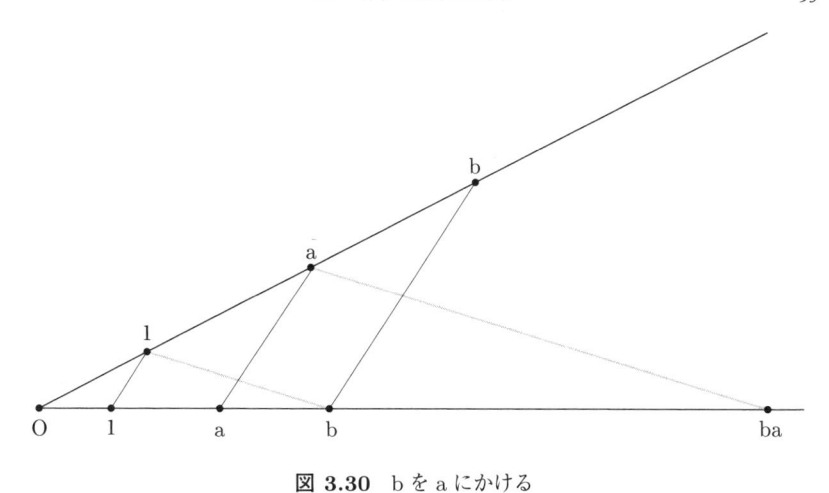

図 3.30 b を a にかける

点に伸ばした，灰色の直線の端点が点 ba である（図 3.30）.

ab=ba が成立するのは，a+b=b+a がパッポスの定理で保証されたのと同じ理由，すなわち，射影的一致から得られる結果である．これは ab の作図の上に，ba の作図を重ね合わせることでわかる．パッポスの点の配列の関係から得られる，一致の性質の力を再び明らかにしたことになる（図 3.31）．パッポスの定理によると，点線の端 ab は灰色の直線の端 ba と同じである．

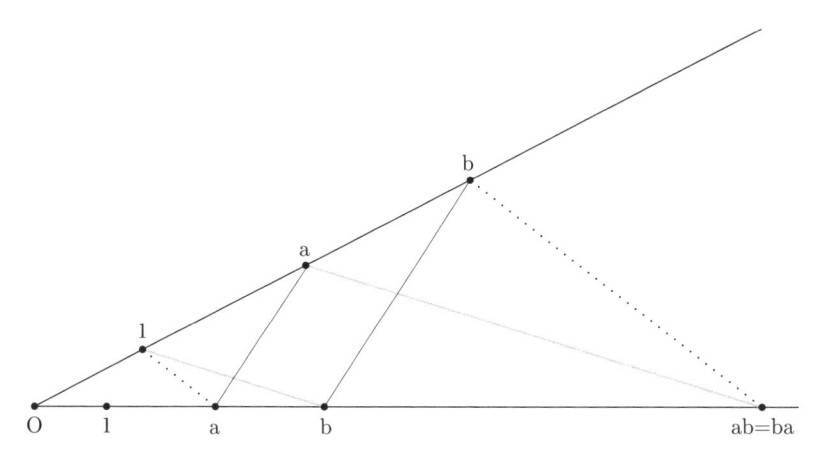

図 3.31 なぜ ab=ba なのか

パッポスの定理は a+b=b+a と ab=ba を示すのに作られたような定理である．さらに，代数学の他の法則も，デザルグの定理からより簡単に得られる．たとえばヒルベルト（1899）は，乗法に関する結合法則はデザルグの定理の結果であることを示した．驚いたことに，1904 年になってはじめてデザルグの定理はパッポスの定理の結果として証明されることがわかった．このことにより，すべての代数学の法則はパッポスの定理のみから得られるということが知られたのである．

幾何学の公理とは何か？

ユークリッド幾何学は数少ない公理に基づいていて，そのなかでもっとも大事なのは平行線の公理である．しかし，ユークリッドも多くの不必要な仮定をし，そのことが認識されるまで（1900 年頃，ヒルベルトらによる），ユークリッド幾何の公理の数は約 20 までにもなっていた．この数は，方向を持った点，いわゆるベクトル空間の公理や，それに計量を入れた，いわゆる内積公理を含めた代数学の法則以上の数である．また，もちろん代数学の法則は数学の他の分野にも適用される．そのような大きな数学の部分を覆うような分野の公理法則より多くなっていたのである．前節で述べたように，20 世紀半ばまでに代数学は幾何学に適した基本理論であるという観点が発展した．

しかし上で概略を述べたように，ユークリッド幾何学と代数学の法則のほとんどは，射影幾何学のたった 4 つの公理の結果であることがわかっている．

1. どの 3 点も直線上にない，4 点がある．
2. どの 2 点もただ一つの直線上にある．
3. どの二つの直線も唯一つの点において交わる．
4. パッポスの定理

100 年前からあるこの発見は，数学者によってまだ十分には認識されていないようであるが，数学の今までの考え方をひっくり返せるような重要なことであ

る．幾何学を代数学に変換する考え方だけでなく，幾何学も代数学も，以前考えられていたより単純な公理から作られることを示唆している．

　世界中どこでも，知的なヒントを探すような生活を目指している人たちは，素数やピタゴラスの定理とか，地球に到達する電磁波の流れのなかに，数学的考えのヒントを探すものである．しかし上の結果は，発見されたときに幾何学や代数学を今までと違ったものと理解できるということを，それほど明らかにしてはくれない．少なくとも，パッポスの定理の大切さを，その価値と同じレベルで理解する必要があるのである．

第4章 無限小

はじめに

　実数のおかげで，1辺の長さが1の正方形の対角線といったような，無理数の長さを持つ線分さえ，長さを測ることができる．しかし，曲線の長さを測りたいときには，異なる問題が生じる．1637年のデカルトの『幾何学』に，有名な預言の言葉が書かれている．

　　　… 直線と曲線の比は知られていない，人間の知性によってはわか
　　　らないと私は信じている．

　実際，2次元あるいは3次元（多角形と多面体）における，直線で囲まれた形でさえ，面積や体積を測定するのは難しい．いくらか工夫すれば，測定することができるかもしれない．有限に多くの断片に切り分け，再び集めて正方形をうまく作ることによって，あらゆる多角形の面積を測ることは可能である．しかし，多面体の体積を求めるためには，それらを無限に多くの断片に，つまり任意の小さな断片に，切り分けることも必要になる．

　ここで，"任意の小さな断片"というのは，どんなに小さな与えられた大きさに対しても，その大きさより小さな断片があることを意味している．それは，どんなに小さな大きさよりも，ある小さな断片が存在することを意味しているのではない．その，これ以上分割できないような断片は無限小と呼ばれ，それを作るのは確実に不可能である．しかしその不可能さにもかかわらず，無限小は扱うのが簡単であり，そして多くの場合正しい結果を与える．

　この章で，長さ，面積，体積の基本的な定理を説明して，どのようにして無限小が曲線の形の研究に使われるのかを考えよう．円のような曲線で，接線，

面積，曲線の長さを見つけるときに，真実への最短の道は，この無限小の不可能を通る道のようである．

4.1 長さと面積

数学におけるもっとも基本となる概念の一つは，長さと面積の間の関係である．私たちはすでに，どのようにしてピタゴラスの定理がその二つに関連するのかを見てきた．より初歩的で重要な考え方を，長さから面積を求める公式の中に見ることができる．

$$長方形の面積 = 底辺 \times 高さ$$

この公式では，"底辺"は一つの辺の長さであり（普通は，図において水平線方向の辺として示されている），"高さ"は底辺と直角をなす辺の長さである．

これは長方形の面積の定義とみなされ，ある整数 m と n に対して底辺が m 単位で，高さが n 単位であるような場合に関係づけられる．この場合，図 4.1 で $m=5, n=3$ の場合を示しているように，長方形は明らかに mn 単位正方形からなる．

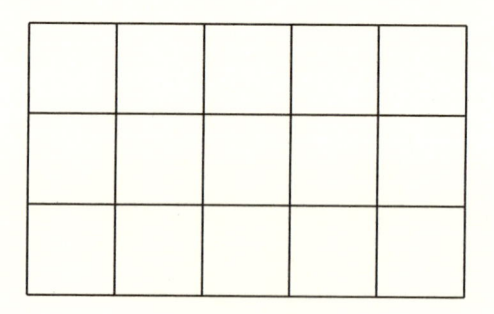

図 4.1 長方形の面積

私たちは長さを数字として考え，数字の積は数字なので，面積もまた数字として考える．ギリシャ人は，長さは無理数になり得ると理解していたので，長さは数字より，より一般的な概念であると思い，長さの積を事実上長方形と見

4.1 長さと面積

図 4.2 平行四辺形の切り貼り

なした.これはいつ二つの長方形が"等しく"なるかという疑問を生み(つまり,私たちの言葉で言えば面積が等しい),ユークリッドはカットアンドペースト(切り取って貼り付ける)によってそれに答えた.彼は多角形 $\mathscr{P}$ を直線によってカットし断片に分け,その断片を再び集めてペーストする(すなわち貼り付ける)と多角形 $\mathscr{L}$ になる場合,多角形 $\mathscr{P}$ と $\mathscr{L}$ を等しいと言った.

今日でさえ,無理数の乗法で運よく一般的な多角形の面積を計算できるときでも,長方形を形成するように,この多角形をカットアンドペーストすることによって面積を求める.単純にどの数とどの数をかけ合わせれば,面積を計算することができるかを見つけるために,カットアンドペーストをするわけである.たとえばどんな平行四辺形も,図 4.2 に示したように一つの端から三角形を切り取り,反対側にペーストすることによって,長方形に変えることができる.

その結果,面積は以下のように計算できる.

$$\text{平行四辺形の面積} = \text{底辺} \times \text{高さ}$$

ここで,"底辺"は一つの辺の長さであり,"高さ"は底辺とそれに平行な辺との間の距離である.

次に私たちは,

$$\text{三角形の面積} = \frac{1}{2} \times \text{底辺} \times \text{高さ}$$

であることがわかる.図 4.3 に示すように,どんな三角形も,同じ底辺と高さを持つ平行四辺形の半分であるからだ.

最終的に,以下を示すことによって多角形の面積の話を終わりにすることができる.

- どんな多角形も三角形に切り分けられ,そして

- 多角形の面積(つまり,カットアンドペーストにより,それから得られたすべての長方形の面積)はこれらの三角形の面積の和である.

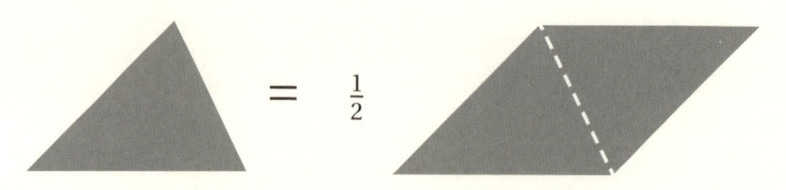

図 4.3 平行四辺形の半分になる三角形

それらが偽であるなら衝撃であるが，実は，この事実は完全に明らかとは言えない．2番目の事実は，明らかな事実とはほど遠く，1898年の終わりころになって，ようやく天才ダビッド・ヒルベルトによってはじめて証明された．この二つの事実を皆さんの心に残しておくが，この本ではほかの多角形の面積を使わないので，上の性質の証明はここでは扱わないことにしよう．

4.2 体　　積

カットアンドペーストは体積についても使えるが，平面のときほど完全には使えない．空間においては，長方形の代わりに使えるものは直方体である．単位立方，すなわち辺の長さが1の立方体を考えることで（図4.4のように），次のように直方体の体積の定義をすることになる．

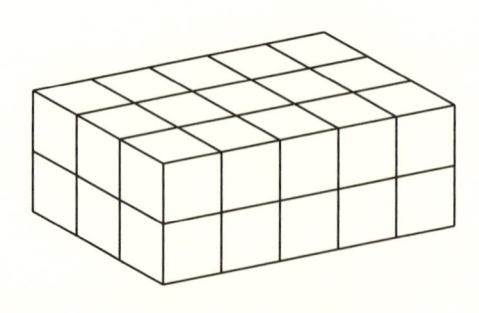

$$\text{箱の体積} = \text{長さ} \times \text{幅} \times \text{高さ}$$
$$= \text{底面積} \times \text{高さ}$$

図 4.4 直方体の体積

4.2 体　　積

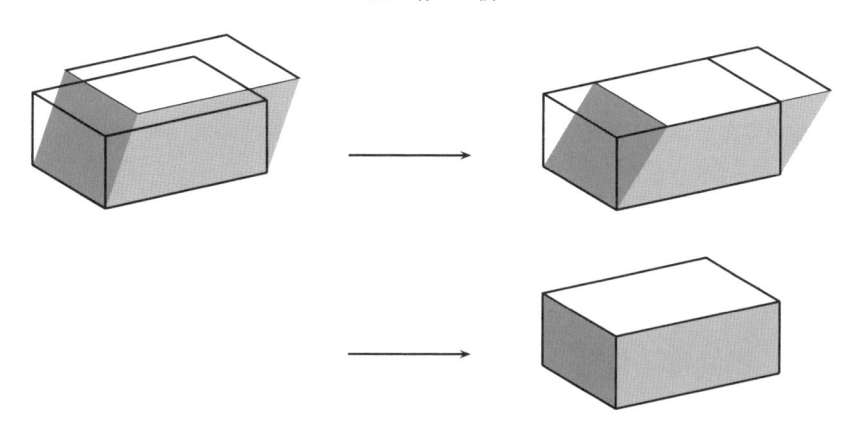

図 4.5　平行六面体と直方体

であり，そこでは"底面積"は前節で定義したように，長さ × 幅 である．

　平面の平行四辺形に対して，立体の場合は平行六面体と呼ばれる図形を考える．直方体をひしゃげた形にしたもので，反対側の面どうしが平行な立体である．（この図形の英語名 *parallelepiped* を正確に発音するには，parallel-epi-ped と分解して発音する．これはギリシャ語の意味を直接使った表現で，ギリシャ語では "parallel-upon-foot"，足の上で平行になっている，という意味になる．）すべての平行六面体は，元の平行六面体と同じ底面積を持ち，高さが同じ直方体にカットアンドペーストすることができる．図 4.5 はその方法を理解するために，とてもよい視覚的な表現となっている．

　こうして次のように結論できる．

$$\text{平行六面体の体積} = \text{底面積} \times \text{高さ}$$

　平行六面体を，上面と下面の平行な対角線を通る平面で半分に切ると，三角柱と呼ばれる図形が得られる．その体積は平行六面体の半分となる．それは，底面が半分にカットされるからである．ゆえに，三角柱の体積 = 底面積 × 高さとなる．

　三角柱をいろいろペーストすることによって，その水平方向の交差部分を考えて（上底と下底）任意の多角形をもつ一般化した角柱を作ることができるそ

の体積はまた公式（底面積×高さ）で与えられる．

しかし，このようなカットアンドペーストは，少し複雑になったペーストが必要な立体でさえ，体積を求めることができない．単純な立体図形でさえこの方法では，体積を求めるのに失敗をしてしまう——四面体，三角錐などもそうである．一般の四面体の体積を計算する方法は，どの方法でも無限回の作業を含んでいる．次節でそれらの一つの姿を説明しよう．

4.3 四面体の体積

四面体の体積のユークリッドの求め方は，『原論』第 VII 巻，命題 4 に説明がある．その基本的な考え方は，図 4.6 にあるとおりである．

図 4.6 はユークリッドの四面体の最初の分割を示している．辺の中点を結ぶ直線を使って，四面体を細分する．

これらの直線は四面体のなかに二つの三角柱を作る．

- 図の奥の三角柱は，高さが四面体の半分であり，底面の面積は，四面体の底面の面積の 1/4 である．（実際に，三角柱の底面は，四面体の底面の辺の中点を結ぶ直線により分けられる四つの合同な三角形の一つである．）よって，

$$\text{奥の角柱の体積} = \frac{1}{8} \times \text{底面積} \times \text{高さ}$$

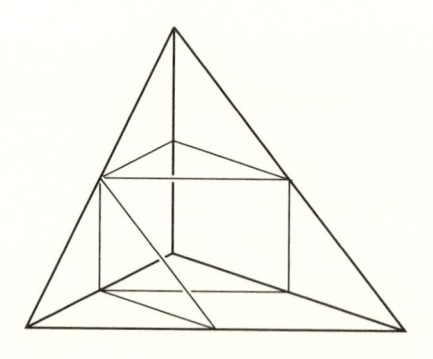

図 4.6 ユークリッドによる四面体の分割

4.3 四面体の体積

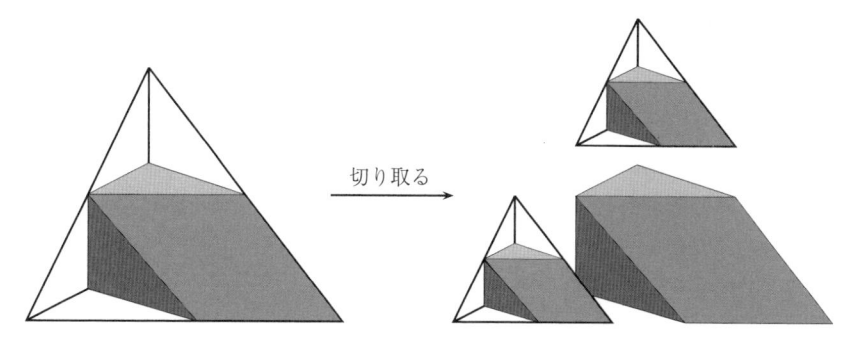

図 4.7 ユークリッドによる四面体の細分

- "手前の横になった" 角柱は，四面体の底面の半分の面積を持つ平行四辺形上にある（4つの合同な三角形の二つでできる）．この平行四辺形を四面体の高さの半分を持つ平行六面体の底面と考えて，横になった角柱はこの平行六面体の半分であることがわかる．そこで

$$横になった角柱の体積 = \frac{1}{8} \times 底面積 \times 高さ$$

となる．

このように四面体における二つの角柱の体積は $\frac{1}{4} \times 底面積 \times 高さ$ であり，ここで "底面" と "高さ"（繰り返し言うように）は多面体のものである．

二つの角柱が取り去られた後には，二つの四面体が残り，それぞれの体積は等しくなっている．これらは先ほどと同様に，さらに分解することができる（図 4.7）．

相似比が $\frac{1}{2}$ の大きさの四面体における角柱は，体積が相似比の 3 乗になることから，先ほど切り取った角柱の $\frac{1}{8}$ の体積である．二つの相似比が $\frac{1}{2}$ の大きさの四面体があるので，それらの中で切り取る角柱は，最初に切り取った角柱の体積の $\frac{1}{4}$ の体積を持つ．よって，

$$その二つの角柱の体積 = \frac{1}{4} \times \frac{1}{4} 底面積 \times 高さ$$
$$= \left(\frac{1}{4}\right)^2 底面積 \times 高さ$$

であり，ここで "底面積" と "高さ" は，最初の大きさの四面体のものである．

相似比が $\frac{1}{2}$ の大きさの四面体から二つの角柱を取り除くと，4 つの四面体が残り，それらは，最初の四面体の 4 分の 1 の長さの辺を持つ．それらは，同じ方法によって，角柱を取り除いて，さらに 8 つの部分に分けられる．これにより，取り除いた角柱の体積は，最初の底面の面積と高さを使って，

$$\text{切り取る角柱の体積} = \left(\frac{1}{4}\right)^3 \text{底面積} \times \text{高さ}$$

この分割を無限に続けることにより，四面体の中の全体を，切り取る角柱で埋め尽くすことができる．なぜなら，四面体の内部の各点は，切り取る角柱のどれかに含まれるからである．よって，四面体の体積は，切り取る角柱の体積の和に等しくなる．つまり，

$$\text{四面体の体積} = \left[\left(\frac{1}{4}\right) + \left(\frac{1}{4}\right)^2 + \left(\frac{1}{4}\right)^3 + \cdots\right] \text{底面積} \times \text{高さ}$$

体積を実際に計算するためには，このかっこの中に現れる無限の和

$$S = \left(\frac{1}{4}\right) + \left(\frac{1}{4}\right)^2 + \left(\frac{1}{4}\right)^3 + \cdots$$

を計算しなければならない．これは，ちょっとしたトリックを使うと計算できる．（数学的には，厳密ではない．）両辺に 4 をかけて

$$4S = 1 + \left(\frac{1}{4}\right) + \left(\frac{1}{4}\right)^2 + \left(\frac{1}{4}\right)^3 + \cdots$$

次に，今作った式から最初の式を引くと，

$$3S = 1, \quad \text{よって} \quad S = \frac{1}{3}$$

よって，最終的に

$$\text{四面体の体積} = \frac{1}{3} \times \text{底面積} \times \text{高さ}$$

が求められる．

幾何学的級数

無限和
$$S = \left(\frac{1}{4}\right) + \left(\frac{1}{4}\right)^2 + \left(\frac{1}{4}\right)^3 + \cdots$$
は幾何学的級数（等比数列の無限個の和）
$$a + ar + ar^2 + ar^3 + \cdots$$
の一例である．この級数は，r の絶対値が 1 より小さい場合に意味を持っている．その和は上で使ったトリックのような方法で計算できる．（これは，1.6 節で循環小数を分数に直すときに使った方法とも似ている．本質的には同じで厳密な方法ではない．）実際に計算してみよう．
$$S = a + ar + ar^2 + ar^3 + \cdots$$
とおいて，両辺に r をかけると
$$rS = ar + ar^2 + ar^3 + ar^4 + \cdots$$
となる．ここで，最初の等式から 2 番目の等式を引くことによって，
$$(1-r)S = a, \quad \text{よって} \quad S = \frac{a}{1-r}$$

この結果は，無限級数の途中までの和，すなわち，等比数列の有限個の和を考えることによって，求めることができる．この方法のほうが，若干厳密である．（この計算方法から，r がなぜ絶対値が 1 以下でなければならないかもわかる．）有限の和
$$S_n = a + ar + ar^2 + \cdots + ar^n$$
は，高校の教科書に出ているように
$$S_n = \frac{a - ar^{n+1}}{1-r}$$
と計算できる．ここで n を無限に飛ばせば，r が 1 以下の絶対値を持つなら，項 ar^{n+1} は 0 に近づく．このことからも，先ほどのトリックを使った結果を得ることができるのである．

4.4 円

　4.1 節では，多角形をカットアンドペーストで，同じ面積を持った長方形に変えることができることを説明した．古代の数学者の偉大な挑戦は，円を同じ面積を持つ正方形に変形しようとしたことだ．単位円を，同じ面積を持つ正方形に変換しようとしたのである．円の面積は，重要な意味を持っている．にもかかわらず，それを囲む線が曲線であるから，多角形から簡単に円を作ることができない．

　現代では，学生が知っているように，$\frac{22}{7}$ で近似できる π を使って，単位円の面積を表している．しかし，π は正確には，$\frac{22}{7}$ ではない．アルキメデスは，内側と外側から，正 96 角形で円を囲むことによって，

$$3\frac{10}{71} < \pi < 3\frac{1}{7}$$

を示すことができた．$\frac{22}{7}$ はかなりよい π の近似になっている．小数点第 2 位まで一致している．中国人もまた，π の値に興味を持ち，祖忠之 (紀元 429～500) は，驚くべき正確な近似 $\frac{355}{113}$ を求めている．この値は，小数点以下第 6 位まで正しい．その後，π の近似値を求めることは，正解オリンピックの記録の争いのようになり，ヴァン・キレン (van Ceulen) によって，1596 年に小数点以下 35 位まで求められ，1706 年にマヒン (Machin) によって 100 位まで，さらに 1874 年にはシャンクス (Shanks) によって，527 位まで求められた．シャンクスの結果は，707 位まで求めているのだが，528 位に間違いがあった．シャンクスの結果は，コンピュータで計算するようになるまでは，破られたことがない．現在は，記録は 10 億桁までのびて，おそらく読者の方がこの本と出会う頃には，兆の桁まで求められていると考えられる．π の正確な値を計算することは，人間の重要な知的歴史ではあるが，一方では無駄な努力の塊のような面もある．

　小数点以下第 63 位までの π の値を並べても，それほど知りたいと思うわけでもない．

3.14159265358979323846264338327950288419716939937510582097494459...

なぜならば，この 63 位までの列から，64 位について何の情報も得られない．2

4.4 円

の平方根でも同じであるが，明かな数字の列の規則があるわけでもない．さらに，特定の数，たとえば 7 が無限回現れるかどうかもわからない．われわれが知りうることは，π の小数点以下を計算しても，そこに規則はなく周期性がないということである．π は無理数であることがわかっているので，その小数点以下の部分に周期性はない．周期性があり循環小数になるのは，有理数であることが知られているからである．それは，第 1 章で説明したとおりである．

π の数値での表現は，何らかの無限回の作業をしなければならない．周期的な性質などがないとはいえ，そこにも何か，明らかで単純な法則のようなものを望むのは自然な感情である．この希望が，無限級数で驚くべき公式として叶えられる．

$$\frac{\pi}{4} = 1 - \frac{1}{3} + \frac{1}{5} - \frac{1}{7} + \frac{1}{9} + \cdots$$

これは，おそらくどんな無限操作を含む公式の中でも，最も単純なものだと考えられる．この公式は，インドでは 1500 年前後に発見され，ヨーロッパで 1670 年に再発見された．これを説明するためには，無限小の幾何学が必要になる．それは，ギリシャ数学のもう一つの成果である．円の面積と周りの長さの関係に関連した，いささか矛盾した考え方が必要である．

私たちがすでに見たように，ギリシャ人は π の値を正確には知らなかったが，その値が円の面積と周りの長さの中に入っていることは知っていた．さらに，球の表面積や体積にも含まれていることを知っていたのである．読者の方は，ご存じのように，半径が R の円を考えると，

$$円周（円の周りの長さ）= 2\pi R$$

$$円の面積 = \pi R^2$$

である．

紀元前 400 年前後に円周が $2\pi R$ であれば，その面積は πR^2 であることを，ギリシャ人は発見していた．この関係は，円を細い扇形に裁断して，円弧の部分を下にして，一列に並べることによって説明することができる（図 4.8）．この図では，円を 20 個に切り分けて，中心角が 18 度の扇形を並べている．しかし，もっと精密な結果を求めたければ，100 個や 1000 個や 1 万個などの扇形を考えてみればよい．非常に薄い扇形を，円弧を下に並べれば，それぞれの扇形

図 4.8 円の扇型分割

は，三角形に見えて，円周の長さにほぼ等しい底辺に並んでいる．その底辺の長さは $2\pi R$ である．敷き詰められた三角形の高さは半径 R であるから，それぞれの三角形の面積が

$$三角形の面積 = \frac{1}{2} \times 底辺 \times 高さ$$

であることを使えば，

$$\begin{aligned}円の面積 &= すべての三角形に見える扇形の面積 \\ &= \frac{1}{2} \times 底辺の長さの和 \times 高さ \\ &= \frac{1}{2} \times 2\pi R \times R \\ &= \pi R^2\end{aligned}$$

である．

　この計算の誤差は何が原因になるのか．それは，扇形はあくまでも扇形で三角形ではないので，底辺の部分は円弧である．それで，底辺をたし合わせている，図の下側の線は，いつでも円周よりは少し短くなっていることである．（図で考えると，下側の線を作るのは，20 に分けて作られた扇形の 20 の弦の長さの和になる．）同じように，高さのほうも，円の半径 R よりは，少し短めになる．

4.4 円

正しい結果を得るためには，どうにかして三角形でない扇形を，三角形と考えることができなければいけない．

紀元前350年前後にエウドクソスは，このおおざっぱな議論に正当性を与える方法を見つけた．それが「取り尽くし法」である．この方法は，シャーロック・ホームズ（アーサー・コナン・ドイル，『四つの署名』，第6章）にも影響を与えている．

「もし，君が不可能を消去できたら，証明することが残っていても，
たとえ証明できなくても，真実だと思ってよい．」

円の面積の場合，すべての扇形の和は絶対に πR^2 より小さくなっている．さらに，πR^2 より小さいどのような数よりも，扇形の面積の和を大きくできる．切り方を細かくすればよいのである．このように取り尽くし法によって，すべての可能性のうち，真実だけ，すなわち円の面積 $= \pi R^2$ だけが残る．

扇形を三角形と見なすことの正当性を考えることは，大切ではあるが面倒なことである．17世紀の数学者は，この取り尽くし法を飛び越えてもかまわないということに気が付いた．このことにより，曲線でできたいろいろな形の面積や長さを，簡単に計算することができるようになった．扇形に対して，三角形が果たした役割のような，幾何学的な夢がこれを可能にしたのである．

たとえば，円の面積が πR^2 であることを証明するために，円を切り分ける扇形を非常に薄くする．そして，無限の扇形に切り分けると考えると，円弧の部分は三角形の線分と思えば，誤差がないと考えられる．扇形は高さが R の三角形と同じ役割をする．そして，それを並べると底辺の部分が，$2\pi R$ の長さの上にある高さが R の三角形の並びになるのである．これは大胆で，夢のような仮定である．17世紀の数学者は，もしそれを疑う人に対しては，「取り尽くし法」で調べてみたらよいでしょう，間違えていませんと，反論することができた．

この発見の後，2,30年の間に無限小を使う夢の方法は，完璧に取り尽くし法の拡張であるということが，代数学の力によってわかってきた．そして，無限小解析として育っていく．代数学は，幾何学ですでに行われていた直線の長さの計量のように，曲線についての問題も一般的な計算によって解決する表記法を与えていた．このような無限小の解析は，今まで作られたどのような方法より

も強力な数学的方法に今日なっていることは間違いない．それが，無限小を扱おうとする夢の中から生まれたものであることを，次の節でお話ししよう．

4.5 放物線

幾何学は点が座標によって，曲線が等式によって与えられるとき，代数的になる．3.2 節で説明したように，平面内の各点は実数 x, y の組 (x, y) によって表され，原点と呼ばれる点 O からの水平方向，垂直方向（それぞれ）の距離を x, y は表している（図 4.9）．

曲線 C 上の点は，C の方程式と呼ばれるある等式を満たす．たとえば方程式 $y = x$ は傾き 45°の O を通る直線を表し，方程式 $y = x^2$ は放物線と呼ばれる O を通る曲線を表す（図 4.10）．

放物線は，平面によって円錐を切ることによって得られることから，いわゆる円錐曲線として知られる古典的な曲線の一つである．紀元前 200 年頃に，ギリシャの数学者アポロニオスにより研究された．彼は巧みな幾何学的論証によって，何百もの円錐曲線の性質を発見した．1630 年頃フェルマーとデカルトが幾何学に座標を導入したとき，最初の目的の一つは円錐曲線の理論を再構築することであった．彼らは円錐曲線は厳密に，x と y を使った 2 次方程式によって与えられる曲線であることを発見した．よって，円錐曲線は，代数的に最も単純な曲線であることを，彼らは発見したことになる（この場合，直線は除いて考える．直線は定数 a, b, c に対する 1 次方程式 $ax + by = c$ で表される曲線である．数学では，まっすぐでも曲線ということがある．）

このように座標は円錐曲線の幾何学を，2 次方程式の代数へと変換する．こ

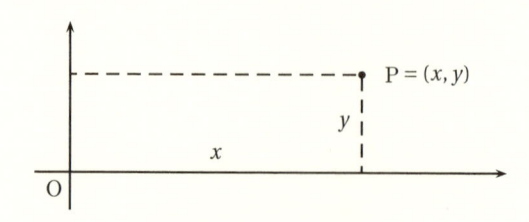

図 4.9　点とその座標

4.5 放物線

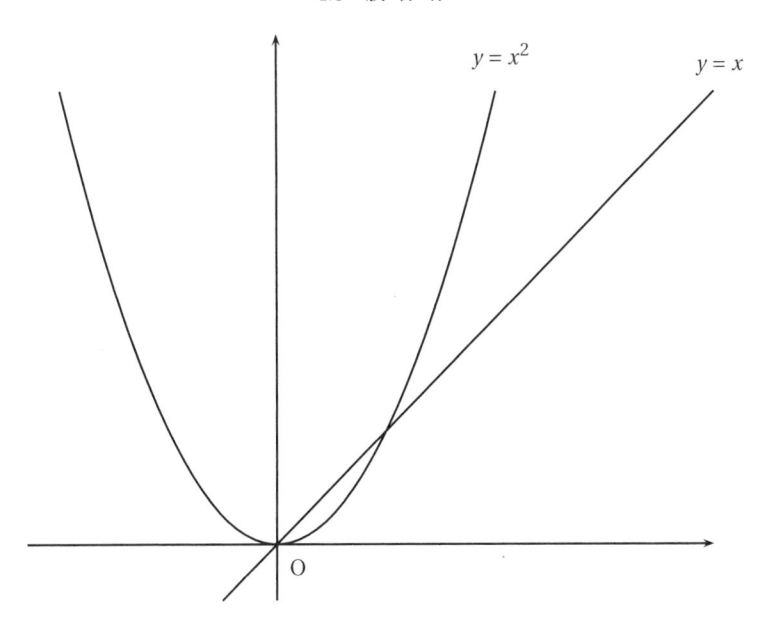

図 4.10 直線と放物線

　これにより，アポロニオスの偉大な努力により発見された性質のほとんどの証明を，簡単に—ほとんど機械的に—行うことができるようになった．3次方程式，あるいはさらに次数の高い方程式で与えられる，より複雑な曲線の性質も同様である．これらの曲線の性質は，より高次の方程式の代数学的な取り扱いの困難さを克服できれば，ある程度の範囲までは明らかになる．代数学的方程式によって表されるすべての曲線について，代数的な方法で，いくつかの問題は解決することができる．このうちの一つが，接線の問題である．

　曲線 C 上の点 P における接線は，P における曲線 C の傾きと同じ傾きを持つ点 P を通る直線として定義してよいだろう．より物理的な言葉でいうと，曲線 C に沿って動いていた質点が，点 P において曲線から離れたときに描く直線である（つまり，それが"接線に沿って離れる"ということである）．そこで P における接線を見つけることは，P における曲線の傾きを見つけることになる．最初に，放物線 $y = x^2$ について曲線の傾きを求めて，その方法がどのように他の曲線に応用できるかを見ていくことにしよう．

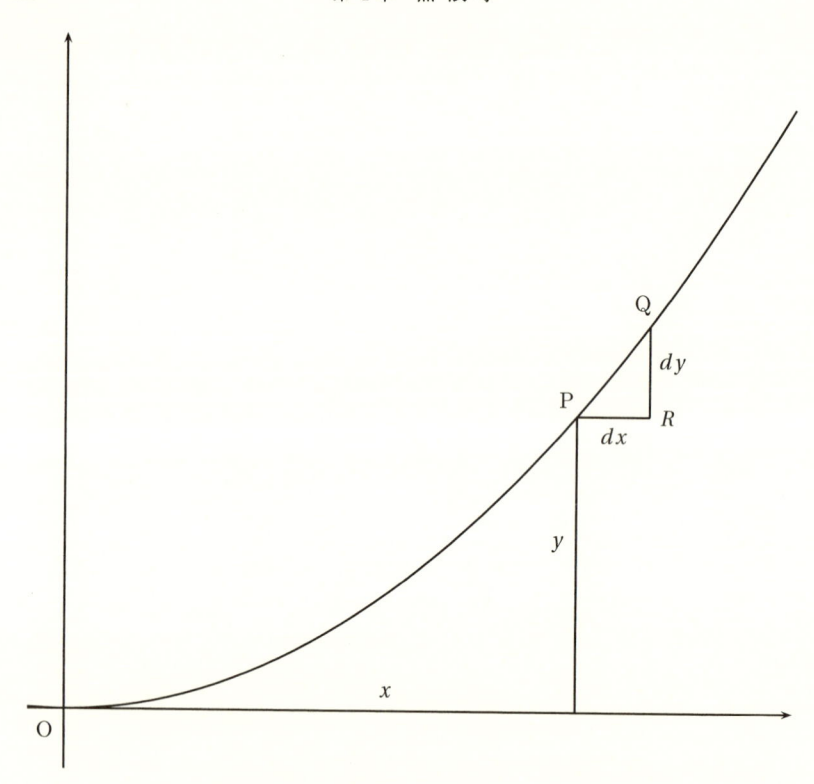

図 4.11　放物線上の無限に近い 2 点

　放物線 $y = x^2$ 上の点 P(x, y) における接線を見つけるために，放物線上の点を考えよう．P に無限に近い放物線上の点 Q を考えて，Q と P を結ぶ直線を考える．dx で無限小の "x の値の変化" を表し，dy は無限小の "y の値の変化" を表すことにすると，Q の座標は $(x + dx, y + dy)$ と書くことができる．無限小についての d の記号は 1680 年頃ライプニッツにより導入された．図 4.11 は dx, dy と，曲線との位置関係がどのように関連しているかを示している．

　放物線の方程式は $y = x^2$ なので，点 P におけるその高さ y は x^2 であり，Q におけるその高さ $y + dy$ は $(x + dx)^2$ である．そこで

$$dy = (x+dx)^2 - x^2 = x^2 + 2xdx + (dx)^2 - x^2$$
$$= 2xdx + (dx)^2$$

ここでわかるのは，点 P における曲線の傾きは，無限小の長さの線分 PQ の傾き $\dfrac{dy}{dx}$ と，わずかに無限小だけ異なる．たった今計算した dy の式から，次のことがわかる．

$$\text{PQ の傾き} = \frac{dy}{dx} = 2x + dx$$

この式により，無限小に距離が近い点 (x,y) と点 $(x+dx, y+dy)$ の間の傾きは $2x$ と無限小だけ異なる．よって点 (x,y) における傾きの真の値は正確に $2x$，つまり P における

$$\text{接線の傾き} = 2x$$

であるはずである．

4.6 他の曲線の傾き

放物線の傾きを計算した，先ほどの方法は理屈に合っているようである．実際に取り尽くし法によって完全に正当化することができる．dx を十分小さくすることによって，$\dfrac{dy}{dx}$ の値は $2x$ 自身以外のどんな数よりも $2x$ に近づけることができる．そこで P における接線の傾きは，唯一の可能な値 $2x$ となる．現在，私たちは $2x$ を PQ の傾きの極限という．

しかし，17 世紀の数学者はそれほど繊細でなかった．商 $\dfrac{dy}{dx}$ は計算が大変便利だったため，無限小の商 $\dfrac{dy}{dx}$ は，一般には一つの数にはならないにもかかわらず，P における傾きと見なされた．無限小 dx が何であっても，$\dfrac{dx}{2}$ も確実に無限小であり，$dx = 0$ でなければ，$\dfrac{dx}{2}$ は dx に等しくない（その場合は $\dfrac{dy}{dx}$ は何の意味も持たない）．このように放物線に対して計算される $\dfrac{dy}{dx}$ に対する式

$$\frac{dy}{dx} = 2x + dx$$

は曖昧なだけでなく，実際の値 $2x$ とは異なるものであるかもしれない．それは $2x$ に無限小に近い値の範囲を表す．"正しい"値 $2x$ を得るためには dx を 0

にしなければならない——割るためには，前もって0でないとしなくてはならないが——必要があるようだ．

なんといらだたしいことか！17世紀にこの葛藤を解決するためのさまざまな試みがなされた．マルキウス・ロピタル (Marquis l'Hôpital) が1696年に無限小解析の最初の教科書で次のように言っている [33, p.2]．

> ⋯ 無限小だけ異なる二つの数は同じである．

幾何学的な同値性の仮定は，PQ間の無限小の弧は，無限小の線分PQと同じであると仮定することである．ロピタルもこれを信じていた [33,p.3]．

> ⋯ 曲線は無限にたくさんの無限小の線分から構成されているとみなせるかもしれない．

どちらの仮定も完璧ではないように見えるが，取り尽くし法により証明されるまでは，成り立つであろうと使うことを許されていた．

より説得力がある方法は，無限小が0でないどんな正の数より小さいと考える方法である．しかし，この考え方は，$2x + dx$ といったような"数＋無限小"は数 $2x$ に等しくないという結果を受け入れなくてはいけない．その代わりに，その二つはフェルマーが adequality（ほとんど等しい）と呼んだ，等号の等しいより，弱い等しいを表すことであると解釈する．フェルマーが adequality と呼んだ等号を $=_{\text{ad}}$ と表すことにすれば，先ほどの無限小がついた等式は，

$$2x + dx =_{\text{ad}} 2x$$

と書ける．そこで放物線の接線の傾き $\dfrac{dy}{dx}$ は，フェルマーの言葉で $2x$ に adequal と正確に表現できる．さらに，$2x + dx$ は数ではないので，$2x$ は $\dfrac{dy}{dx}$ に adequal であるということのみを意味する数となる．これが，$\dfrac{dy}{dx}$ が曲線の傾きを表す，本質的な意味である．

フェルマーは1630年代に adequal の概念を使い始めたが，これは彼の時代には早すぎた概念であった．彼の後継者たちは，常微分方程式の便利さを放棄することには気が進まず，正確に adequality を使うよりは，若干の不正確さを

4.6 他の曲線の傾き

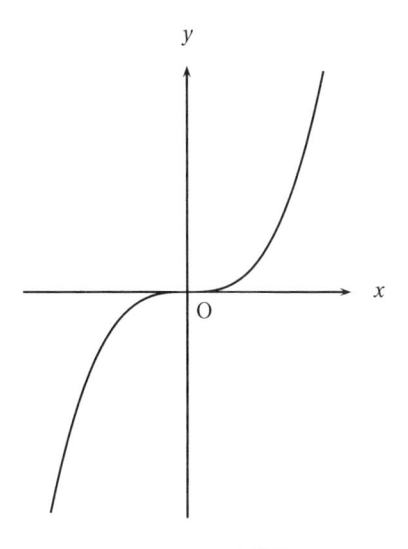

図 4.12 3次曲線

含んでも等号,等しいという概念を使うことを好んだ. *adequality* の概念は,20 世紀になってやっと超準解析として復活した(4.9 節を見よ).

さしあたり私たちは,17 世紀の流れに乗り,ライプニッツやロピタルがしたであろう方法によって,曲線の傾きを計算していこう.まず,曲線 $y = x^3$ を考えよう.この曲線は図 4.12 で示された形になる.しかし,私たちは,グラフの形を見ることなく点 (x, y) における傾きを計算することができる.

$y = x^3$ なので $y + dy = (x + dx)^3$ であり,P(x, y) と Q$(x + dx, y + dy)$ 間の高さの差 dy は

$$\begin{aligned} dy &= (x + dx)^3 - x^3 \\ &= x^3 + 3x^2 dx + 3x(dx)^2 + (dx)^3 - x^3 \\ &= 3x^2 dx + 3x(dx)^2 + (dx)^3 \end{aligned}$$

と計算できる.よって,無限小の線分 PQ の傾きは

$$\frac{dy}{dx} = 3x^2 + 3x dx + (dx)^2$$

この式で,無限小の項 dx を無視すれば,

$$\text{P での傾き} = 3x^2$$

となる.

$y = x^{n+1}$ の傾き

すべての自然数 n に対して, 曲線 $y = x^{n+1}$ に, 今までの傾きを求める計算を一般化するのは簡単である. ちょうど先ほどの計算で見られたように,

$$(x+dx)^2 = x^2 + 2xdx + dx \text{ の 2 以上のべきの項}$$
$$(x+dx)^3 = x^3 + 3x^2 dx + dx \text{ の 2 以上のべきの項}$$

となるのと同様に

$$(x+dx)^4 = x^4 + 4x^3 dx + dx \text{ の 2 以上のべきの項}$$
$$(x+dx)^5 = x^5 + 5x^4 dx + dx \text{ の 2 以上のべきの項}$$
$$\vdots$$

などの結果を得ることができる. この計算は, n 次式を使って, $n+1$ 次式の関係式を求めることができる.

$$(x+dx)^n = x^n + nx^{n-1} dx + dx \text{ の 2 以上のべきの項}$$

この式の両辺に, $(x+dx)$ をかけることによって,

$$(x+dx)^{n+1} = (x+dx)(x+dx)^n$$
$$= (x+dx)(x^n + nx^{n-1} dx + dx \text{ の 2 以上のべきの項})$$
$$= x^{n+1} + (n+1)x^n dx + dx \text{ の 2 以上のべきの項}$$

$\mathrm{P}(x,y)$ と $\mathrm{Q}(x+dx, y+dy)$ 間の高さの差 dy は, 曲線 $y = x^{n+1}$ の場合

$$dy = (x+dx)^{n+1} - x^{n+1}$$
$$= (n+1)x^n dx + dx \text{ の 2 以上のべきの項}$$

で与えられる．よって

$$\text{PQ の傾き} = \frac{dy}{dx}$$
$$= (n+1)x^n + dx \text{ のべきの項}$$

となる．結局，dx は消失してしまうから，曲線 $y = x^{n+1}$ 上の点 $\text{P}(x,y)$ における傾きは

$$\text{P における傾き} = (n+1)x^n$$

である．

4.7　傾きと面積

　不可能の崖っぷちに立っている無限小が，消えてなくならない主な理由は，非常に大きな発想の広がりを持っているライプニッツの記号のおかげである．無限小の差に対する記号 d は，ライプニッツの表記法全体の重要性の半分ほどを表すにすぎない．和に対する表記法 $\int$（S を上下に伸ばしたこの記号は，今日積分記号として知られている）も，彼の重要な表記法である．

　無限小の和は，曲線図形の面積や体積を求めるときに必要になる．たとえば値 $x = 0$ と $x = 1$ の間の放物線 $y = x^2$ と x 軸が囲む部分の面積を求めたいとする（図 4.13）．

　この面積を考えるために，高さ y と無限小の幅 dx を持つ細長い長方形で，この図形が満たされていると想像しよう．この考え方を図に示してある（ただし，考える長方形は，幅が無限小の "dx" を持っているのだが，それを図示することはできないので，ある程度の横幅を持った長方形を描いてある）．このように，考える曲線の下の面積は，無限小の幅をもった長方形の面積 ydx の和である．

　この和に対するライプニッツの記号は，

$$\int y dx$$

である．

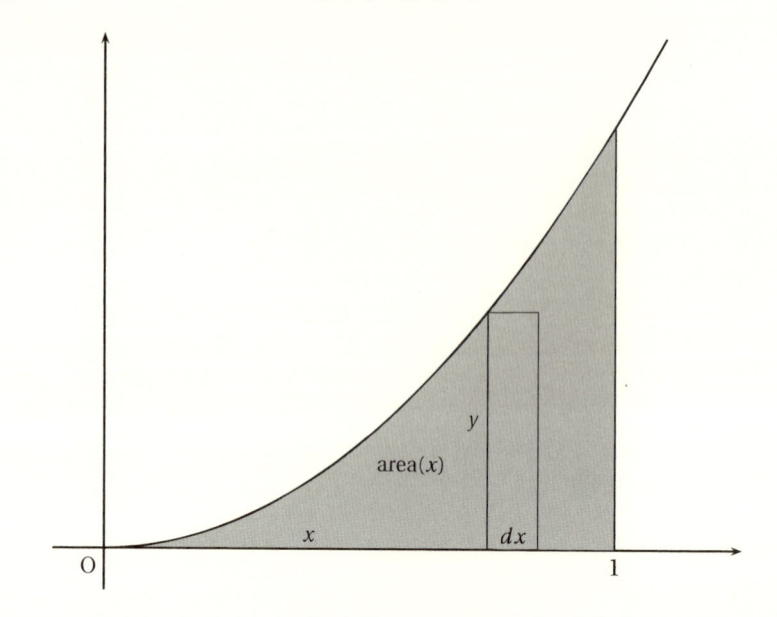

図 4.13 放物線の面積

　実際，これはあらゆる曲線が囲む部分の面積に使える記号である．y を面積を求めたい x の関数に置き換えることによって，特定の曲線に対して面積を表す表記法となる．放物線 $y = x^2$ の場合，面積は

$$\int x^2 dx$$

となる．さらに，どこから始まり，どこで終わる面積を求めるのかを明記しなくては，和を求める範囲がわからない．この場合は $x = 0$ で始まり，$x = 1$ で終わるので，次のように表記する．

$$0 と 1 の間の放物線の下の面積 = \int_0^1 x^2 dx$$

　この面積を求めるために，より一般的な，0 と任意の値 x の間の面積を求める問題を解決しよう．この面積を area(x) で表し，関数 area(x) を見つけるために，その関数の傾きを先に見つける．この傾きを見つけるのはそれほど難しくはない．area(x) に対して無限小の差 d を求める操作を使えばよい．そして，

4.7 傾きと面積

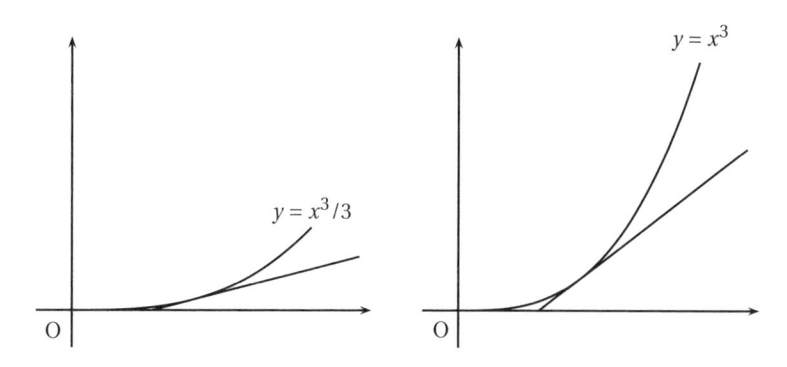

図 4.14 3 次曲線の増加と接線

厳密ではないが使いやすい，ライプニッツの方法を適用する．

$$d\,\text{area}(x) = \text{area}(x+dx) - \text{area}(x) = x^2 dx$$

この式は，求める面積が $y = x^2$ の高さを持つ無限小の幅の長方形の和であることからわかる．

両辺を dx で割って，area(x) の傾きを表す関数を求めることができる．

$$\frac{d\,\text{area}(x)}{dx} = x^2$$

このように area(x) は $x = 0$ における値が 0 で，どんな値 x についても傾き x^2 となる関数である．

$x = 0$ において 0 を取り，すべての x における傾きが $3x^2$ の関数を私たちはすでに知っている．それは関数 x^3 である．（前節で，その傾きを計算した．）またあらゆる関数の高さを 3 倍にすることは，その傾きを 3 倍にすることが図 4.14 から明らかである．よって，今求めたい傾き x^2 を持つ関数は，$\frac{x^3}{3}$ である．

実際に，それら二つの関数の差 $\frac{x^3}{3} - \text{area}(x)$ は $x = 0$ において値 0 であり，傾き 0 なので，その差は常に 0 に等しい．よって，関数 $\frac{x^3}{3}$ は area(x) に完璧に等しい．

この結果をまとめると，area$(x) = \frac{x^3}{3}$ である．特に $x = 1$ のとき area$(1) = \frac{1}{3}$，すなわちライプニッツの記号を使えば

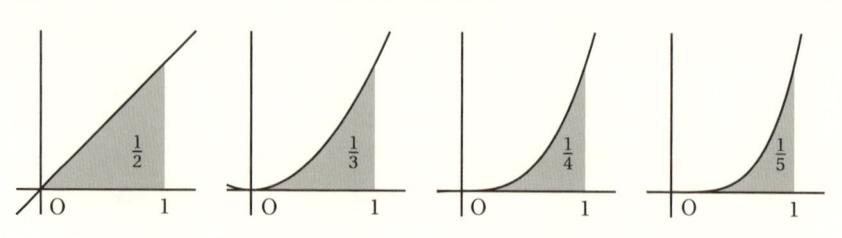

図 4.15　x の n 乗 $(n = 0, 1, 2, 3)$ で表される曲線の下の面積

$$\int_0^1 x^2 dx = \frac{1}{3}$$

同様に，曲線 $y = x^n$ の下の面積が関数 $\dfrac{x^{n+1}}{n+1}$ によって与えられることが，前節の計算と同様に，x^{n+1} の傾き $(n+1)x^n$ を用いることによって示される．よって，

$$\int_0^1 x^n dx = \frac{1}{n+1}$$

が成立する．

この公式から，次節で展開する π を表す公式を導くことになる．

図 4.15 は曲線 $y = x^{n+1}$, $n = 0, 1, 2, 3$ に対する，影を付けた部分の面積を示している．$n = 0$ のとき，その曲線はもちろん直線であり，$n = 1$ に対しては放物線である．

微分積分学の基本定理

基本定理のライプニッツの形は，単純に和と無限小の差分の間の "明白な" 関係である．

$$d \int y dx = y dx$$

言い換えると，"隣り合う" 和の間の "差" は，"最後に" 足された和の項に等しい，となる．しかし，なんと言おうと，面積 $d \int y dx$ が無限小の項 $y dx$ の有限和であるという幻想に基づいている．実際に，この意味での "和" ではないので，"隣り合う" 和や "最後の" 項は存在しない．

微分積分法の厳密な理論においては，真の無限小の和を扱わなくてはならない．その方法は，無限小の幻想によって導かれたものではあるが，その証明はより本質的な厳密性を要求される．最初に述べた定理は，面積の計算問題を，傾きを使って簡単に計算するという，より単純な問題に変形するので，"基本定理"なのである．

4.8　π の 値

図 4.16 において，円は単位円である．接線 AB の長さは $\arctan x$ と呼ばれ，円弧の長さに対応する．x を無限小の量 dx だけ増やすと，$y = \arctan x$ は無限小の値 dy だけ増加する．図を使って，$dy = \dfrac{dx}{1+x^2}$ を証明しよう．

dy は半径 1 の円上にあるので，直角三角形 OAB についてピタゴラスの定理を使うことにより $OB = \sqrt{1+x^2}$ である．半径 OB の円上の中心角 dy に対応する弧 BA′ は長さ $dy\sqrt{1+x^2}$ となる．

弧 BA′ は無限小なので，直線 OB と OA′ の間の角は無限小である．よって，三角形 B′A′B を無限小の三角形と考えて，三角形 BAO と相似であると考えられる．無限小の斜辺 $dx = BB'$ は，辺 $BA' = dy\sqrt{1+x^2}$ の長さの $AB = \sqrt{1+x^2}$ 倍の長さであるということになる．このことから，$dx = dy(\sqrt{1+x^2})^2 = dy(1+x^2)$ であることがわかる．よって，示そうとした関係

$$dy = \frac{dx}{1+x^2}$$

が求められた．x について 0 から 1 まですべての無限小 dy をたし合わせることによって，

$$\arctan 1 = \int_0^1 \frac{dx}{1+x^2}$$

という関係式が得られる．

ここから，幾何級数と微分積分学の基本定理より，次の驚くべき結果が得られる．

$$\frac{\pi}{4} = 1 - \frac{1}{3} + \frac{1}{5} - \frac{1}{7} + \frac{1}{9} + \cdots$$

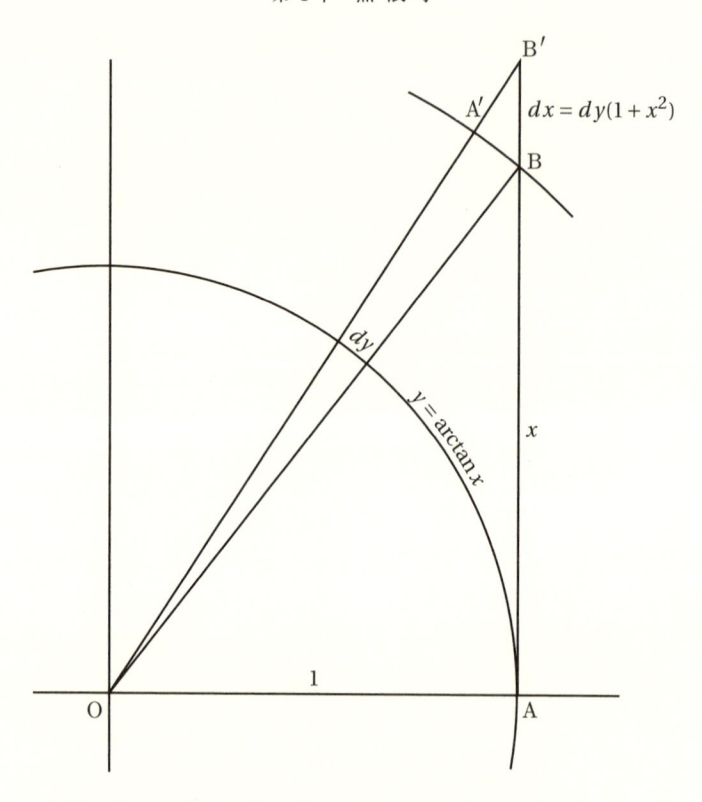

図 4.16 tan の逆関数の無限小の性質

証明は以下のようになる.

$$\frac{\pi}{4} = \arctan 1 = \int_0^1 \frac{dx}{1+x^2}$$
$$= \int_0^1 (1 - x^2 + x^4 - x^6 + x^8 - \cdots) dx \quad (これは, 幾何級数の和による)$$
$$= 1 - \frac{1}{3} + \frac{1}{5} - \frac{1}{7} + \frac{1}{9} + \cdots \quad (なぜならば \int_0^1 x^n dx = \frac{1}{n+1})$$

この結果は西暦 1500 年頃インドの数学者によって最初に発見され, 微積分法の基本定理を用いたより一般的な方法によってヨーロッパで再発見された. それ以外に, 二つの発見がこの公式には含まれている.

$$d \arctan x = \frac{dx}{1+x^2}$$

と，幾何学的級数についての次の公式である．

$$\frac{1}{1+x^2} = 1 - x^2 + x^4 - x^6 + x^8 - \cdots$$

この結果はそれ自体すばらしい—π が奇数の数列によって表現されると誰が思っただろうか？—が，さらに驚くべきことには，二つの異なる文明において別個に出現したことである．これが π についての最も単純で自然な公式であるということだけでなく，この公式は，π は幾何学と同じくらい自然数との関係があるということも教えてくれる．

4.9 無限小の幽霊

> … 彼女はもっと縮んだらどうなるかと，少しそれを待っていた．終わったらどうなるのと，アリスは考えて見た．蝋燭と同じになるかしら．その後はどうなるかな．蝋燭が燃え尽きた後は，どんな風に見えるかしら，彼女はそんなことを考えるのが，気に入ったようだ．そんなところを見たことがないから…
>
> —ルイス・キャロル，『不思議の国のアリス』

小さなアリスたちが皆外に出てくるような，無限小は不思議の国の雰囲気を持っている．しかし，このような考え方は数学の対象にとって可能であろうか？この逆説的な，矛盾さえしているような数学者の無限小に関する考え方は，初期の頃から頻繁に哲学者から批判された．[28, p. 31] において，1656 年のトーマス・ホッブズ (Thomas Hobbes) が批判したのは，オックスフォードの数学者ジョン・ウォリス (John Wallis) 教授によって用いられた "極小量"（体積の計算に使われる，立体の無限小幅の細分）であった．

> あなたの本「無限小の算術」は曖昧なものである．あなたの極小量はどんなことにも使えないはずである．もし，それが量であることを仮定して，分割できるものでなければ．

第4章 無限小

　ホッブズの無限小が使われる方法への批判は正当（丁寧ではないにしても）であったが，それだけではなく，彼は微分積分法の結果にも批判的だった．1672年，彼は有限な体積と無限の表面積を持つ立体のかたまりの発見をあざ笑った [28, p. 445]．

> ... これを感覚として理解するためには，幾何学者あるいは論理学者であることは要求されないが，狂っていることが求められる．

　彼は自分が，数学者よりもよく理解していると思い込んでいたので，このようなことを言ったのだろう．実際，彼は最も優れた数学者が解けなかった問題を解いたと信じていた．もちろん誤解である．その問題は "円を正方形にする"，すなわち，私たちの用語で言うと，π の値を見つけることにほかならない．ホッブズは円を分解し，点が0より大きな広がりを持つと考えることにより，点に物理的な大きさを与える方法を使った．（より詳細には，ダグラス・ジョセフ "Squaring the Circle" を見よ．）ホッブズが問題を解いたといった，その奇妙でどうしようもないエピソードは，ホッブズを数学者からの笑い者にした．この事件は，もしかすると，ただ無限小についての数学者の自己満足を増長させただけかもしれない．結局，ライプニッツは偉大な哲学者であり，彼は数学者の立場に立っていた．他の哲学者が，簡単に批判できるようなことではなかった．

　哲学からの本格的な批判は，1734年ジョージ・バークリー (George Berkeley) 司教によるものが最初で，本当に意味がある．彼は，ライプニッツ，ニュートン，彼らの弟子たちの著作における無限小の微分積分法の矛盾を，巧みなユーモアと熱意とともに指摘した．バークリーは微分積分法の結果を疑問視せず，それらは，より厳密な方法で証明できると考えていた．しかし，彼の『解析学者』(4, 35節) の中で，無限小の超自然のふるまい，ニュートンのその無限小の性質を表現する言葉 "一瞬における増加" をあざけった．

> 得られたものはどれも ... 導関数に帰せられる．そこでは，あらかじめ理解されなくてはならないことがある．これらの導関数は何であるのか？ 速度の一瞬における増加？ これらの一瞬の増加は何であるのか？ 有限な量でもなく，0にはならない無限に小さい量でも

4.9 無限小の幽霊

ない．私たちはそれらを亡くなった量の幽霊と呼んではいけないのだろうか？

バークリーの批判は突き刺さり，数学者たちはそれに答えようとした．しかし，長い間たいした成功はなかった．その問題は数と無限の概念の本質に絡み，混乱し，誰もが考えていたよりも深いものであった．私たちがすでに見たように，数学者たちは19世紀後半まで無理数の問題と格闘していて，いまだ無限に潜む問題のすべてを理解していない（詳細は第9章参照）．にもかかわらず1830年から1870年までの間に，関数と極限の概念に基づいて，強力な方法が微分積分論において作られた．

これは今日使われている微積分法において，主流となっている理論である．そこでは，無限小の存在を否定し，極限を用いて適切に表現された証明の中の，単なる言葉の使い方として，"無限小"という言葉を解釈する．たとえば "dx を無限小とする" ということは，"Δx をゼロに近づける" と言い換えられる．しかし，言葉の使い方とはいえ，この主流となっている方法は簡潔で示唆に富んでいるので，ライプニッツの表記法 $\frac{dy}{dx}$ や $\int y dx$ は現在も使われている．

この時代から，微分積分は厳密な理論を展開しなければならない時期に入る．$\frac{dy}{dx}$ は無限小の差 dy と dx の比率ではないということが説明されなくてはならない—本来，無限小は存在しないのだから—むしろ Δx が 0 に近づくとき比率 $\frac{\Delta y}{\Delta x}$ の極限を表す記号と考える方がよい．そこでは Δx は x の有限な微小変化であり，Δy は x の関数 y における，x の微小な変化に対する y の変化である．同様に $\int y dx$ は項 $y dx$ の実際の和ではないが，項 $y \Delta x$ の和の極限である．このように無限小の回避は，不思議な二重の記号を使わなければならなくなる．実際の差に対する Δ と，それらの商と和の極限に対する記号 d（ライプニッツの幽霊！）が必要となる．

これはなぜ無限小が機能するかを，多くの人に説明しなければならないために使う便宜である．それでは，真の無限小を定義し，使用することは可能だろうか？

無限小はゼロでないすべての数よりも小さいが，ゼロではない必要があり，無限小は数ではない．しかし，それらは時間を表す関数になりうる．それは，

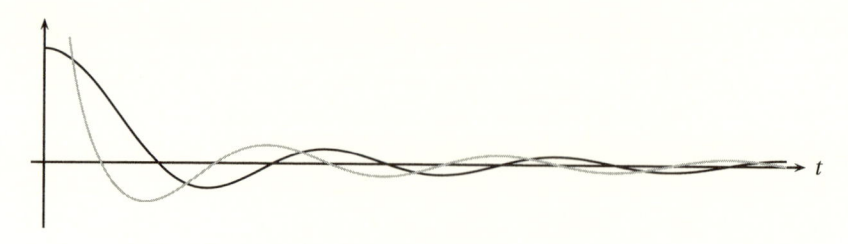

図 4.17 どちらの関数が大きいか

正しい感覚であるようだ．たとえば，関数 $f(t) = \dfrac{1}{t}$ は t が無限大に向かうと 0 に近づく．十分大きな t をとれば，与えられたどのような正の数より小さくなるので，今まで議論した正当な無限小を作る．それらは，加法，減法，積，商，の計算ができるので，関数はあたかも数のようにふるまう．さらに数とまったく同じようにふるまう関数もある．つまり，定数関数がそれである．いつも同じ値を，すべての t に対して持つ．このように関数の世界は，数のようにふるまう要素を含んでいて（定数関数がよい例である），また無限小のようにふるまう性質を持つもの（t が無限に向かうとき 0 に向かう関数）もある．

一つの問題を無視はしたが，この数より広い関数の世界は，無限小の矛盾をある程度解決する．無視した問題は，無限小を順序づける必要があるということである．つまり，$g(t)$ と $h(t)$ が t が無限に向かうとき，0 に近づく二つの関数であるとする．それらのうちの一つがもう一方より"小さい"という判断ができることが望ましい．たとえば，$g(t) = \dfrac{\sin t}{t}$ と $h(t) = \dfrac{\cos t}{t}$ が，t が無限大に行くときに，どちらが大きいと言えるかを判断できないといけない（図 4.17）．論理の新しい方法によって，それは可能になるが，一貫してそのようなすべての判断をすることは難しい．

この問題を完全に解いた最初の人は，1960 年代のアメリカの数学者アブラハム・ロビンソン (Abraham Robinson) であった．彼の方式は超準解析と呼ばれ，新たな結果を生み出すほど優れたものであった．しかし，超準解析は，まだ無限小を表現するライプニッツの微分積分法ほど単純ではない．矛盾がない方法で，無限小を扱う，本当に自然な方法へのたゆまぬ研究が行われている．

第5章　曲がった宇宙

はじめに

　古代や中世の人々は地球が平らであると信じていたとよく言われる．そして，その信念は，おそらくクリストファー・コロンブスによって打ち壊されたという．しかし，これは作り話である．古代の人々の中にも，地球は丸いと知っていただけでなく，宇宙もまた丸いと信じていた人たちがいた——今日の人々にとってはありえないと思える考えである．私たちは円や球といったように，宇宙における物質の状態として，曲面を考えることには慣れているが，宇宙それ自体についてそう考えることには慣れていない．明らかに，現代の私たちの空間についての感覚は，想像を超えた宇宙の"不可能な"形状の経験から得られたものである．

　この章では，数学的にもっとも単純な場合——ユークリッド幾何学の無限空間から始めて，空間を視覚化する方法を探究する．それはユークリッド空間として知られていて，ユークリッド平面からの連想で，平らな宇宙などと呼ばれている．次に球状の空間，ダンテが彼の神曲で語っているような有限な"丸い"空間を作る．それを数学的に球面との類推によって考える．最後にユークリッド空間より"拡張"された無限空間である，双曲型空間を考える．それは双曲型平面という，ユークリッド平面より拡張され多くの実りのある面を含んでいる．双曲型平面には，ある直線を考えたとき，その直線上にない点を通る平行線が一つ以上存在する．

　球状空間や双曲型空間は，面の曲率と類似の曲率を持っている．それは直線の性質によって区別され，とくに平行線が存在し，ただ一つかどうかによって特徴付けられる．曲率は幾何学における古代からの疑問に対する答えも与える．

ユークリッドの平行公理は，彼の他の公理の帰結になるだろうか？双曲型空間の存在により，私たちはこの問題にノーと言えるのであり，このことから，非ユークリッド幾何学のような幾何学もあることを知るわけである．これは，最近まで不可能と考えられていたことである．

5.1 平らな宇宙と中世の宇宙

> 少しでも，限りのある宇宙を認めたらどうだろう．その果てでは何が起こるのか．だれも端より遠くには走れない．回転するしかない．投げた槍はどうなるか．外に行けるのだろうか．力いっぱい投げても，何かがそれを止める．逃げられない矛盾．無限の宇宙を受け入れなさい．あなたの槍が止まってしまう．あなたの槍は右周りになるだろう．
>
> ——ルクレティウス，「自然のすべて」

ルクレティウスは，ほとんどすべての人がたまには持ったに違いない考えに対して，適切で鮮明な表現をしている．宇宙は無限である．確実に限りがないからである．彼はおそらく，図5.1に示される空間の絵に共感しただろう．それは私たちの想像上，当然と思われる無限空間の幾何学的構造を示している．宇宙は3次元，無限で，平らである．平らであることの意味については後で説明するが，しばらくの間は，空間が曲がっていない平らな正方形の構造，つまり立方体によって満たすことができると考えてほしい．

それは自然な発想ではあるが，無限で平らな宇宙は古代の宇宙論と矛盾し，ルクレティウスは共通の常識的な考えの嘘を暴こうとした．ギリシャ人たちは世界が円や球の幾何学的完全さを反映しているはずであると信じ，球体の系によって構築された宇宙を想像した．彼らがイメージした絵は，図5.2の左半分に示されている（いくつかの共通部分を持っている）．地球は，知られている天体が動く八つの同心円の"天の"中心にあり，一番外殻を第十天と呼ばれるもっとも外側の球体に囲まれている．もっとも外側の第十天に恒星が乗っている（たとえば"第七天"は土星の球体である）．太陽，月，惑星，星の動きは，そ

5.1 平らな宇宙と中世の宇宙

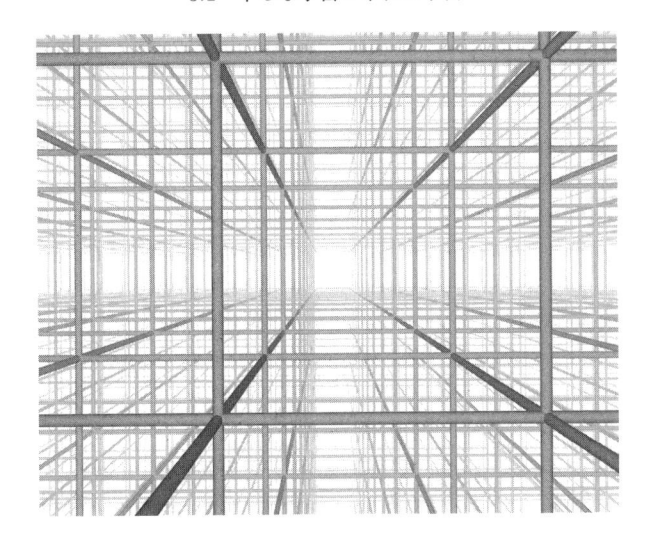

図 5.1 平坦な無限空間

れらすべてをコントロールしている第十天（"最初に動くもの"）とともに動く．古代の宇宙は，ルクレティウスが彼の投げ槍で串刺しにした第十天で終わっている．

中世の神学が第十天を越えた空白を最高天で満たした（図 5.2 の右）—神と天使の家—それは第十天の外側の同心の"天使のような"球体の構造である．神は最高天におけるもっとも内側の球体の中心の光であり，ある意味で地球の中心のサタンとは正反対の位置にある．

これは空白を埋める鮮やかで観念的な考え方であるが，中世の宇宙の天体と第十天の二つの部分をなめらかに結合させるのは困難である．この宇宙をもっともらしく述べることは，無限で平らな空間を述べるより大きな詩的挑戦である．実際，それは不可能と思われていたかもしれない．しかし，中世にその調和を為した詩を見つけることができる．偉大なるダンテ・アリギエーリ (Dante Alighieri, 1265-1321) である．ダンテの著作『神曲』は地獄についての部分，地獄編がもっともよく知られているが，その第 3 部天国編は幾何学と天文学の観点から魅力的である．カント XXVIII 部で，ダンテは最高天を脇役の部分としてだけでなく，地球から見える天の反映として位置づけている．彼は第十天を

第5章 曲がった宇宙

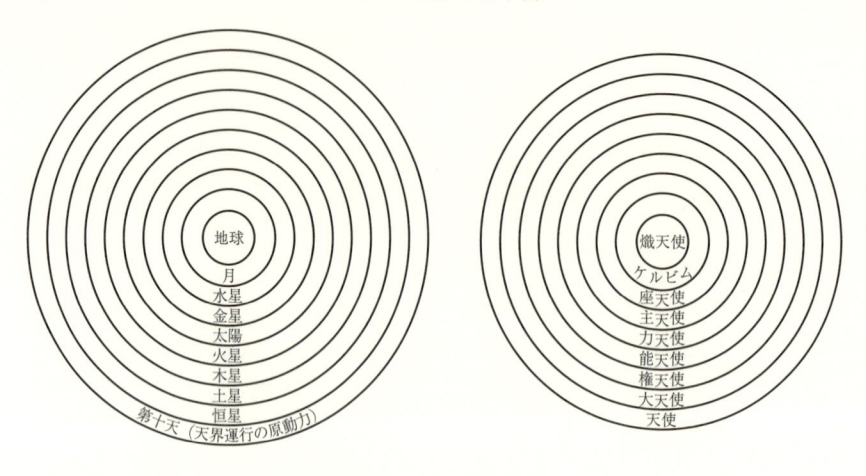

図 5.2 天体と天使の球面

"現実"と"コピー"の世界の間の中間の段階として位置づけることによって，天国から最高天へなめらかに移行する．この優れた視点から，彼は天使をイメージする球形が天国の反映であると考え，それにより天国の球形を見ているのである．すなわち，天国は球形である．

> 鏡を見ると彼の後ろの蝋燭が写る．
> 彼がそれを見たことがあるなしにかかわらず．
> 鏡の像をさかさまにして，真実を確かめようとする．
> 彼は鏡と枠と現実が和音のような調和を作ることを感じる．
>
> ——カント XXVIII 部,「ダンテ，天国」

この洗練された有限宇宙のモデルにより，教会は数世紀の間，無限の宇宙に対して，有限の宇宙観を保持し続けることができた．しかし最終的には，私たちが第9章で探求する無限についてのいくつかの不安にもかかわらず，無限の平坦な宇宙はそのよりすばらしい明快さで一般に受け入れられるようになった．

20世紀の今日，宇宙論は有限宇宙の考えに戻っている．物理学者は今，3次元球面と呼ぶ，最も明快な有限宇宙の優れた理論を作っている．そして物理学者は，ダンテの天国編の中にある3次元球面の描写を見ながら，彼の作品を振

り返り，賞賛している．私が知っている限りでは，そうしたダンテへの賞賛の最初のものは，"American Jounal of Physics", 47 (1979), p.1031〜1035 におけるマーク・ピーターソンによる「ダンテと 3 次元球面」という論文である．ピーターソンは，主に定性的観点から，ダンテの宇宙モデルを考えるため，異なるいくつかの方法を示している．次節において，3 次元球面をできるだけ正確に"定常"平面空間へ写像することによる，ダンテの宇宙構成のより定量的な方法を示そう．

5.2　2次元球面と3次元球面

　平らな 3 次元空間内で，3 次元球面を理解するためには，数学者が 2 次元球面と呼ぶ定常球面を例に使って，類推することが役に立つ．自分たちが平面に住んでいると信じている生き物——彼らを平面地球人と呼ぼう——の視点から 2 次元球面を考える．彼らはどのようにして 2 次元球面を体験し，平面図形における彼らの体験を表現するのであろうか？

　平面地球人が 2 次元球面の北極点 N にいて，この世界を探検しようとしている．中心を N とする，どんどん大きな半径をもつ円を描くことによって，彼がこの世界を探検するとしよう（図 5.3）．これらは私たちが緯度円と呼ぶものである．最初は（図 5.3 の左の絵），これら同心円は大きな曲率を持ち，そしてどちらが"内側"でどちらが"外側"か明らかである．しかし，赤道では（中央の絵），円は一直線に見えるであろうし，これを超えると（右の絵）"内側"と"外側"は場所を換え，南極が中心になる．

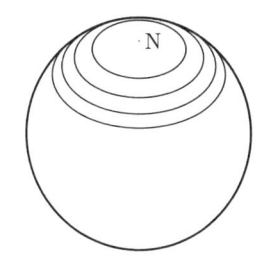

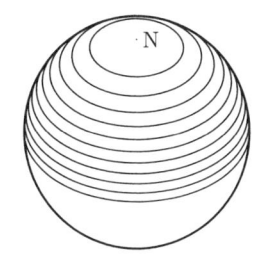

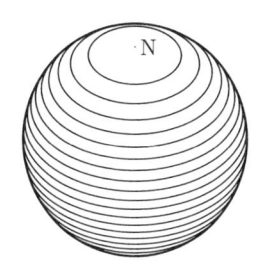

図 5.3　2 次元球とその切り口

第5章　曲がった宇宙

図 5.4　2次元球の平面への埋め込み

　北極における彼の出発点に対応する"反対側の"点の出現は，平面地球人にとっては，大きな驚きとして受け止められるであろう．ちょうど地球の中心と反対側の点が宇宙の中にあったら，私たちにとっても不思議に思えるに違いない．（私たちは"平面宇宙人"である．宇宙空間を平らだと思っている）．しかし地球が平らであると信じている人は，図5.4のような平面図によってかなり正確に彼の体験を受け入れることができる．そこでは一直線になるまで曲率を減少させながら，点Nから外側へ円が広がり，そして今度は正反対に，別の点Sに向かって縮んでいく．

　実際，図5.4の円の中心のところの紙に目をかなり近づけてみると（あるいは，もっと良い方法は，拡大コピーをして，図の円の中心の近くに目を近づける），赤道における点から見たとき，内側から2次元球面がどのように見える

5.2 2次元球面と3次元球面

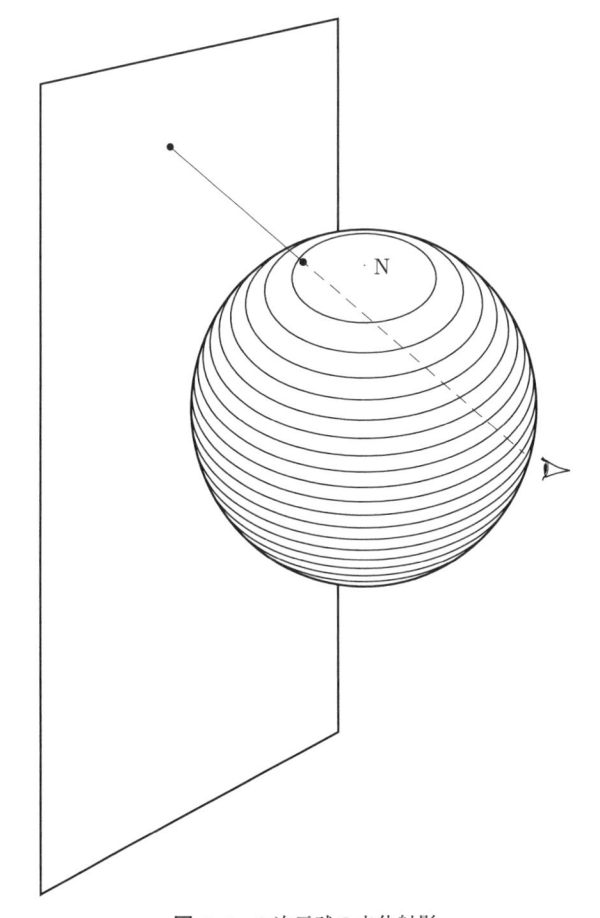

図 5.5 2次元球の立体射影

かを実際に体験することができるだろう．これは図 5.5 に示されているように，図 5.4 が立体射影と呼ばれる描き方によって得られることによる．

立体射影は紀元 150 年頃のクローディアス・プトレマイオスにまで，あるいはさらに彼以前 300 年前のヒッパルコスにまで遡ることができる．球面は球の 1 点から，その点の反対側で，この球面と接している平面上へ投影される．

球体が，緯度円を描いたガラスでできていたら，射影の中心から出た光は図 5.4 に描かれた平面上に影を落とすだろう（ここでは赤道上の点から射影して

いる．それで，図のNとSは極地の影である）．目を射影点におけば，図5.5のように平面上に写る眺めは球体の内側からの眺めとまったく同じである．

射影は球面の完全に正確な像を与えるわけではない．たとえば，有限の円（赤道）を無限の直線に写像する．しかし立体射影は，球面上の無限小の図形を平面上の同じ形の無限小の図形へ写像する．ということは，立体射影は"微小部分において正確である"．この性質は地球の投影による地図の作成に大変好ましいものである．これは1590年頃，イギリスの数学者（そして探検家サー・ウォルター・ローリーのアシスタント）トーマス・ハリオット (Thomas Harriot) によって発見された．立体射影は円を円に写像する（あるいは，例外では直線に）ので，それはまた特定の大きな図形の形も保存することを意味する．その円を保存する性質は，すでにプトレマイオスにより知られていた．

2次元球面の話がどのように3次元球面に役立つのだろうか？ 通常の3次元空間における3次元球面の立体射影像があるのである．そして，それは平面上への2次元球面の像の性質と類似している性質を持っている．

- 3次元球面における同心の"緯度2次元球面"の列は，空間における連続して縮小する2次元球面へ写像される．

- 像の球面は，最初始点Nから広がり，そして正反対の方向に向かって縮み始める．縮む方向は，第二の極S – Nに対する"正反対の極"へ向かっていく．

3次元球面のこの立体射影像を作図するために，単に2次元球面の赤道の像として図5.4におけるそれぞれの円を考える．

その図を描くためには，図5.4をもう一度よく見れば簡単に想像できると思うので，別の，もう少し芸術的な考え方で，作図の発想を説明したい．地上と天国の両方を描いている絵はイタリアルネッサンスの芸術では一般的であり，彼らはよく相対している天国と天使の球体を描こうとしている．私のお気に入りはティントレットの「ヴェニスの精，海の女王」であり，図5.6である．（私はアンドレアス・シュパイゼルの1925年の本，『古典芸術の中の数学』からティントレットを見るヒントを得た．シュパイゼルは本の最初に，ティントレット

5.3 平らな曲面と平行線公理   135

図 5.6 ティントレット,「ヴェニスの精:海の女王」

の別の絵画を示し,同心円を描いた 2 次元球面の内部とその絵画の類似について述べている.私は,ヴェニスの絵はより 3 次元球面に類似していると思う.)

5.3 平らな曲面と平行線公理

3 次元球面は曲がった空間の例であり,今までの説明で明らかなように,2 次元球面からの類推で,曲がった空間であることがわかる.曲率が明らかにわかる "外側" から見るので,2 次元球面は曲がっているといつも思っていた.しかし,前の節の議論の考え方から,曲率が曲面の内部からどのように明らかにな

るかを理解することができる——"外側"から見ることはできない空間の曲率を明確にするために，拡張する方法もわかってくる．面を"内側から"，あるいは，曲面を本質的に研究するという考えは，ガウスによって最初に体系的に研究された．もちろん，もっと早い時代から天文学，航海学，測量術との関連で本質的に球体が研究されていた．ガウス自身は1820年代，ハノーヴァーの王国を測量する責任があったので，彼自身の地球表面での測量経験を，曲面の研究へ一般化したのかもしれない．

　曲面の本質的な幾何学を展開するときに最初にしなければならないことは，"直線"とは何かを定義することにある．直線は曲面によって，直感的には決められない．なめらかな面上においてなら，2点を結ぶ最短の曲線の弧を直線と考える．なめらかな曲面上ならば，この一つの曲線の弧を"直線"あるいは"測地線"と呼ぶことに意味がある．十分に近い二つの点AとBの間には，実際唯一の測地線分ABがあり，それはAからBまでの面の上に糸をたるませず張ることによって，経験的に見つけられるものと同じであるだろう．そこで"直線"あるいは測地線は，十分短いこのような曲がった測地線分がつなぎ合わされている曲線として定義されてよいだろう．

　平面上では測地線は通常の直線であり，2次元球面上では大円である（2次元球面の中心を通る平面と2次元球面との共通部分になる円）．次節で，大円の幾何学や，それらがどのように球面の曲率を決めるかをさらに研究しよう．それまでは，私たちは他の平らな面上の測地線を学ぼう．よく円柱は，曲率があると誤って考えられることがある．円柱は確かに曲がっているように見えるが，本質的には曲がっていない．

円　柱

　円柱は完璧に平らである平面を丸めて作ることができるので，本質的には平らな面である．平面を筒のように丸めるために曲げるという作業は，実は，円柱を本質的に曲がったものにはしないのである．そのなかに住む生き物は，円柱の小さな領域と平面の小さな領域にある違いを理解することができないだろう．彼らはそれを"局所的に平ら"とみなしている．本質的な平らという感覚

5.3 平らな曲面と平行線公理

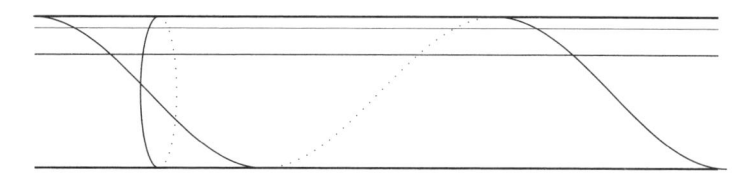

図 5.7 円柱の測地線

は，極所的な平ら以上の意味を持たない．曲面の曲率の概念は点の近傍（点の近く）において面がどれくらい平面から偏向するかを測るものであるから，完全に小さな領域における曲面の性質に関するものである．

円柱は平らではあるが，もちろん平面と同じではない．その違いは大きな領域，特に測地線の性質で明らかになる．短い測地線分は平面では短い線分と同様な性質を持つが，円柱の測地線は"丸められた直線"であり，図 5.7 に示されているように，三つのかなり異なる形をとることがある．

図 5.7 に円柱を描いておいた．測地線は，

- 水平方向の直線
- 螺旋，柱の回りを螺旋形にたどる，そして
- 側面に垂直な円

このように円柱の上の測地線は，少なくとも二つの点において平面内の直線と異なる姿を見せる．

- それらのうちのいくつかは有限である（円）
- 同じ 2 点を通る測地線が，二つあるいはそれ以上あるかもしれない（たとえば，螺旋や水平方向の直線）

ゆえに，測地線の最後の二つの性質は，面が本質的に曲がっているかどうかを判断することには使えない．曲率を見つけるためには，小さな領域で起こる曲面の平面幾何学からのずれを見つける必要がある．

第 3 章で平面幾何学が平行線の公理によってどのように決定されたかを考えれば，平行線の公理の"局所的な"結果は平面や他の平らな曲面の小さな領域

には適用できる．そうした結果の一つは，ピタゴラスの定理である．それは任意の小さな三角形に適用できるので，円柱といったような平らな曲面上の，十分小さな三角形に適用できる．そこで（たとえば球面の）曲率を見つける一つの方法は，ピタゴラスの定理が成立しないことを示すことである．これは原則的に可能だが，平行線の公理の局所的な結果を使うほうがより鮮明に曲率を調べることができる．それが，三角形の内角の和についての定理である．

内角の和の定理

　この定理は，三角形の内角を合計すると二直角になるということを述べている．この定理は二つの図形を使うと，平行線の公理から導かれることがわかる（図 5.8）．

　三角形の内角の和が二直角であることを示そう．下の図形は直線 AB と交わる一組の平行線である．平行線は交わらないので，AB が各側において平行線と作る角は，合計すると二直角より小さくなれない（3.1 節で説明した，平行線公理のユークリッド版）．唯一の可能性は，どちらの側においても角は合計するとちょうど二直角，つまり π になるということである．ゆえに A は図のように，それぞれの側に角 α と $\pi - \alpha$ を作る．

　今度は，右側の図形を考えてみよう．図のように三つの角 α, β, γ の三角形 ABC があり，AC に平行で B を通る平行線を描き加える．左の図形からちょう

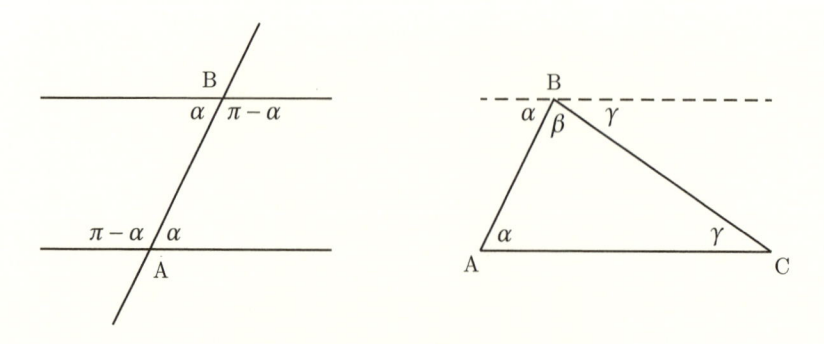

図 **5.8** 平行線の公理による等しい角度

どわかるように，Bにおける角 β の両側に，α, γ に等しい角ができる．このとき $\alpha+\beta+\gamma$ はBにおける直線が作る平角になるので，$\alpha+\beta+\gamma=\pi$ である．

□

（記号 □ は証明の終わりを表すことを思い出そう．）

次節で三角形の内角の和が二直角になることが成り立たない例を，2次元球面上での興味深い方法で示してみよう．このことによって，三角形の内角定理から曲率を見つけることができることを見てみよう．

5.4 球面と平行線の公理

5.3節で述べたように，2次元球面上の測地線は大円である．2次元球面の中心を通る平面と，その球面の共通部分が大円である．図5.9は大円のうちのいくつかを示している．さらに，その大円は球面上の三角形 ABC を作っている．

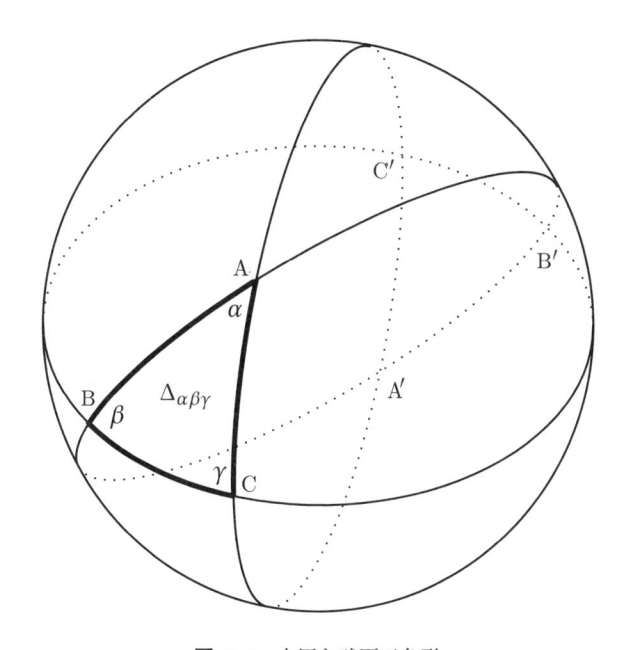

図 5.9 大円と球面三角形

球面上の測地線は，平面内の直線と少なくとも三つの異なる性質を持っている．

- それらは有限な閉じた曲線である．

- ある二つの点の組（たとえば北極や南極）は複数の測地線によって結ばれている．

- 平行線はない．実際，どんな二つの測地線も 2 点で交わる．

円柱についての考察から，最初の二つの性質は，曲面の曲率を正確に表すものではないことがわかる．しかし，三つ目の性質は，曲率を表す顕著な性質となる．すべての球面上の三角形において，内角の和は π より大きいということが示されている．そのことから 2 次元球面のどのような領域でも，それがどんなに小さくても，平面の領域のような性質は持たない．

実際，三つの角が α, β, γ である，すべての球面上の三角形に対して $\alpha+\beta+\gamma > \pi$ であるだけでなく，差 $\alpha+\beta+\gamma-\pi$ は，三角形の面積 $\triangle_{\alpha\beta\gamma}$ に比例している．この美しい定理——この定理が球面幾何学発展のきっかけになったのだが——は 1603 年にトーマス・ハリオットによって発見され，後にガウスによって，曲面の曲率と三角形の内角の和についての一般的な関係に拡張された．

ハリオットは二つの大円によって切り取られた有界な球面の部分を考えて，彼の定理を証明した（図 5.10）．球面の中心を通る二つの平面は，夏みかんを切り分けたときの，皮の部分のようなスライスを作る．そして，図のようにその球面から同一のスライスの組を切り取る．その二つのスライスは，大円を作る平面のなす角 α にその面積が比例する．そこで，S を球面全体の表面積とすると，角 α で作られるスライスの面積は $\dfrac{\alpha}{2\pi}S$ である．

そこでスライスを二つの部分に分ける．$\triangle_{\alpha\beta\gamma}$ の面積を持つ球面上の三角形と，この三角形をスライスから取り除いた部分の角 α で作られる面積 $\triangle_\alpha$ の三角形を考える．すると

$$\triangle_{\alpha\beta\gamma} + \triangle_\alpha = \frac{\alpha}{2\pi}S$$

が成立する．同じように，角 β を使って，

$$\triangle_{\alpha\beta\gamma} + \triangle_\beta = \frac{\beta}{2\pi}S$$

5.4 球面と平行線の公理

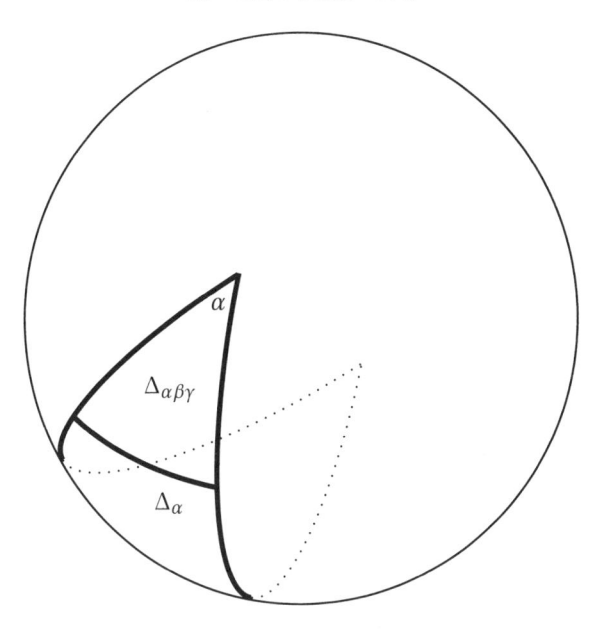

図 5.10 切断面と面積

同様に
$$\triangle_{\alpha\beta\gamma} + \triangle_\gamma = \frac{\gamma}{2\pi}S$$
が成立する.今作った三つの方程式の辺々をたし合わせると,
$$3\triangle_{\alpha\beta\gamma} + \triangle_\alpha + \triangle_\beta + \triangle_\gamma = \frac{\alpha+\beta+\gamma}{2\pi}S \tag{5.1}$$
もう一方で,先ほど考えた,二つに分けたスライスをすべてたし合わせて 2 倍すると,全表面積を求めることができる.このことから次の式が成立する.
$$2\triangle_{\alpha\beta\gamma} + 2\triangle_\alpha + 2\triangle_\beta + 2\triangle_\gamma = S$$
両辺を 2 で割ると
$$\triangle_{\alpha\beta\gamma} + \triangle_\alpha + \triangle_\beta + \triangle_\gamma = \frac{S}{2} \tag{5.2}$$
等式 (5.1) から等式 (5.2) を引くと次が得られる.
$$2\triangle_{\alpha\beta\gamma} = \left(\frac{\alpha+\beta+\gamma}{2\pi} - \frac{1}{2}\right)S = \frac{\alpha+\beta+\gamma-\pi}{2\pi}S$$

この式を整理すれば，

$$\triangle_{\alpha\beta\gamma} = (\alpha + \beta + \gamma - \pi)\frac{S}{4\pi}$$

よって，面積 $\triangle_{\alpha\beta\gamma}$ は $\alpha + \beta + \gamma - \pi$ に比例する． □

微分積分法によって，半径 R の球の表面積 S は $4\pi R^2$ であることが示される．これを使えば，先ほどの式は，

$$\frac{\alpha + \beta + \gamma - \pi}{\triangle_{\alpha\beta\gamma}} = \frac{1}{R^2}$$

となる．

このことから，半径 R の円の曲率を $\frac{1}{R^2}$（半径が大きいほど，曲率は小さくなる）と定義することは意味がある．$\frac{1}{R^2}$ は球面のガウスの曲率と呼ばれる．他の曲面のガウスの曲率については 5.6 節で考えることにしよう．

R^2 を使う上の公式は，球面のガウスの曲率が曲面内の計量から計算できることを予測させる．三角形の面積と角の和を計算することにより，平らな平面から，どのぐらいのずれを持った局面なのかを表すことができそうだ．三角形の内角の和が π からどのくらいずれているかによって，曲率が計算できるということを予想することができる．

5.5 非ユークリッド幾何学

ユークリッドは平面における直線の三つの性質を明確に仮定し，それらは現在ユークリッド平面幾何学と呼ぶものの主な特徴である．

- 直線は無限である．
- どんな 2 点でも，それらを通るただ一つの直線がある．
- どんな直線にも，その外側にある点を通り，その直線に平行なただ一つの直線がある．

"直線"を円柱や球面といったような曲面上での測地線と考えると，これらすべての性質が成立しないことがわかった．にもかかわらず，この章の最初の写

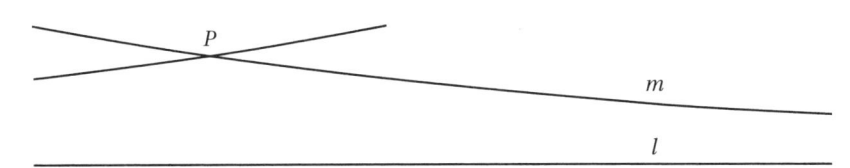

図 5.11 境界直線

真に示されているように，球面や円柱は，普通のユークリッド幾何学が成り立つ 3 次元空間中に存在している．ユークリッド平面と同時に存在している球面や円筒形の幾何学は非ユークリッド的——あるいは "あり得ないもの" ——とはみなされない．数学者を 2000 年もの間悩ませた，平行線の存在と一意性は，実に興味深い疑問である．この疑問は，ユークリッド平面幾何学における，直線の他の性質を使って証明できるかということである．

本来の "非ユークリッド" 幾何学は，もしそれが実際に存在するとしたら，すべての直線は無限であり，どんな 2 点を通るただ一つの直線が存在するが，平行の性質はある意味で成り立たないはずである．19 世紀になるまで，この意味での "非ユークリッド" 幾何学は発見されなかった．実際にそのような幾何学は不可能であるという証明をするための試みがあった．

最も完璧な試みは 1733 年，イタリアのイエズス会士ジローラモ・サッケーリ (Girolamo Saccheri) の著書 *"Euclides ab omni naevo vindicatus"*（『ユークリッドはすべてを不備を除去した』）である．サッケーリは，平行線の存在と一意性の証明を，それを否定するどんな選択肢も矛盾をもたらすということを使って行おうとした．最初の選択肢は平行線がまったくないということである．サッケーリは，これがすべての直線は無限であるということに矛盾することを正確に示した．もう一方の選択肢は，一つ以上の平行線が存在するということである．この場合，矛盾を見つけるのはより難しい．サッケーリは点 P を通る直線 l に平行な直線が一つ以上あるなら，P の側において漸近線と呼ばれる最も直線 l に近い平行線 m があることを示すことができた（図 5.11）．

さらに各漸近線は直線 l と無限遠において共通な垂線を持つ．これは成立しないように見えるが，実際は矛盾ではない（ユークリッド幾何学において無限遠の対象について話すのは妥当でない）．サッケーリは "それは直線の性質に

矛盾している"ということに基づいて拒否するしかなかった．実際，サッケーリは最初のステップを非ユークリッド幾何学の中に踏み込み，後の数学者はこの非ユークリッド直線の性質を嫌がるよりは，むしろ魅力的であると考えた．1733年から1800年の間に，成立しそうだが実際には証明不可能なユークリッドの平行線の公理を証明しようという夢を見た．しかし，信じがたいが，実際には存在が可能な非ユークリッドの世界を受け入れるという夢に逆転した．

おそらくガウスが非ユークリッド幾何学を真剣に取り上げた最初の人であった．彼の一生を振り返って，10代の頃に考え始めたと語っている．しかし彼は他の数学者からの嘲笑を恐れ，そのときも後にも自分の結果を発表しなかった．最初の非ユークリッド幾何学についての著作の出版は1820年代に現れた．ガウスの友人による，一般性の低いものである．完全な形の著作は1829年ロシアのニコライ・ロバチェフスキー (Nikolai Lobachevsky) と1832年ハンガリーのヤノシュ・ボヤイ (János Bolyai) によって独立に発表された．ロバチェフスキーとボヤイは，自分たちが新しい世界を発見したと考えた．その幾何に対する具体的なモデルをまったく持っていなかったけれども，完璧で美しいその幾何が実際に存在するに違いないと思い込んでいた．以下は彼らが発見した（あるいは再発見した）非ユークリッドの世界のいくつかの性質である．

- 三角形の角和は π 以下であり，角 α, β, γ の角を持つ三角形の面積は $\pi - \alpha - \beta - \gamma$ に比例する．

- 非ユークリッド空間はホロ球面という曲面を含む．この空間は"無限遠における中心を持つ球体"であり，その上ではユークリッド平面幾何学が成立している．さらに球面上の幾何学は，非ユークリッド空間の有限な球面上でも成立している．このように非ユークリッド幾何学はユークリッド幾何学及び球面の幾何学を含んだ幾何学である．——なぜなら，それは両方を含むからである．

- 球面の幾何学の各基本公式は非ユークリッド幾何学においても，それに対応するものが存在する．ただし，対応させるときには，$\sin, \cos$ 関数を双曲線 $\sin, \cos$ 関数によって置き換えなければならない．

$$\sinh x = -i \sin ix = \frac{e^x - e^{-x}}{2}$$

$$\cosh x = \cos ix = \frac{e^x + e^{-x}}{2}$$

たとえば，半径 R の球面上の半径 r の円の円周は，$2\pi R \sin\left(\dfrac{r}{R}\right)$ である．半径 r の非ユークリッド円の円周は，ある定数 R に対して $2\pi R \sin\left(\dfrac{r}{R}\right)$ である．

二つの世界における公式が，並行に対応するということは—球面におけるものと双曲線のもの—，ロバチェフスキーに双曲線の世界の公式が現実的な何かを述べていることを確信させたが，それが何であるのか？ 曲面の性質としてはたぶん "正反対の" 性質を持つ曲面であるはずである—非ユークリッド平面，後に双曲型平面と呼ばれる—が，そのような曲面が見つけられたのは 1868 年になってからであった．この双曲型幾何学を構成する困難さを理解するためには，曲面の幾何学，とくに負の曲率の概念を正確に理解しなくてはならない．

5.6 負の曲率

5.4 節で，半径 R の円の曲率を $\dfrac{1}{R}$ と定義した．1665 年，ニュートンはこの考え方を拡張して，あらゆる滑らかな曲線 K の曲率を定義した．ニュートンの定義は，点 P における曲線 K の曲率を，点 P において曲線 K を "最もよく近似する" 円の曲率と定める．（彼はこの円を，その中心が，点 P に無限小に近い点において曲線に直交する垂線の交点となる円と定めた．これにより，微分積分法によってその曲率を計算することができるようになる．）

点 P における曲面 S の曲率を定義するために，P において S と直角なすべての平面を考える．これらの平面による点 P における曲面 S の切り口（すなわち平面と曲面 S の共通部分）となる曲線を考える．これらの切り口の曲線の中に，一つの最大曲率 $\kappa_{\max}$ と最小曲率 $\kappa_{\min}$ がある．これらは主曲率と呼ばれ，曲面の曲率を定義するためにさまざまな方法を組み合わされて使われる．よく使われる方法は，それらの積 $\kappa_{\max} \times \kappa_{\min}$ を計算することである．この数値を，

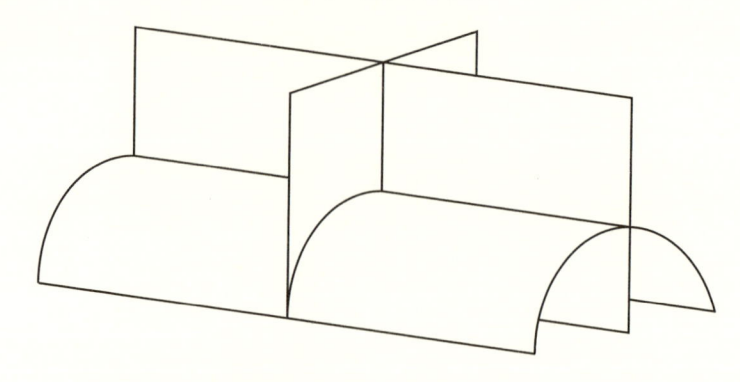

図 5.12 円柱と主曲率の切り口

点 P における曲面 S のガウスの曲率と呼んでいる．なぜこれが曲率をよく表しているのかを説明するために，いくつかの例を考えてみよう．

S が半径 R の球面なら，S のすべての切り口はどの点においても半径 R の円である．すでに 5.4 節で述べたように，球面はすべての点で曲率 $1/R^2$ を持つ．ガウスの曲率が球面の性質から計算できるということも，ガウスの曲率の注目すべき特徴であり，大きな価値なのである．それはあらゆる滑らかな面の本質的な性質であり，1827 年ガウスによって発見された事実である．

円柱については，主曲率は図 5.12 に示された垂直な面での切り口から計算される．切り口の一つは，そのうちの一つは直線であり（"無限の半径の円"），曲率 0 を持つ．このことから，円柱のガウスの曲率は 0 である——平面と同じである——円柱は本質的には平らな面なので，この結果は当然である．

球面は正の定数のガウスの曲率を持つ曲面なので，球面の性質と"正反対の"性質を持つ曲面は，負の定数の曲率を持つはずである．負の曲率は，球面とサドル（図 5.13）のような二つの零でない曲率を持つ曲面を区別するための方法として意味がある．

球体上では，主曲率を与える二つの円の中心は，曲面の同じ側にある．サドル上では主曲率を与える円の中心は，曲面の正反対の側にその中心を持つ．曲率の二つの中心が正反対の側にあるとき，ガウスの曲率に負の記号を与えることによって二つの状況を代数学的に区別する．このようにサドルのガウスの曲率は負であり，負に曲がった曲面は局所的にはサドルのように見える．

5.6 負の曲率

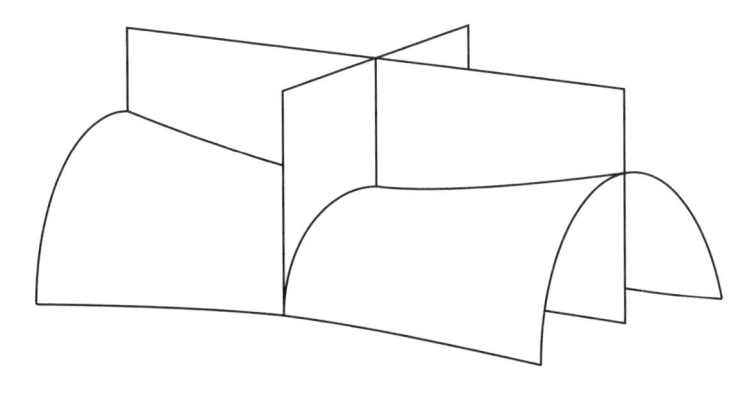

図 5.13 鞍型曲面と主曲率

　負の定曲率の曲面は確かに存在するが，どれも球面のように簡単に表現できるものではない．もっともよく知られた例は擬球面と呼ばれている．追跡線と呼ばれる曲線を水平軸の周りに回転させることによって得られる無限のトランペット型の曲面である（図 5.14）．

　追跡線は 1676 年にニュートンによってはじめて研究された．それは定直線からの接線の距離が定数 a である曲線として定義される．また，より日常的な言葉を使うと，まっすぐに歩く誰かによって長さ a のロープを着けられた石が動く道として定義してもよいかもしれない（図 5.14 の左の絵）．追跡線は曲率が左の端点では無限になるため，左の端点を超えて滑らかに曲線をつなげるこ

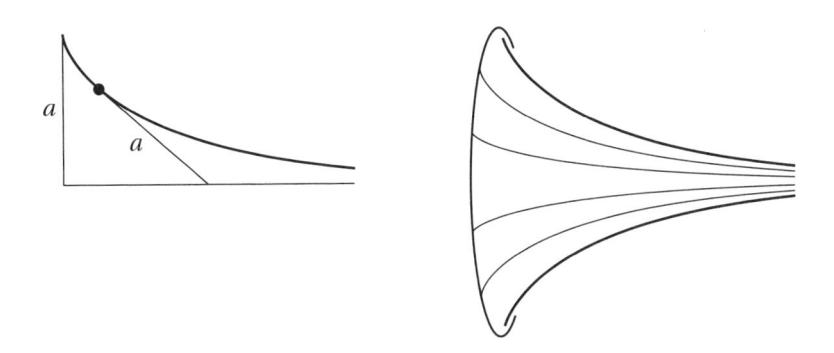

図 5.14 追跡線と擬球面

とができない．擬球面は図 5.14 の右の絵に示されているように，追跡線を直線の回りに回転させることによって得られる面である．それは回転する追跡線の左の端点によって描かれる境界円をもつ．追跡線と擬球面のいくつかのよい性質は，新しい方法である微分積分法を使った研究が，数学者によって楽しまれていた 17 世紀の終わりに発見された．しかし擬球面の本質的な重要性は，1830 年代になってやっとわかってきた．それは，擬球面のガウスの曲率が定数であるとわかったときであった．

1840 年，ドイツの数学者フェルディナント・ミンディング (Ferdinand Minding) は，ガウスの曲率が定数である曲面上の三角形の辺の長さと角の間の関係を解決した．そして，それは仮説であった非ユークリッド平面における三角形の公式としてすでに知られていたものの拡張であった．（この三角形に関する公式は，ロバチェフスキーによって同じ雑誌に 3 年早く発表されていた．）今日では非ユークリッド幾何学の実在性は普通に理解されている．その実在性を証明することに，確実に近づいたことになるこの公式の発見は，感動を引き起こさずにはおかないと思われたが，そうはならなかった．この結果はあまり注目を集めず，その理由を理解するのは難しい．ロバチェフスキーだけが関心を持ったのかもしれない．あるいはミンディングの結果が十分に精密でなかっただけなのかもしれない．それは擬球面が局所的に非ユークリッド平面のようであり，サッケーリの"漸近線"を曲面の追跡曲線による切り口によって作ることが可能である．しかし，それは境界円で止まるので，擬球面は平面より非ユークリッド柱のようで，それも片側に伸びる円柱に近い．

5.7 双曲型平面

擬球面の性質上，そこでの"直線"は一つの方向において無限大まで続く．このことは，すべての直線は無限に延長できるというユークリッドの要求からは，かなり異なるものになっている．追跡線分の一つに沿って擬球面を切り開くと，考える非ユークリッド平面における，無限の直角三角柱である．実際，普通の空間では，あらゆる負の定曲率面を，すべての方向になめらかに広げることは不可能であった．この方法は，1901 年まで証明されなかったが，問題

5.7 双曲型平面

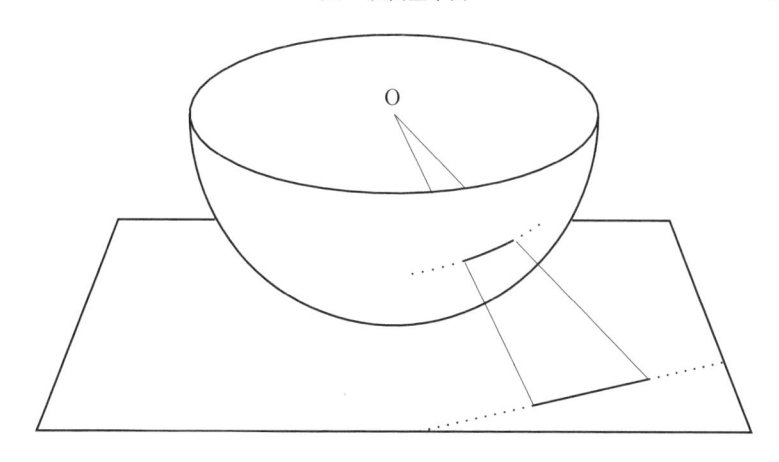

図 5.15 中心射影

点が 19 世紀に気づかれ，1868 年イタリアの数学者エウジェニオ・ベルトラミ (Eugenio Beltrami) が，この問題についての鮮やかな解決方法を発見した．彼は，曲面に直接取り組むのではなく，曲面を平面上に投影することによって解決したのである．

ベルトラミは，どのような曲面の測地線が平面上に直線として射影されるかを考えることから，1865 年にこの問題の解決方法を考え始めた．彼の得た答えは，厳密にガウス曲率が定数である曲面であるということだった．たとえば，球面上の大円は平面上の直線に写像できる．この作用を起こす写像（正確には，半球面に対して）は図 5.15 に示されている中心投影である．球面の中心 O から出る光線は，どの大円全体を通るときでも平面を作る．この平面は，他の平面と交わるときは，当然直線を作る．このように，O から平面への射影は，大円を直線に写す．ただし，図のように曲面の半分においてである．

負の曲率の曲面では，状態が正反対となる．曲面のすべてが写像されるのは，平面の一部分の上にだけである．実際，像はいつも自然に開円盤に収まる（つまり，円板からその境界円を除いたものになる）．

たとえば擬球面の像は，図 5.16 に示されているようにくさび型である．擬球面上の漸近追跡線は，線分に写り，その線分は円盤の境界上の点で交わりくさび型を作っている．それらの線分の交点は "無限遠における点" とみなされる．

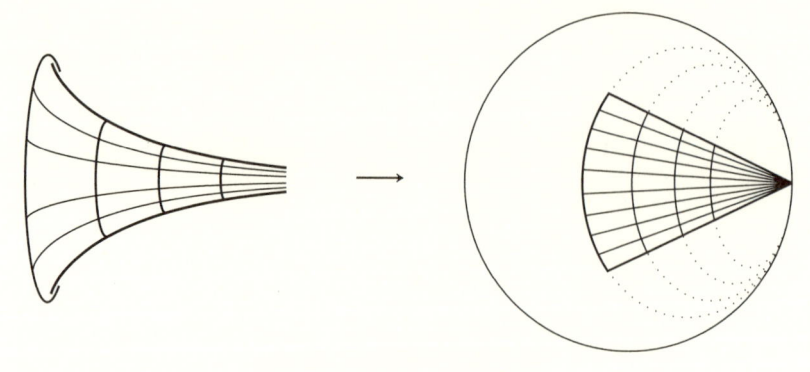

図 5.16 擬球面と測地線の保存

平面で擬球面を切断してできる円は——測地線ではない，球面上の緯度を表す円により近い役割をしている——くさび型の端点において円盤の境界に接する楕円へ写される．（楕円の点線部分は，柱を展開するように擬球面を"展開した"結果を表している．）

明らかに，くさび型は開円盤を埋め尽くすことはないが，開円盤へ自然に拡大することはできる．擬球面は点線の楕円に沿ってずっと"展開され"（ベルトラミは擬球面の回りに何度も無限に巻きつけられた面を想像し，巻いている面を円盤へ写像することによって，これを証明した），各線分は円盤の後方に延長され，反対側へ拡張される．

くさび型内の点の間の"距離"は，擬球面上の対応する点の間の距離とみなされる．それにより，距離の概念もまた全開円盤へ自然に拡張できる．この距離を偽距離と呼ぼう．擬球面上の測地線分は点の間の最短距離を与えるので，測地線分の像である円盤内の線分は，円盤上の端点間で，もっとも短い偽距離を与える．また擬球面の長さは無限なので，開円盤内のあらゆる点から境界円への偽距離は無限である．

このように，開円盤は無限な"平面"として解釈され，擬球面の"点"は円盤の点であり，"直線"は円盤の境界点で結合する線分であり，"点"間の"距離"は偽距離である．各"直線"は無限であり，どんな2"点"も，必ずそれらを通るただ一つの"直線"がある．しかし"平面"は図5.17に示すように，非ユークリッド的である．どんな"直線"$\mathscr{L}$とその上にない"点"Pに対して，$\mathscr{L}$と交わ

5.7 双曲型平面

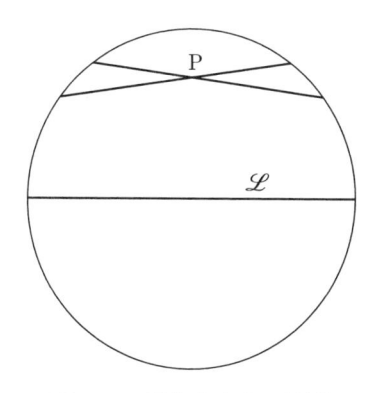

図 5.17　双曲型平面の平行線

らない P を通る多くの直線がある.

　この非ユークリッド平面は，双曲型平面と呼ばれる．より正確に言えば，球を平面に写す地球の地図にさまざまな描き方があるように，双曲型平面もさまざまな写像があるので，双曲型平面の一つのモデルである．しかし，現実の地球によって形がわかる地球の例とは異なり，現実としての双曲型平面を見ることはできない．私たちはそのモデルを通してのみ，双曲型平面を理解している．そして特定のモデル一つを "本物" として選ぶ理由がない．ちょうどいま描かれたモデルは射影モデルと呼ばれるものである．このモデルでは "直線" はまっすぐに見えるが距離と角度は曲がっているので，実際に射影をした見え方と似ている．実際には等角写像のモデルもある．それらは無限小の図形の角度と形を保存するが，直線はまっすぐには写らない．

　図 5.18 は双曲型平面の二つの見方を示している．左側はオランダの芸術家 M.C. エッシャー (Escher) による「円の極限 IV」であり，等角写像の見え方である．たとえば翼の先端が同じ角度であらゆるところで交わっていることがわかると思う．

　右側の絵は射影写像で変換されている．どちらの絵においても天使と悪魔は，双曲型曲面の距離の定め方による方法により，すべて同じ大きさである．与えられた曲線の双曲型曲面での長さを考えるためには，それに沿って位置する天使の数を数えることによって大体は見積もることができる．また 2 点間の "直線" は最小の長さの曲線になる．つまり天使と悪魔の最小数を通る曲線である．

第5章 曲がった宇宙

図 5.18 等角写像と射影円盤モデル

左の絵でこれら "直線" は境界円と直角をなす円の弧であり，右の絵では普通の線分である．

図 5.19 は半平面モデルと呼ばれる，別の等角写像の変換でのモデルである．

図 5.19 半平面モデル

そのなかの"直線"は境界と直角をなす半円である．

5.8 双曲型空間

双曲型空間と呼ばれる，一定の負の曲率を持った3次元空間を考えることもできる．この空間には，さまざまなモデルがある．射影モデルは，開いた3次元の球であり，境界球面上の点を結ぶ線分が"直線"と考えられる．双曲型空間を内側から見た姿を表現したのが，図5.20 である．

この図の原画は，チャーリー・ガン (Charlie Gunn) によって作られた．次のサイトで見ることができる．http://www.geom.uiuc.edu/graphics/pix/Video_Productions/Not_Knot/NKposter.1500.html

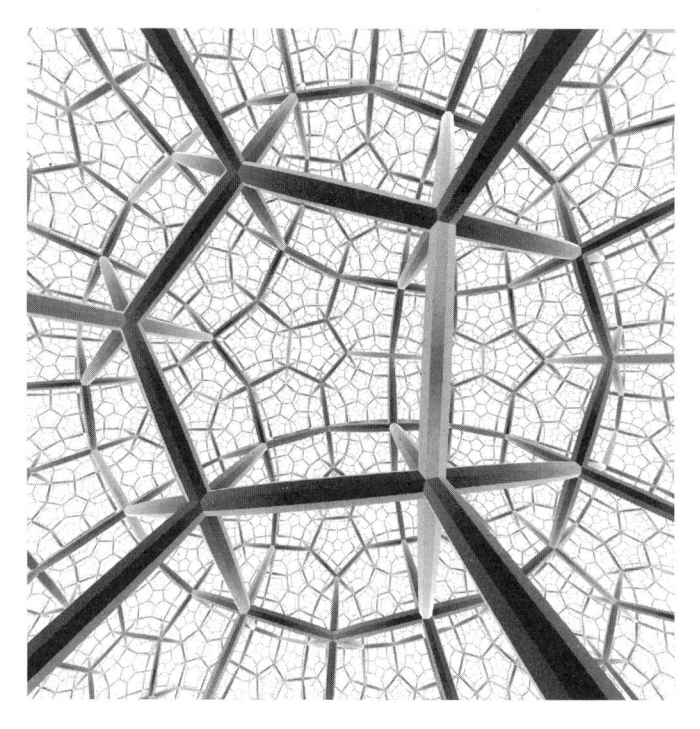

図 5.20 双曲型曲面（*Not Knot*, A.K. Peters, 1994 より）

この図は，元の図のネガになるように描いている．それは黒い空より白い空の方がはっきりと特徴がわかるからである．この図では"直線"（光が通る直線の束）は本当にまっすぐに見えるが，"直線"から等距離の点（光線の束の周り）は曲線上にあるように見える．これは双曲型平面の奇妙な性質を示している．"直線"から等距離の点は"直線"上にない．（同様なことは球体上でも同じである．大円から等距離の点は大円上にはない．それらはより小さい円の上にある．）直線から等距離の点が直線上にあるのは，ユークリッド平面内だけである．

この空間の非ユークリッド的な性質は，多角形の内角にも認められる．ユークリッド幾何での正五角形は $3\pi/5$ に等しい角度を持つが，この空間の中では角度が直角である多くの五角形を見ることができる．

5.9 数学的空間と現実の空間

> この著書の目的は，抽象的な幾何学の具体的な反例を作ることである．とは言っても，新しい幾何の公理の価値は，反例の存在する可能性には左右されないということを，忘れるつもりはない．
>
> ——エウジニオ・ベルトラミ，『非ユークリッド幾何学の解釈について』

非ユークリッド幾何学の発見は19世紀における数学の発展，また20世紀における物理学の発展に大いに影響を与えた．それとともに，数学者はこれまで避けてきた問題に答えなければならなくなった．

- 幾何学とは何か？

- 私たちのもつ空間の感覚的イメージは数学的に正確か？

- 現実の空間は私たちの感覚的イメージと一致するか？

- 一つ以上の幾何学の存在は論理的に可能か？

5.9 数学的空間と現実の空間

　中世の有限宇宙の考えが流行したときなどの，もっと早い時期に，これらの問題が数学者に影響を与えなかったことは少し驚きである．どんな理由があるにせよ，ユークリッドの幾何学（現在ユークリッドの幾何学と呼んでいるもの）が現実の空間を表す幾何学であり，他のいかなる空間もありえないという完璧なコンセンサスの下に，17世紀と18世紀の科学と数学の偉大な進歩は起こっていた．偉大なドイツの哲学者イマニュエル・カント（Immanuel Kant, 彼は天文学へも相当の貢献をし，1755年に太陽系の起源 "星雲仮説" を提出した）は，幾何学は形式的演繹であると主張することで，幾何学と現実の間の明白な一致を説明しようとした．彼は天文学と数学的空間はともに必ずユークリッド的であることを示せると信じていた[†]．

　カントの考えはわかりづらいものであり，適切な説明ができるかどうか確信はない．しかし，幸運なことに，カントの考えが説明されるとした，幾何と現実空間の一致は存在しないので，彼の考えを説明する必要はなくなった．私たちは現在，天文学的空間は球形でも，ユークリッド的でも，あるいは双曲的でもない，一定の曲率を持つ空間ではないことがわかっている．この事実を調べるためには，とても繊細な測定が必要だった．空間の曲率は私たちが住むところでは小さいが，ブラックホールのような，現在観察可能になっている宇宙内の領域においては異なる現象が起きるので，曲率の観測は重要である．地球の近くにおいてさえも，全地球測位システム（GPS）といったような，一般に使われているものでも，空間曲率の正確な測定が必要になっている．

　いずれにせよ空間の曲率が最初に発見されるよりはるか以前に，ベルトラミの双曲型平面の構成は，もう一つ別の幾何学が存在可能であることを示した．ベルトラミはユークリッド空間が存在することを仮定し，"直線" と "距離" の特別な定義（つまり，単位円盤の中の線分と偽距離）をする．このことにより，ユークリッド空間の中に非ユークリッド空間を構成した．これはボヤイとロバチェフスキーの幾何学は，論理的にユークリッドの幾何学と同じような意味を持つことを示している．"直線" と "距離" を持つ空間があって，それがユーク

[†] カントと非ユークリッド幾何学は，よく哲学者によって扱われる話題である．カントは，数学者によって鼻を非ユークリッド幾何学の中に擦りつけられて，．．．．

リッド幾何と同じ性質を持つならば，その"直線"と"距離"を持つ曲面が，ボヤイとロバチェフスキーの幾何の性質を持つように構成することができる．

とくに双曲型平面は平行線の公理以外のすべてのユークリッドの公理を満たすので，平行線の公理はユークリッド幾何の他の公理から証明することはできない．この平行公理の独立性はドイツの数学者フェリックス・クライン (Felix Klein) によって，初めて明確に言及された．彼は 1871 年に，射影幾何学から直接ベルトラミの射影モデル（球面幾何とユークリッド幾何学もともに）を再構築した．1873 年にクラインは次のように述べている [50, p.111]．

> 非ユークリッド幾何学は決して平行線の公理の妥当性を決定するために作られたのではない．平行線の公理が他のユークリッド幾何の公理による数学的結果であるかどうかを考えることを意図している．そして，その結果は決定的な否定である．なぜなら … これらの残りの公理は，ユークリッド幾何学を単に特別なケースとして含む幾何を構築するのに十分である．

私はまだユークリッドの公理が何を意味していたかを，正確に述べていない．その理由は，数学者はベルトラミとクラインが発見するまで，平行線の公理についてあまり考えていなかったからである．ユークリッド空間が唯一の空間と考えられている限り，その"明らかな"性質は当然のことと思われていた．公理として述べられるときもあれば，単に無意識の仮定として述べられることもあった．双曲型幾何学の発見とともに，少なくとも二つの，ともに成立する公理系があることが明らかになった．一つは平行線の存在と一意性（ユークリッド幾何学），一つは平行線の存在とその一意性がない幾何学（双曲型幾何学）である．そして考えられる限りでは，数学者がユークリッドの『原論』を詳しく見ると，すぐに，述べられていない仮定が使われていることを発見するので，より多くの幾何学が見過ごされてきたのがわかる．

その状況は 1899 年にヒルベルトが「幾何学の基礎」を書いたことにより，非常に明確な形で解決された．ヒルベルトは平行線の公理を含む，ユークリッドの幾何学の 20 の公理を作り，そこからユークリッド幾何学を展開した．また彼は，ユークリッドの平行線の公理（一つの平行線）をボヤイとロバチェフス

キーの平行線の公理（一つ以上の平行線）で置き換えることにより，双曲型幾何学を構成することができることをも示した．このように平行線の公理は，厳密に負の定曲率の幾何学から，ゼロ曲率の幾何学を区別するものであったのである．

幾何学の算術化

　上で述べたように，現実の空間は定曲率ではない．その曲率は，空間の中にある物質の分布によって決定される何かによって変化する．そのような空間の幾何学は，"直線"（測地線）といった大域的に定義されるものを規定する公理によって，簡単に理解されることはない．しかし，簡潔に幾何学的な性質を表すなら，無限小の線分に関する方程式によって表現できる．基本的な方程式で無限小における曲率が計算できる．それらの曲率を計算する基本方程式は，1854年，ガウスの弟子であるリーマンによって与えられた．リーマンの仕事は，150年間の幾何学における偉大な進歩のうちのいくつかに，大きなきっかけを与えている．ベルトランの非ユークリッド幾何学の解釈や，アルバート・アインシュタインの重力理論，そしてGPSまで，多くの幾何学の進歩に貢献している．

　第4章で無限小の幾何学のいくつかの例を説明した．ここでは，その考えをさらに広げることはしない．その考え方は，実数の座標を持つ点に依存して，その現実の数字は，すべての数理物理学に対して非常に重要である，ということがわかれば十分である．

　この見方からすれば，一定の曲率の幾何学は "直線" についての公理を通してみると，例外的に単純で考えやすい幾何学である．しかし，これは座標を通して幾何学を考えることによって，すべてが明確になるというわけではない．一定の曲率の幾何学（球面，ユークリッド的，双曲型）は，それらの代数学的特長によって座標幾何学としても特徴的である．4.5節で見たように，ユークリッド幾何の直線上の点の座標は，いわゆる線形方程式（1次方程式）を満たしている．線形方程式の理論は線形代数と呼ばれ，すべてのユークリッド幾何学を表現することができる．さらに，線形代数は射影幾何学も含むので，その

射影モデルを通して球面,双曲型幾何学も含んでいる.

　実数が座標として使われるとき,座標に含まれる数字の数は考えている幾何の次元である.それで平面を2次元,空間を3次元と呼んでいる.しかし,第2章で考えたそれらの幾何学的性質の知識からすると,複素数が幾何の表現として,かなり有効であると期待することができる.複素数はユークリッド幾何学に対するより,球面や双曲型幾何学に適するかどうかが重要になる.興味深いことに,双曲型幾何学が発見されるだいぶ前,1800年頃研究された複素数の性質のなかに,双曲型幾何学の性質を見つけることが可能なのである.これはベルトラミとクラインに続く,非ユークリッド幾何学へ貢献した3人目の偉大な数学者——フランスのアンリ・ポワンカレ(Henri Poincaré, 1854-1912) によって発見された.

　ここで,ポアンカレの業績を説明することは本題と遠く離れてしまうので,興味がある読者には,『双曲型幾何学の理論』を勧めておく.ただし,3次元の数はあるのか? という問を考えることに関連して,次章で複素数の幾何学的な面をさらに深く考えてみよう.

第6章 4次元

はじめに

　宇宙は平らであるという考えは根強くあるが，宇宙が3次元であるという考えよりは，簡単に乗り越えられることである．私たちは曲がった空間を視覚化できるが，もともと，互いに垂直な三つの方向の直線に，さらに垂直な直線を視覚化することは，本来は不可能ではないだろうか．おそらくこのような理由により，4次元の考え方は，1840年代の非ユークリッド幾何学より後に現れた．
　そのときでさえ，4次元はかなり偶然に現れた．それは，3次元を表せる数を創造する試みに失敗したことから現れたのである．2次元の数は知られていて（複素数），それは絶対値の乗法性質 $|u||v|=|uv|$ を持つことがわかっていた．しかし，2次元より大きな次元で，絶対値の乗法を先ほど書いたように表現するのは不可能に思われる．四つの相互に垂直な方向をどう表現するか．3次元ではこれは不可能である！しかし，それが可能となる驚くべき方法があった．三組の数ではできなくても，四組の数ならば，加えたりかけたりすることが可能な数がであることが明らかになる．
　これは四元数の4次元の算術によって解決された．この系は，すべてではないが，実数と複素数の性質を，ほとんど持っている．この数，四元数は四つの座標を持つことから4次元といわれているが，四つの座標軸を視覚化する必要はない．この4次元空間を議論するときに，幾何学的言語を使用したいという強い気持ちが作用している．
　まずはじめに，四元数は3次元空間における対称性への優れた表現法を与えてくれる，特に正多面体の表現について優れている．しかし，この数はさらに，4次元の対称図形の集合である多面体について，3次元の正多面体と同じくらい

注目すべき表現を与えることができる．そして人は4次元空間が単なる四元数の組ではないことを確信するようになる．それは真実の幾何学の世界である．

6.1 パリの算術

第2章で複素数について，その幾何学的解釈である (a,b) 平面上の点として理解できることを説明した．その前に，複素数 $a+bi$ が実数の順序対 (a,b) と見なせることを簡潔に述べた．この二つの実数の組のたし算やかけ算についての理解を深めることは大切である．それは，数の三つの組，四つの組などに対して，同じ計算を行う可能性が生じるので，大きな意味があるのである．

複素数を実数の対として扱うことを最初に示唆したのは，アイルランドの数学者ウィリアム・ローワン・ハミルトン (William Rowan Hamilton) で，1835年のことである．その考えは複素数の性質を実数の性質に直すことである．——この考え方により $\sqrt{-1}$ という不可解なものを使わないですむ．この不可解な数は複素数の性質について，私たちに何も新しいことを教えてはくれない．実際，ハミルトンの研究目的は三つの組の算術（とその後，四つの組，五つの組，など）を見つけることであった．彼の作った2個の数の組が作る算術が，あらゆる正の整数が n 個で作る組についての算術へ広がる，一般的な規則を作っていくことであった．

2.5節で考えたように，ハミルトンの2個の数の組が作る算術は次の式によって定義された加法を持ち，

$$(a_1, b_1) + (a_2, b_2) = (a_1 + a_2, b_2 + b_2)$$

そして次の式によって定義された乗法を持つ．

$$(a_1, b_1)(a_2, b_2) = (a_1 a_2 - b_1 b_2, a_1 b_2 + b_1 a_2)$$

数の組の加法と乗法についての規則は，複素数 $a+bi$ を (a,b) と書き直したときの，複素数 $a+bi$ の加法，乗法についての規則である．ということは，これらの二つの数の組の計算規則は，複素数の計算規則であるから，3.7節の代数学

の規則を満たしている．同じ理由で，二つの数の組の絶対値 $|(a,b)| = \sqrt{a^2 + b^2}$ は乗法の性質

$$|(a_1, b_1)||(a_2, b_2)| = |(a_1a_2 - b_1b_2, a_1b_2 + b_1a_2)|$$

を満たしている．そして，これはディオファントスの2乗恒等式に等しい．

$$(a_1^2 + b_1^2)(a_2^2 + b_2^2) = (a_1a_2 - b_1b_2)^2 + (a_1b_2 + b_1a_2)^2$$

　加法についての代数学の法則が満たされるように，三つの数の組のための加法を定義する自然な方法は，次の節で説明しよう．さらに，三つの数の組の代数学における主な問題は，乗法が代数学の法則を満たし，絶対値の乗法法則を満たすように定義することができるか，というになる．ハミルトンは少なくとも13年の間，定義を探したが，彼が望んだものは見つけられなかった！

　これらの性質を持つ乗法は，四つの数の組，五つの数の組，そしてより大きな，すべての n に対する数の組に対して成立しない．状況は彼がそれまで知り得たことよりも，もっと困難である．それにもかかわらず，ハミルトンは特別な数を見いだした．四元数と呼ばれる四つの数の組の算術では，代数学の法則の一つ以外のすべてを満たし，乗法の法則を満たしている．

　ハミルトンの四元数の発見は，"ほとんど不可能"に近い発見であると考えられている．この発見は彼が生きた時代より，今日において高い評価を受けている．四元数は驚くべき，まれな性質を持っている．（そして n 次元の観点から，実数と複素数も驚くべき存在である．）私たちは現在，より大きな n の値に対する四元数のようなものはなく，$n = 8$ に対してのみ若干近い性質の数を作ることが可能であることがわかっている（6.5節参照）．特に，三つの数の組の代数学について，四元数のような代数が構成できない理由を，今はかなり簡単に説明することができる．

　この3次元における構成が不可能であることを，次の二つの節において説明しよう．

6.2 三つの組の算術の世界の探検

> 1843年10月初旬,毎朝,朝食に行く途中で兄さんのウィリアム・エドワードとお前がよく私に尋ねたものだ.「えーと,パパ,三つの数の組をかけ算することができる?」その質問に,私はいつも頭を悲しく振りながら「いや,それらをたしたり引いたりすることしかできない」と答えなければならなかった.
>
> ――サー・ウィリアム・ローワン・ハミルトン,彼の息子への手紙,
> 1865年8月5日

ハミルトンは三つの数の組を加える簡単で自然な方法,つまりベクトル加法を定義した.対応する座標どうしをたし合わせるという,1つの実数,二つの実数の組についてのベクトルの加法を拡張したのである.もし $v_1 = (a_1, b_1, c_1), v_2 = (a_2, b_2, c_2)$ ならば $v_1 + v_2 = (a_1 + a_2, b_1 + b_2, c_1 + c_2)$ と定義する.この加法の定義は明らかに n 個の数の組からなる要素に一般化できて,普通の数の加法と同じ代数的性質を持つ.

$$u + v = v + u$$

$$u + (v + w) = (u + v) + w$$

$$u + \mathbf{0} = u$$

$$u + (-u) = \mathbf{0}$$

これらの等式を 3.7 節に書かれている代数学の法則と比較してみよう.ここで,式の中の $\mathbf{0}$ はゼロベクトル $(0, 0, 0)$ を表し,$-u = (-a, -b, -c)$ はベクトル $u = (a, b, c)$ の加法における逆元である.

困難な部分は絶対値が代数の乗法法則を満たすように作れるかということにある.$v = (a, b, c)$ の絶対値 $|v| = \sqrt{a^2 + b^2 + c^2}$ が次の乗法法則を満たすように定義できるかどうかである.

$$|v_1|^2 |v_2|^2 = |v_1 v_2|^2 \tag{6.1}$$

6.2 三つの組の算術の世界の探検

ここで

$$v_1 = (a_1, b_1, c_1) \text{ であり } |v_1|^2 = a_1^2 + b_1^2 + c_1^2$$

$$v_2 = (a_2, b_2, c_2) \text{ であり } |v_2|^2 = a_2^2 + b_2^2 + c_2^2$$

$v_1 v_2 = (a, b, c)$ なら，乗法法則 (6.1) は次のようになる．

$$(a_1^2 + b_1^2 + c_1^2)(a_2^2 + b_2^2 + c_2^2) = a^2 + b^2 + c^2 \tag{6.2}$$

このとき a, b, c は，$a_1, b_1, c_1, a_2, b_2, c_2$ の関数である．これらの関数がどんな関数になるかは明らかではないが，一つがすぐにわかる．$a_1, b_1, c_1, a_2, b_2, c_2$ が整数ならば，a, b, c は整数である．このことから，これを満たす関数は存在しないことがわかる．なぜなら，もし存在したとすると，3 乗恒等式があるはずであり，とくにある整数 a, b, c に対して

$$(1^2 + 1^2 + 1^2)(0^2 + 1^2 + 2^2) = 15 = a^2 + b^2 + c^2$$

が成立するはずである．しかし，この式は成立しない．正の整数 $a, b, c < 15$ に対して和 $a^2 + b^2 + c^2$ を調べれば，この式は成立しないことが証明できる．

この例は，ハミルトンの二つの組の数の積に関する関係式が，三つの数の組には成立しないことを意味している．彼は何年も失敗しながら，三つの整数の組について，この積を探していた．ということは，上に書いた $a^2 + b^2 + c^2$ が存在しないという，事実に気づいていなかったように思われる．3 乗の和は数十年前に，フランスの数学者エイドリアン=マリー・ルジャンドル (Adrien-Marie Legendre) の著書『数論』において，同じような結果が明らかにされている．ハミルトンは明らかに，数の理論についての論文を十分読んでいなかったようだ．ルジャンドルは，『数論』において，次の関係を述べている．

$$(1^2 + 1^2 + 1^2)(1^2 + 1^2 + 4^2) = 63 \neq a^2 + b^2 + c^2 \quad a, b, c \text{ は整数}$$

(この例は，ゼロでない自然数の 2 乗の和に分解できる最も小さな自然数を与えている．)

このように単純な算術計算でも，三つの数の組が作る，絶対値の乗法法則が成立しえないものであることを示すことができる．たとえ完璧な形で成立する

ことを望まない場合でも，絶対値の乗法法則は成立しない．次の節で，$n > 2$ を満たす，あらゆる n 個の数の組に対して，絶対値の乗法法則が成立する可能性がないことを証明する．

6.3　なぜ $n \geq 3$ のとき n 個の数の組は，数の集合の演算ができないのか

　三つの数の組に対して，絶対値の乗法法則が成立しないことを完全に証明するため，2.6 節で行った，数の組の絶対値についての乗法法則を幾何学的に考えてみよう．三つの数の組 a, b, c を図 6.1 のような，ユークリッド 3 次元空間における点の座標 (a, b, c) として見る．

　すると絶対値 $|(a, b, c)| = \sqrt{a^2 + b^2 + c^2}$ は，原点 O から点 P $= (a, b, c)$ までの距離である．これは図 6.1 においてピタゴラスの定理を使えばわかる．辺 OQ は，2 辺 a と b を直角で挟む辺としてもつ，直角三角形 ORQ の斜辺である．ゆえに OQ $= \sqrt{a^2 + b^2}$．また OP は辺 OQ $= \sqrt{a^2 + b^2}$ と c を直角で挟む角として持つ，直角三角形 OQP の斜辺である．ゆえに，OP $= \sqrt{a^2 + b^2 + c^2}$．

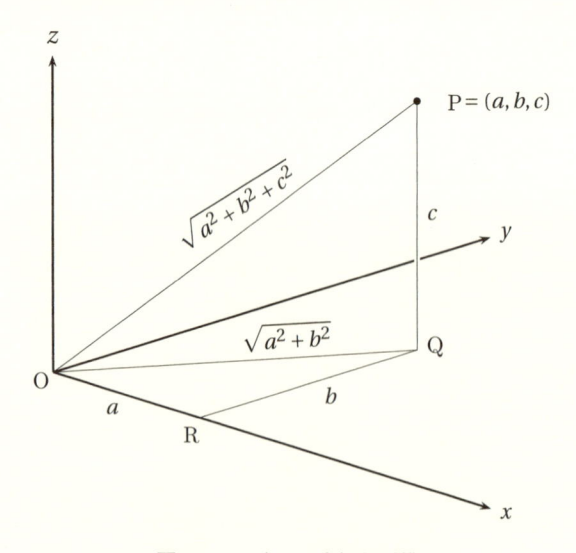

図 6.1　3 次元の座標と距離

6.3 なぜ $n \geq 3$ のとき n 個の数の組は，数の集合の演算ができないのか

2.6 節において二つの数の組に対してしたように，どんな三つの組 v と w に対しても次のようになる．

$$|w - v| = v \text{ と } w \text{ の間の距離}$$

そして，もし三つの組の積が分配法則 $u(w - v) = uw - uv$ を満たすなら，絶対値の乗法法則は次の式を成立させる．

$$uv \text{ と } uw \text{ の距離} = |uw - uv| = |u(w - v)|$$
$$= |u||w - v| = |u| \times v \text{ と } w \text{ の距離}$$

このように，もし3次元空間におけるすべての点に点 u をかけるなら，すべての距離は定数 $|u|$ 倍される．$|u| = 1$ のとき，この空間の距離は変化しない．$|u| = 1$ である場合に u 倍すると，空間は固体として変換され，とくに角度は保存される．

今，ベクトルの加法とともに代数学のすべての法則を満たす三つの数の組の積があるとしよう．このとき，とくに乗法の単位元があることに注目しよう．乗法の単位元というのは，すべての三つの数の組 u に対し，$u\mathbf{1} = u$ で $|\mathbf{1}| = 1$ となる点 $\mathbf{1}$ のことである．さらに空間は 3 次元なので，絶対値が 1 である，$\mathbf{i}$ と $\mathbf{j}$ が存在する．そして，$\mathbf{i}$ と $\mathbf{j}$ は原点 O から互いに垂直な方向に向いている．図 6.2 は，それらの負の向きを持った数とともに，これらの点を示している．

図 6.2 には，点 $\mathbf{1} + \mathbf{i}$ も示していて，その O からの距離は明らかに単位正方形の対角線の長さであるから，$\sqrt{2}$ である．よって，$|\mathbf{1} + \mathbf{i}| = \sqrt{2}$ であり，同じように $|\mathbf{1} - \mathbf{i}| = \sqrt{2}$ となる．そして絶対値の乗法法則と代数学の法則から，次のようになる．

$$2 = |\mathbf{1} + \mathbf{i}||\mathbf{1} - \mathbf{i}| = |(\mathbf{1} + \mathbf{i})(\mathbf{1} - \mathbf{i})| = |\mathbf{1} - \mathbf{i}^2|$$

これは点 $\mathbf{1} - \mathbf{i}^2$ が原点 O から距離 2 にあるということを主張している．同様に計算して，再び絶対値の乗法法則を使うと $|\mathbf{i}^2| = |\mathbf{i}|^2 = 1^2 = 1$ となる．すると，点 $\mathbf{1} - \mathbf{i}^2$ は 1 からの距離が 1 でなければならない．しかし，O からの距離が 2，1 からの距離が 1 となる，ただ一つの点は $\mathbf{1} + \mathbf{1}$ しかないので，$\mathbf{i}^2 = -\mathbf{1}$ にならなければならない．

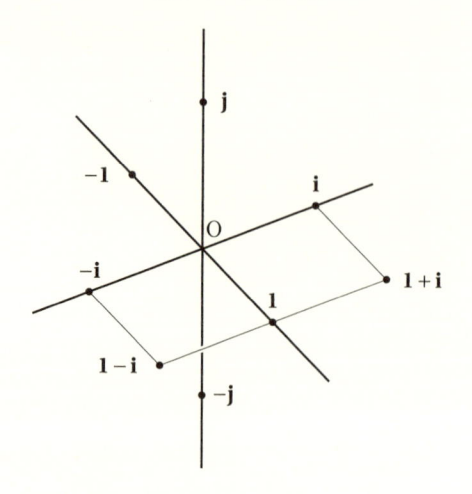

図 6.2 原点 O から垂直な 3 方向

同様の議論により，$j^2 = -1$ が示される．より一般的には，$u^2 = -1$ を満たす u は原点 O において 1 と垂直の方向を持ち，さらにその絶対値は 1 となる．

これは，疑問に満ちている結果である．普通の代数学において，いったい誰が -1 のそんなにたくさんの 2 乗根があると聞いたことがあるだろうか？何か矛盾が現れているはずだ．積 **ij** をとることによって，それをたたきつぶすことができるかもしれない．私たちは正確に積 **ij** のことを知らない．しかし，**ij** と 1 は，O において互いに垂直である．なぜだろう？**i** と **j** は垂直方向にあるので，全空間に **i** をかけることを考えれば，$i^2 = -1$ と **ij** も垂直になる．

ところが，-1 と 1 は同じ直線上であるから，1 と **ij** は垂直になる．このように **ij** は，$u^2 = -1$ となるような点 u の一つである．代数学の法則を仮定して，これから何が導けるかを考えよう．

$$
\begin{aligned}
-1 = (ij)^2 = (ij)(ij) &= jiij \quad &&\text{交換法則と結合法則による} \\
&= j(-1)j \quad &&i^2 = -1 \text{ より} \\
&= -(j)^2 \quad &&\text{交換法則と結合法則} \\
&= 1 \quad &&j^2 = -1 \text{ より}
\end{aligned}
$$

これは矛盾である！ゆえに代数学の法則をすべて満たす三つの数の組の積はない．

□

上の議論において 3 次元の図を使ったが，空間について実際に仮定したすべてのことは，次のようにまとめられる．

- 絶対値によって与えられた距離
- 少なくとも三つの互いに垂直な方向が存在する．
- いわゆる三角不等式：一つの方向における距離 1 だけ進み，異なる方向に距離 1 だけ進むと，最初の点から最後の点までの距離は 2 以下である．

これらの性質は 3 以上の n に対する，n 次元ユークリッド空間 $\mathbb{R}^n$ において成立することである．この空間は，実数の n 個の組によって作られる $(x_1, x_2, x_3, \ldots, x_n)$ を要素とする集合として定義される．そして，ベクトルの加法演算が成立し，次の距離が二つの点 $(x_1, x_2, x_3, \ldots, x_n)$ と $(x'_1, x'_2, x'_3, \ldots, x'_n)$ の間に定義される．

$$|(x'_1, x'_2, \ldots, x'_n) - (x_1, x_2, \ldots, x_n)| = \sqrt{(x'_1 - x_1)^2 + (x'_2 - x_2)^2 + \ldots + (x'_n - x_n)^2}$$

このように，私たちは次の事実を証明したことになる．3 以上の n に対する n 次元ユークリッド空間 $\mathbb{R}^n$ に，絶対値の乗法と，すべての代数学の法則が適用できるような積を導入することはできない．

言い換えれば，一般の代数学は 3 次元，あるいはそれ以上のすべてのユークリッド空間において定義するのは不可能である．しかし一般代数学の忘れられたような部分から，4 次元における驚くべき代数学が発生する．

6.4 四 元 数

上で発見された矛盾

$$-1 = (\mathbf{ij})(\mathbf{ij}) = \mathbf{ijji} = \mathbf{i}(-1)\mathbf{i} = -\mathbf{ii} = 1$$

は，代数学の法則の少なくとも一つを犠牲にすれば避けることができる．ハミルトンは 1843 年に同様の困難に直面し，一番影響を少なくする解決方法は，交換可能な乗法をあきらめることであると判断した．これは

$$ij = -ji$$

を仮定しさえすれば矛盾を避けられる．どんな矛盾も，この仮定を置きさえすれば，そのあとには起こらない．しかし積 ij = −ji が何を表すかはまだ謎である．計算を何度も試みた後，あるときは代数学によって，またあるときは幾何学による動機付けにより，ハミルトンは ij = −ji が 4 次元内にあり，1, i, j の方向に垂直であることを確信し始めた．彼は乗法の絶対値のもっとも重要な結果，つまり絶対値 1 の点による全空間の乗法は剛体的な動きであるということに気づかずに，互いの垂直性を信じた．一度これが認められると（前節でしたように），ハミルトンの発見への曲がりくねった道は，次のように現実味を帯びて見えてくる．

6.3 節のように，1 が乗法単位元であるとし，原点 O において，1 の方向に垂直であるように，i, j を選ぶ．もちろん，この二つは互いに垂直である．すでに ij の方向は，1 の方向に垂直であることはわかっている．ij は，i と j の方向に垂直であることを示すのはより簡単である．私たちは，空間全体の二つの剛体運動を導入すればよい．

- 最初の積に対する空間の動きは，各点 u を点 uj に動かすことを考える．この動きによって，1 と i を j と ij に移す．1 と i の方向は互いに垂直であるから，j と ij の方向も互いに垂直である．

- 二つ目の動きは，各点 u を点 iu に動かす動きによって，1 と j を i と ij に移す．1 と j は垂直であるから，i と ij も互いに垂直になる．

このように，ハミルトンが k と呼んだ ij は，"4 次元" の中にある．その点 O における方向は，1, i, j によって，生成される 3 次元空間のすべての方向に垂直である．ハミルトンが k を受け入れることは，幾何学的観点からすると大胆な一歩であるが，代数学的には実数の四つの数の組を考えることでしかないこ

6.4 四元数

とに気づいた.ちょうど複素数 $a+bi$ が対 (a,b) と同一視されるように,基底のどんな 1 次結合 $a\mathbf{1}+b\mathbf{i}+c\mathbf{j}+d\mathbf{k}$ も,四元数 (a,b,c,d) と同一視される.

四元数の加法は普通のベクトルの加法と同じように定義される.

$$(a_1,b_1,c_1,d_1)+(a_2,b_2,c_2,d_2)=(a_1+a_2,b_1+b_2,c_1+c_2,d_1+d_2)$$

これは加法法則と分配法則に従って,基底の 1 次結合の,同じ要素の係数を加えるように定義してある.

$$(a_1\mathbf{1}+b_1\mathbf{i}+c_1\mathbf{j}+d_1\mathbf{k})+(a_2\mathbf{1}+b_2\mathbf{i}+c_2\mathbf{j}+d_2\mathbf{k})$$
$$=a_1\mathbf{1}+a_2\mathbf{1}+b_1\mathbf{i}+b_2\mathbf{i}+c_1\mathbf{j}+c_2\mathbf{j}+d_1\mathbf{k}+d_2\mathbf{k}$$
$$=(a_1+a_2)\mathbf{1}+(b_1+b_2)\mathbf{i}+(c_1+c_2)\mathbf{j}+(d_1+d_2)\mathbf{k}$$

しかし,それでは $a_1\mathbf{1}+b_1\mathbf{i}+c_1\mathbf{j}+d_1\mathbf{k}$ の $a_2\mathbf{1}+b_2\mathbf{i}+c_2\mathbf{j}+d_2\mathbf{k}$ 倍は何であるか? 積が四元数の空間にあるということさえ明らかではない.

たとえば $\mathbf{jk}$ は,$\mathbf{1},\mathbf{i},\mathbf{j},\mathbf{k}$ に垂直な,5 番目の方向にあるのだろうか.幸運なことに,これは起こらない.他の積は乗法の交換可能性を用いることなく,代数学の法則によって知られているものから導かれ,それらは基底の 1 次結合になる.

たとえば,$\mathbf{k}$ に等しい二つの積は,$\mathbf{ij}$ と $-\mathbf{ji}$ である.$\mathbf{jk}$ の値は次のように計算できる.

$$\begin{aligned}\mathbf{jk}&=\mathbf{j}(\mathbf{ij})\quad&&\mathbf{k}=\mathbf{ij}\text{ より}\\&=\mathbf{j}(-\mathbf{ji})\quad&&\mathbf{ij}=-\mathbf{ji}\text{ より}\\&=-(\mathbf{jj})\mathbf{i}\quad&&\text{結合法則}\\&=\mathbf{i}\quad&&\mathbf{j}^2=-\mathbf{1}\end{aligned}$$

私たちは同様に $\mathbf{kj}=-\mathbf{i},\mathbf{ki}=\mathbf{j}=-\mathbf{ik}$ を計算できる.

これで,どんな積

$$(a_1\mathbf{1}+b_1\mathbf{i}+c_1\mathbf{j}+d_1\mathbf{k})(a_2\mathbf{1}+b_2\mathbf{i}+c_2\mathbf{j}+d_2\mathbf{k})$$

の値も,分配法則によって計算できる.(より正確には,左からと右からの分

配法則による．乗法が交換可能でないので両方が必要である．）計算は長いがわかりやすい．

$$(a_1\mathbf{1}+b_1\mathbf{i}+c_1\mathbf{j}+d_1\mathbf{k})(a_2\mathbf{1}+b_2\mathbf{i}+c_2\mathbf{j}+d_2\mathbf{k}) = (a_1\mathbf{1}+b_1\mathbf{i}+c_1\mathbf{j}+d_1\mathbf{k})a_2\mathbf{1}$$
$$+ (a_1\mathbf{1}+b_1\mathbf{i}+c_1\mathbf{j}+d_1\mathbf{k})b_2\mathbf{i}$$
$$+ (a_1\mathbf{1}+b_1\mathbf{i}+c_1\mathbf{j}+d_1\mathbf{k})c_2\mathbf{j}$$
$$+ (a_1\mathbf{1}+b_1\mathbf{i}+c_1\mathbf{j}+d_1\mathbf{k})d_2\mathbf{k}$$

$u(v+w) = uv + uw$ を使っている

$$= (a_1a_2 - b_1b_2 - c_1c_2 - d_1d_2)\mathbf{1}$$
$$+ (a_1b_2 + b_1a_2 + c_1d_2 - d_1c_2)\mathbf{i}$$
$$+ (a_1c_2 - b_1d_2 + c_1c_2 + d_1d_2)\mathbf{j}$$
$$+ (a_1d_2 + b_1c_2 - c_1b_2 + d_1a_2)\mathbf{k}$$

$(u+v)w = uw + vw$ を使っている．

　この複雑な規則を覚える必要はない．この計算は基底 $\mathbf{1}, \mathbf{i}, \mathbf{j}, \mathbf{k}$ の乗法公式さえあれば計算できる．後半の規則は，1843 年 10 月 16 日にハミルトンによって発見された，次の等式に要約される．

$$\mathbf{i}^2 = \mathbf{j}^2 = \mathbf{k}^2 = \mathbf{ijk} = -1$$

これらの等式とともに，ハミルトンは交換法則 $uv = vu$ 以外の代数学のすべての法則を満たす $\mathbb{R}^4$ においての乗法演算を定義した．彼はこの発見にとても興奮して，思いついたときに通りかかった橋の上に等式を刻みつけた．ダブリンのブルームブリッジである．彫られたものはかなり前に消えたが，今その橋には，その出来事を記念するプレートがある（図 6.3 参照）．また，これとは別の良い写真は，ロバート・バーク (Robert Burke) のウェブサイト "A Quaternion Day Out"（四元数の発見）にある．（URL が変わったので，検索エンジンでそれを見つけるとよい）．

　プレート自体はいくらか古びているが，あなたが見るはずのものが，次のプ

6.4 四元数

図 **6.3** ブルームブリッジの次元数の碑

レートである†.

> Here as he walked by
> on the 16th of October 1843
> Sir William Rowan Hamilton
> in a flash of genius dicovered
> the funfamental formula for
> quaternion multiplication
> $i^2 = j^2 = k^2 = ijk = -1$
> & cut it on a stone of this bridge

---

† 訳注:「1843 年 10 月 16 日，ウィリアム・ローワン・ハミルトン卿がここを通ったとき，天才の閃きにより四元数の計算法則

$$\mathbf{i}^2 = \mathbf{j}^2 = \mathbf{k}^2 = \mathbf{ijk} = -1$$

を発見し，この橋に刻みつけた.」

ハミルトンは，この四つの数の組を，その加法と乗法の計算公式とともに，**四元数**と呼んだ．三つの数の組の乗法を考えた長年の失敗を埋めたのは，$\mathbf{ij} = -\mathbf{ji}$ という乗法の定義についての決断だった．彼は高揚しながらも心ではまだ一つの疑問に悩まされていた．絶対値は乗法法則を持つのか？ 結局，これが最初から追求していた性質であるから，四元数の理論が成功するかしないかは，絶対値の乗法法則が成立するかどうかにかかっていた．

6.5　4平方定理

ハミルトンは互いに直角を成す方向をもつ4つの点 $\mathbf{1}, \mathbf{i}, \mathbf{j}, \mathbf{ij}$ を考えることによって，3次元の代数学の矛盾を避け，4次元へ跳んでいった．彼はかけ合わせることができる絶対値を作るという結果のためにそこへ向かったが，そのような絶対値が実際に存在するかどうかわからなかった．代数法則を満たさないことを避けるため，四元数を定義する必要があった．彼が3次元を回避した理論を完璧にするためには，四元数 u と v に対して，$|u||v| = |uv|$ が成立することを示す必要があった．

$|a\mathbf{1} + b\mathbf{i} + c\mathbf{j} + d\mathbf{k}|$ が何であるべきかを決めることはそれほど難しくはない．$\mathbb{R}^4$ において点 $a\mathbf{1} + b\mathbf{i} + c\mathbf{j} + d\mathbf{k}$ は $\mathbf{k}$ の向きに d だけ離れたところにある．$\mathbf{k}$ の方向は，$a\mathbf{1} + b\mathbf{i} + c\mathbf{j}$ に垂直である．$a\mathbf{1} + b\mathbf{i} + c\mathbf{j}$ は原点 O から，6.3節で見たように，$\sqrt{a^2 + b^2 + c^2}$ の距離にある．直角を挟む辺の長さが $\sqrt{a^2 + b^2 + c^2}$ と d である直角三角形を考えれば，ピタゴラスの定理により O からの $a\mathbf{1} + b\mathbf{i} + c\mathbf{j} + d\mathbf{k}$ までの距離は $\sqrt{a^2 + b^2 + c^2 + d^2}$ となる．そこで四元数の絶対値の定義は，次のようにするのが適切である．

$$|a\mathbf{1} + b\mathbf{i} + c\mathbf{j} + d\mathbf{k}| = \sqrt{a^2 + b^2 + c^2 + d^2}$$

平方根を避けるために，絶対値の乗法法則を $|u|^2|v|^2 = |uv|^2$ と書くことにする．$u = a_1\mathbf{1} + b_1\mathbf{i} + c_1\mathbf{j} + d_1\mathbf{k}, v = a_2\mathbf{1} + b_2\mathbf{i} + c_2\mathbf{j} + d_2\mathbf{k}$ として，前の節の四元数の積の公式から uv を作ると，絶対値の乗法法則は次の4平方恒等式になる．

6.5 4平方定理

$$(a_1^2 + b_1^2 + c_1^2 + d_1^2)(a_2^2 + b_2^2 + c_2^2 + d_2^2) = \quad (a_1a_2 - b_1b_2 - c_1c_2 - d_1d_2)^2$$
$$+ (a_1b_2 + b_1a_2 + c_1d_2 - d_1c_2)^2$$
$$+ (a_1c_2 - b_1d_2 + c_1c_2 + d_1d_2)^2$$
$$+ (a_1d_2 + b_1c_2 - c_1b_2 + d_1a_2)^2$$

ハミルトンはそのような公式をそれまで聞いたことがなかった．右辺を展開すると 24 項が相殺し，展開した左辺のたった 16 項だけが残る．このような計算を見て非常に驚いた．このように四元数の絶対値は乗法法則を満たす．また，乗法の交換法則以外の，代数学の他のすべての法則の証明も比較的率直な計算で示すことができる．

3 次元の数のハミルトンの夢は実際不可能であったが，現実はより興味深いものになった．数の体系で知られている実数と複素数は，1 次元あるいは 2 次元においてのみ存在する例外的な体系である．さらに，四元数の系はいっそう例外的な系である．それは乗法の交換法則以外のすべての代数学の法則を満たす．この性質を持つ，唯一の n 次元の体系が四元数である．これはドイツ人の数学者ゲオルグ・フロベニウス (Georg Frobenius) によって，1878 年に最初に証明された．残念なことに，ハミルトンはそれを見るまで長生きできなかった．しかし，彼は生きている間に，三つの平方と四つの平方の和の間にある違いについての知識を埋めることはできた．四元数と四平方恒等式を発見した後に，彼はこれらの発見について，友人のジョン・グレーブズ (John Graves) に話していた．彼とは，n 個の要素の組からなる集合の代数学について，よく一緒に議論していた．数ヶ月後にグレーブズは，8 平方恒等式を見つけ，それとともに現在**八元数**と呼ばれる八つの数の組の代数学を見つけた．

八元数は $uv = vu$ と $u(vw) = (uv)w$ 以外の代数学の法則をすべて満たすので，それだけでも興味深い話である—残念ながら，ここで説明するには紙数が足りない．n 次元代数学の歴史の中で，平方の和についての問題がもっとも重要であることは注目すべきことである．

グレーブズは，ちょうどディオファントスの 2 乗恒等式が複素数の代数学を表現したように，明らかに 4 平方恒等式は四元数の全代数学を表現していることがわかっていた．また 3 平方の恒等式がないので，三つの数の組の代数学を

決して期待してはいけない．グレーブズは数の理論の文献を調べ，次のように
ハミルトンへ書き送っている．

> 金曜日に，最後にラグランジュ [彼はルジャンドルと混同している]
> の数論を調べ，私は最近まで過去の数学者の後を追いかけていたこ
> とに初めて気づいた．たとえば，私が証明した一般的な定理
>
> $$(x_1^2 + x_2^2 + x_3^2)(y_1^2 + y_2^2 + y_3^2) = z_1^2 + z_2^2 + z_3^2$$
>
> が成立しないことは，ルジャンドルによって証明されていた．彼は
> ちょうど良い例によって成立しないことを示している．$3 \times 21 = 63$
> を使い，この数は三つの平方数の和で表すことが不可能であるとい
> う，私と同じ例を使っている．そしてさらに，私は定理
>
> $$(x_1^2 + x_2^2 + x_3^2 + x_4^2)(y_1^2 + y_2^2 + y_3^2 + y_4^2) = z_1^2 + z_2^2 + z_3^2 + z_4^2$$
>
> がオイラーによって証明されていることを学んだ．
>
> ——グレーブズ，ハミルトンへの手紙 (1844),
>
> ハミルトン：『数学論文集』，p.649[†]

1843年以前，四元数はどこにあったか？

オイラーは1748年に4平方の恒等式を発見したので，2平方恒等式における
複素数の"姿"と類似した，最初の四元数の"姿"を見ていたと考えることがで
きる．実際，複素数と四元数の間の平行に進む理論は，さらに発展していく．複
素数同様，四元数は1843年以前に発見され，1843年以後には四元数によく似
ている，回転の自然な表現として，空間における回転の正確な表示を与える理
論となった．回転の最初の"四元数に類似した"表示は，ガウスによって1819
年頃見つけられ，もう一つ別のものはフランスの数学者オランド・ロドリーグ
(Olinde Rodrigues) によって1840年に発見された．

[†] ルジャンドルの1808年刊の184ページの例．

ガウスはまた，複素数の組の中での"四元数"の動き—ディオファントス恒等式における実数の組の"複雑な"動きと類似している—を研究した．彼は4平方恒等式は次の複素2平方恒等式と同値であることを見つけた．

$$(|c_1|^2+|d_1|^2)(|c_2|^2+|d_2|^2) = |c_1c_2-d_1\overline{d_2}|^2+|c_1d_2+d_1\overline{c_2}|^2$$

式の中で文字の上にある横棒は，複素共役を表している．$\overline{a+bi}=a-bi$ のことである．今私たちは，四元数が複素数の二組によって定義できることがわかった．次の積の法則を採用すればよいのである．

$$(c_1,d_1)(c_2,d_2) = (c_1c_2-d_1\overline{d_2}, c_1d_2+d_1\overline{c_2})$$

6.6 四元数と空間回転

2.6節で，複素数は平面の回転と密接な関連があることがわかった．u が $|u|=1$ の複素数であるなら，u を複素数平面の全複素数にかけることは，Oの周りで1から u まで回転させるのと，同じ回転をほどこすことになる．数 u は

$$u = \cos\theta + i\sin\theta$$

とも書くことができる．θ は1と u の方向間の角度である（図6.4）．

ゆえに，平面を θ 回転することは，$\cos\theta+i\sin\theta$ をかけることでも表現できる．

同じように，4次元空間 $\mathbb{R}^4$ における，四元数 $|u|=1$ である u による積は，Oを固定した $\mathbb{R}^4$ における剛体回転になる．この性質によって，四元数は4次元空間 $\mathbb{R}^4$ の回転を表現することに使われる．しかし，まず最初に3次元空間 $\mathbb{R}^3$ の回転を理解するのに，四元数が優れていることを理解することは大切である．そして興味深い驚きは，四元数はこの目的にとても優れた力を持っていることである（実際，それらはコンピュータ・アニメーションにおいて標準的な道具になったほどである）．空間における回転は普通交換可能ではないので，四元数が非可換な乗法を持つことによって，正確に空間の回転を表すのに望ましいものとなる．

第6章 4次元

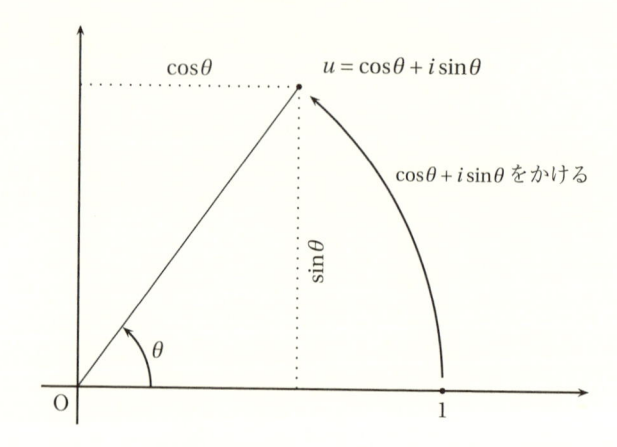

図 6.4 平面での角 θ の回転

次のような例を考えてみよう．平面内に置かれた紙の正三角形 ABC をとり，二つの回転の作用を考えてみよう．

- 三角形の中心についての右回りの平面内の $\frac{1}{3}$ 回転
- 三角形の頂点とその中心を通る直線についての空間内の $\frac{1}{2}$ 回転

図 6.5 はこれらの回転の合成の結果を示している．一方は $\frac{1}{3}$ の回転を最初に行い，もう一方は $\frac{1}{2}$ の回転を最初に行う．

頂点 A,B,C の最終的な位置からわかるように，二つの合成は異なる結果になる．よって，これら二つの回転は交換可能でない．

空間の回転の四元数表示

四元数の基礎を準備するために，$\mathbb{R}^3$ 内のそれぞれの三つの数の組 (x,y,z) を純虚四元数 $x\mathbf{i}+y\mathbf{j}+z\mathbf{k}$ と思うことにする．こうして，$\mathbb{R}^3$ における座標軸を $\mathbf{i}-,\mathbf{j}-,\mathbf{k}-$ 軸と呼ぶことにして，この空間を $(\mathbf{i},\mathbf{j},\mathbf{k})$ 空間と呼ぶ．さらに四元数の書き方を簡単にしよう．単位元である四元数 $\mathbf{1}$ を簡単に 1 と書き，四元数の最初の基底の要素 1 を，普通の 1 と同じように書く．そうすれば，四元数は

6.6 四元数と空間回転

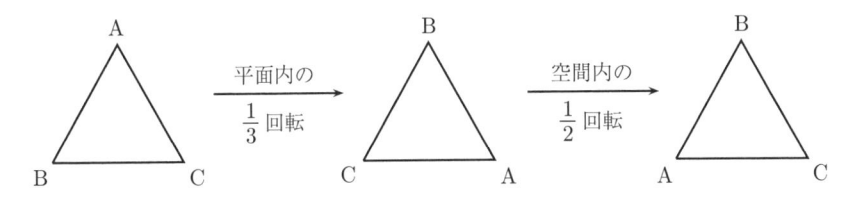

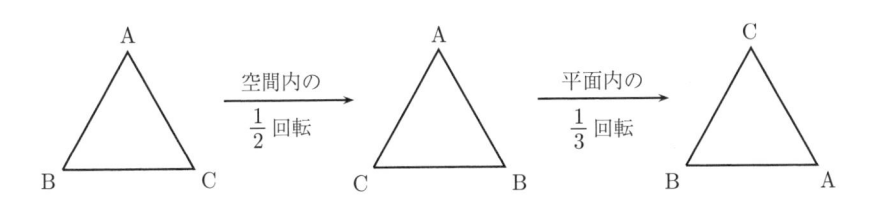

図 6.5 三角形の回転の合成

$a + b\mathbf{i} + c\mathbf{j} + d\mathbf{k}$ と書ける．これは実部 a を虚部 $b\mathbf{i} + c\mathbf{j} + d\mathbf{k}$ と明らかに区別できるようになり，複素数の普通の書き方と同じ書き方を使える．

平面の回転は角 θ（回転の量）と中心（固定点，いつも O をとる）によって与えられる．同様に，3 次元空間の回転は角 θ と回転軸（その周りに角 θ の回転をする直線）で決まる．回転軸の各点は動かさない，また回転軸は O を通る場合のみを考えることにする．この場合，回転軸は単位球体と交わる点がどこかによって決められている．単位球との交点が (λ, μ, ν) のとき対応する四元数は $\lambda\mathbf{i} + \mu\mathbf{j} + \nu\mathbf{k}$ であり，$\lambda^2 + \mu^2 + \nu^2 = 1$ を満たしている．

回転軸を規定する四元数 $\lambda\mathbf{i} + \mu\mathbf{j} + \nu\mathbf{k}$ は，O の周りに角 θ だけ回転する，平面の回転を表す複素数 $\cos\theta + i\sin\theta$ の数 i と同じ役割をする．実際，回転軸 $\lambda\mathbf{i} + \mu\mathbf{j} + \nu\mathbf{k}$ の周りに角 θ だけ回転する，空間の回転は四元数

$$u = \cos\frac{\theta}{2} + (\lambda\mathbf{i} + \mu\mathbf{j} + \nu\mathbf{k})\sin\frac{\theta}{2}$$

によって表される．一見したところでは，$\dfrac{\theta}{2}$ が入っているのは，間違いのように見える．この角度が，どのように角 θ の回転を起こすことができるのか？ そのわけは，四元数 u は乗法—これは $(\mathbf{i}, \mathbf{j}, \mathbf{k})$ 空間を自分自身に写像しない—によってではなく，純虚四元数 q を随伴写像 uqu^{-1} によって回転をさせるからである．

四元数による回転のこの表現は，1845年，ケーリーとハミルトンによって独立に発見された．ケーリーは同じパラメータ $\theta, \lambda, \mu, \nu$ が，1840年，ロドリーグによって使われていたことを発見した．また，二つの回転の合成のパラメータを見つけるためのロドリーグの法則が，本質的には四元数の乗法法則であることにも気づいた．ガウスの公にされていない研究が注目され始めたとき，彼もまた本質的には四元数の乗法を発見していたことがわかった．

6.7　3次元における対称

3次元空間 $\mathbb{R}^3$ のすばらしい美しい性質の一つは，正多面体と呼ばれる五つのきれいな対称性を持つ立体である．それは，正四面体，立方体，正八面体，正十二面体，正二十面体（図6.6）である．各正多面体は同一の正多角形の面によって作られる，有界な凸の立体である．正四面体，正八面体，正二十面体はそれぞれ四つ，八つ，二十，の正三角形によって囲まれている．立方体は六つの正方形によって，正十二面体は12の正五角形によって囲まれている．正多面体は同じ数の面が各頂点において交わるという意味において，正多角形の面を持つだけでなく，頂点における不変の性質も持つ．正四面体，立方体，正十二面体は各頂点において三つ，正八面体は各頂点において四つ，正二十面体は各頂点において五つの正多角形が結合している．

正多角形の角の大きさを考えることと，面と頂点の両方の性質によって，図6.6の五つの正多面体は，凸であり「正」という言葉がつく多面体の唯一の組合せであることが示される．またこれらの性質から，正多面体の隣接した面の間の角はすべて同じである（たとえば立方体の面はすべて直角をなす）という意味において，稜においてそれらは「正」であるということになる．このように正多面体は珍しい貴重な宝石である．それにより，古代から幾何学者によって大切にされてきたことは驚くにあたらない．ユークリッドの原論のクライマックスは，五つの正多面体の存在と唯一性の証明であり，無理数が正多面体に現れるので，ギリシャ人は無理数に関心をもったのかもしれない．

$n \geq 3$ である自然数 n に対して，n 次元の無限に多くの正多角形がある．しかし，3次元にはたった5つの正多面体しか存在しないということは驚くべき

6.7 3次元における対称

正四面体

立方体

正十二面体

正八面体

正二十面体

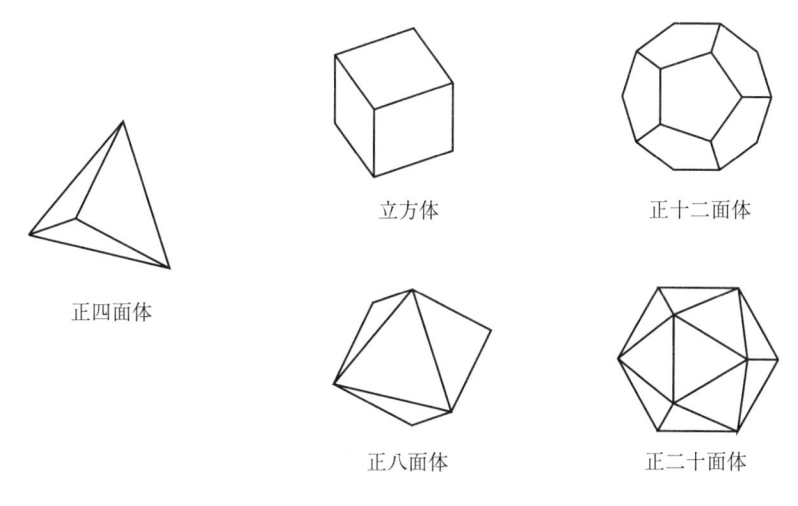

図 6.6 正多面体

ことである．正多面体のどんな面（あるいは頂点，稜）も他の面（あるいは頂点，稜）と同じ特徴を持っている．それで視覚的には同じに見える．この理由から，五つしかない正多面体は完全に対称である．この3次元の対称性は非常に珍しい現象である．さらに，対称性の性質で分けると，正十二面体と正二十面体が同じ対称性をもち，立方体と正八面体が同じ対称性を持つので，5つの正多面体は，たった三つのタイプの対称性しかもたない．

立方体と正八面体が同じタイプの対称性を持つ理由は図6.7に示されている．正八面体の各頂点は立方体の面の中心にある．あらゆる物体の対称性は，その物体を同じに見えるようにする（あるいは動いたときに元の形に重なる）動きである．たとえば，立方体の一つの対称は，向かい合う面の中心を通る軸についての1/4回転である．立方体の各対称性は，正八面体の対称性であり，逆もまた成立するということは図から明らかである．

同様に，正二十面体の頂点を正十二面体の面の中心にあるとみなすことによって，正十二面体と正二十面体が同じ対称性のタイプを持つことがわかる．このように "対称のタイプ" の概念は，様々な方法で具体的に表現される抽象概念である．立方体と正八面体は同じ対称のタイプを具体化する二つの立体であり—立体は対称性を明確にする，と言えるかもしれない—対称のタイプは四

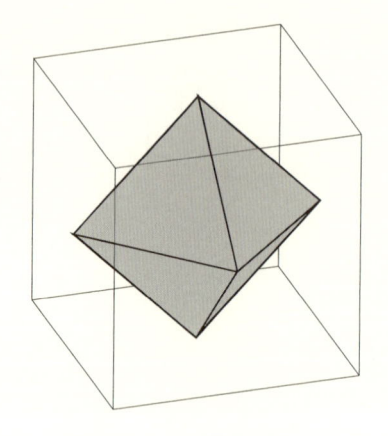

図 6.7 正八面体と立方体

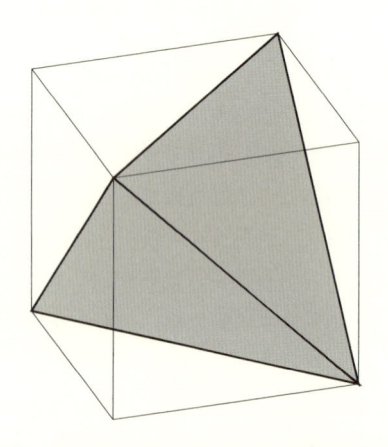

図 6.8 正四面体と立方体

元数の有限な組合せによって,代数学的に解釈できることを次節で説明しよう.

　正四面体は,すべての対称のタイプが独特であるという性質を持つ.正四面体は,そのすべての対称性が立方体の対称性からできている.しかし,立方体の対称性の半分だけが正四面体の対称性になっている(図6.8).正四面体は立方体の内部に置くことができるので,立方体の"半分の対称"であると考えることもできるのである.正四面体をそれ自身に重ねる,立方体の 12 の対称性と——次の節でそれらをすべて説明する——正四面体の対称性にならない残りの 12

の立方体の対称性が存在する．

6.8　正四面体の対称と 24 胞体

　この節では，正四面体の 12 の対称性を $\mathbb{R}^3$ の現実の回転として述べ，それらを $\mathbb{R}^4$ における四元数の点の集合として表現しよう．12 の回転は 24 の四元数に対応する―各回転に対して二つが対応している―高いレベルの対称性を持つ点の集合を形成する．稜，面，胞体によって各 24 の点をその近傍に関係つけることは，**24 胞体**と呼ばれる 4 次元の対象を考えることになる．このことは幾何学的にも代数学的にも多くの興味深い性質を持っている．

　最初に，なぜ正四面体には 12 の対称性があるのかを考えてみよう．これを確かめるための一つの方法は，正四面体を一つの固定された位置に置いて見ることである―空間の中に "正四面体の穴" を空けると考える―そして，正四面体をその中に入れるには，どれくらいの方法があるか数えればよい．正四面体のどの面も他の面と同じなので，この穴の固定された面，たとえば前面に合わせるために，四つの面のどれか一つを選ぶことができる．前面へ合わせることができる各四つの面は，与えられた稜，たとえば前面における一番下の稜に合わせることができる三つの稜を持つ．

　これは正四面体がそれぞれ異なる対称性によって同じ位置にもどることができる，$4 \times 3 = 12$ 通りの異なる方法があることを示している．しかし一度，特定の前面と一番下になるある特定の面と，一番下になるある特定の稜を選んでしまえば，この方法で対称は完全に決定される．このことから正確に 12 の対称性があることがわかる．それぞれの対称で重ねる位置は，与えられた最初の位置からの回転によって得られる．回転は図 6.9 に示されたような，2 種類の軸についてである．

　まず自明な回転がある．それは角ゼロによる回転（どんな軸についてでもこれは正しい）によって得られる同一の対称性となる．そして 11 の自明でない回転があり，二つの異なるタイプに分けられる．

- 最初のタイプは，正四面体の向かい合う稜の中心を通る軸についての $\frac{1}{2}$

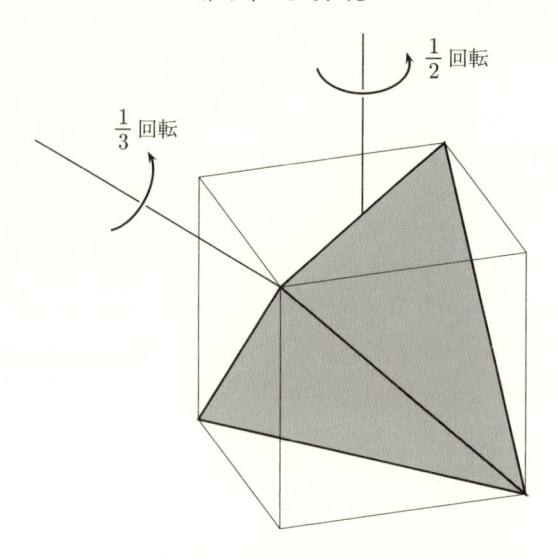

図 6.9 正四面体と回転軸

回転である（この軸は立方体の向かい合う面の中心も通る）．そのような軸が三つあり，ゆえにこのタイプの三つの回転がある．

- 二つ目のタイプは，頂点とその反対側の面の中心を通る軸についての $\frac{1}{3}$ 回転である（この軸は立方体の反対側にある二つの頂点も通る）．そのような軸は四つあり，ゆえにこのタイプの 8 つの回転がある—右回りの $\frac{1}{3}$ 回転は左回りの $\frac{1}{3}$ 回転とは異なる．

各 $\frac{1}{3}$ 回転は一つの頂点を固定したままにし，残りの三つを動かすけれども，各 $\frac{1}{2}$ 回転は四つすべての頂点を動かすということも注意しないといけない．このように，11 の自明でない回転はすべて異なる．そこで自明な回転とともに，それらは正四面体の 12 の対称性をすべて表すことになる．

四元数による正四面体の回転の表現

6.7 節で述べたように，$(\mathbf{i},\mathbf{j},\mathbf{k})$ 空間における軸 $\lambda\mathbf{i}+\mu\mathbf{j}+\nu\mathbf{k}$ の周りの角 θ の

6.8 正四面体の対称と 24 胞体

回転は次の四元数で表される．

$$\cos\frac{\theta}{2} + (\lambda\mathbf{i} + \mu\mathbf{j} + \nu\mathbf{k})\sin\frac{\theta}{2}$$

図 6.9 における立方体の辺が $\mathbf{i}, \mathbf{j}, \mathbf{k}$ 軸に平行になるような座標軸を選ぶなら，回転軸は図の中で隣接し，対応する四元数は視覚的に簡単に理解できる．

- 立方体の向かい合う面の中心を通る直線を $\mathbf{i}, \mathbf{j}, \mathbf{k}$ 軸とみなすことができる．$\frac{1}{2}$ 回転については，角 $\theta = \pi$ であるから $\frac{\theta}{2} = \frac{\pi}{2}$ である．ゆえに $\cos\frac{\pi}{2} = 0$，また，$\sin\frac{\pi}{2} = 1$ なので，$\mathbf{i}, \mathbf{j}, \mathbf{k}$ のまわりの $\frac{1}{2}$ 回転は，四元数 $\mathbf{i}, \mathbf{j}, \mathbf{k}$ それ自身によって表現される．

 しかし $\mathbf{i}$ 軸が回転軸になるときは，その"反対側の半分"の $-\mathbf{i}$ 軸についての回転にもなる．そこで $\mathbf{i}$ 軸についての $\frac{1}{2}$ の回転は四元数 $-\mathbf{i}$ によっても表される．このように三つの $\frac{1}{2}$ 回転は，加法の逆元と対になった，次の三つの組によって表される．

$$\pm\mathbf{i}, \quad \pm\mathbf{j}, \quad \pm\mathbf{k}$$

- 決められた $\mathbf{i}, \mathbf{j}, \mathbf{k}$ 軸について立方体の頂点と向かい合う面に垂直な四つの回転軸も，加法の逆元が作る四つの対に対応する．それらは全体で，八つの要素

$$\frac{1}{\sqrt{3}}(\pm\mathbf{i} \pm \mathbf{j} \pm \mathbf{k}) \quad \pm \text{は自由に組み合わせる}$$

で構成される．$\frac{1}{\sqrt{3}}$ は，回転の表現に適するように，回転軸を与える四元数の絶対値を 1 にする係数である．各 $\frac{1}{3}$ 回転について，$\theta = \pm\frac{2\pi}{3}$ となるので，

$$\cos\frac{\theta}{2} = \cos\frac{\pi}{3} = \frac{1}{2}, \quad \sin\frac{\theta}{2} = \pm\sin\frac{\pi}{3} = \pm\frac{\sqrt{3}}{2}$$

$\cos\frac{\pi}{3}$ と $\sin\frac{\pi}{3}$ の値は，正三角形を半分にした直角三角形で計算することができる．（図 6.10）．回転を表す四元数の中の $\frac{1}{\sqrt{3}}$ は $\sin\frac{\pi}{3}$ の値の $\sqrt{3}$

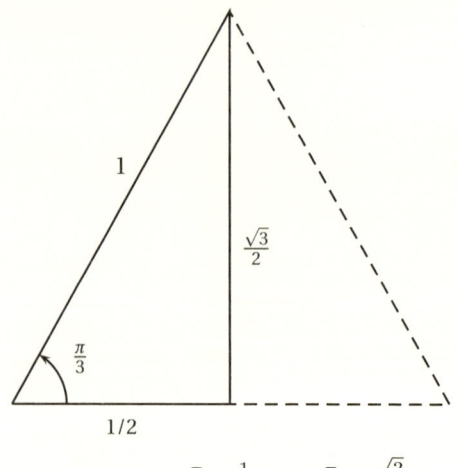

図 6.10 $\cos\dfrac{\pi}{3} = \dfrac{1}{2}$ と $\sin\dfrac{\pi}{3} = \dfrac{\sqrt{3}}{2}$

ときれいに約分できる．そこで，8つの $\dfrac{1}{3}$ 回転は，16 の四元数による加法的逆元が作る八組の対によって表されることがわかる．

$$\pm\dfrac{1}{2} \pm \dfrac{\mathbf{i}}{2} \pm \dfrac{\mathbf{j}}{2} \pm \dfrac{\mathbf{k}}{2}$$

結局，正四面体の 12 の対称性は，恒等写像（動かさない回転）が ±1 で表されることから，次の 24 の四元数によって表される．

$$\pm 1, \pm\mathbf{i}, \pm\mathbf{j}, \pm\mathbf{k}, \quad \pm\dfrac{1}{2} \pm \dfrac{\mathbf{i}}{2} \pm \dfrac{\mathbf{j}}{2} \pm \dfrac{\mathbf{k}}{2}$$

24 胞体

これら 24 の四元数はすべて $\mathbb{R}^4$ において O からの距離が 1 にあり，それらは高い対称性をもって配置されている．実際，それらは正四面体と類似した 4 次元の図形—4 次元正多面体の頂点である．この特定の多面体を **24 胞体**と呼ぶ．その稜は各頂点をその最も近い頂点へと結ぶ線分である．その面は三つの頂点で作られ，二つの頂点が結ばれている．これらの面は 24 の八面体を生成する．それは面が多面体を作り，稜が多角形を囲むのと同じ意味において 24

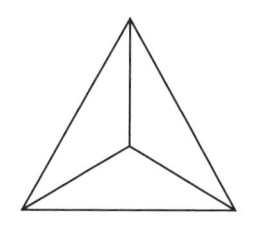

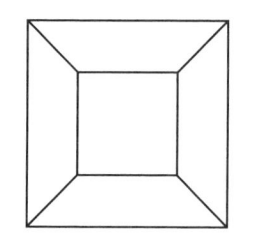

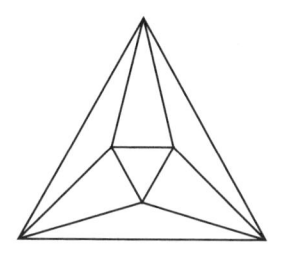

図 6.11 正四面体，立方体，正八面体の射影

胞体を作る．("多角形"，"多面体"，"高次元多面体" という名前は，それぞれ polygon, polyhedron, polytope と英語では表現される．ギリシャ語を起源に持つこれらの言葉は，それぞれ "多くの角" "多くの面" "多くの部分" を持つという意味である．)

$\mathbb{R}^4$ にはたった六つの正多面体しかない，次の節で 24 胞体がそれらとどのような関係にあるのかを考えてみよう．

6.9　4 次元正多面体

4 次元の正多面体を直接視覚化することはできないが，3 次元空間におけるそれらの "影" によってかなりの部分を知ることができる．これは私たちが普通多面体について学ぶ方法と同じである．私たちは 2 次元の像を通して 3 次元の物体を知覚することにかなり慣れている——結局，これがまさに私たちの目がしていることである．図 6.11 に示されている正四面体，立方体，正八面体からわかるように，正多面体は正確にその影から認識される．これらの影は，面の中心に近い多面体の外に置かれた光源の光によって作られた射影である．別の言葉を使うと，多面体の全体を見渡せるくらいに，一つの面の近くから，その面を通して多面体を見たときの姿になっている．

たとえば正四面体の射影は，その中に三つのより小さい三角形を持つ大きな三角形である．これら 4 つの三角形は正四面体の 4 つの面の射影である．

すべての次元において，図のような三つの正多面体に似た立体がある．4 次元空間ではそれぞれ 4 次元単体，4 次元立方体，4 次元正 16 面胞体と呼ばれる．

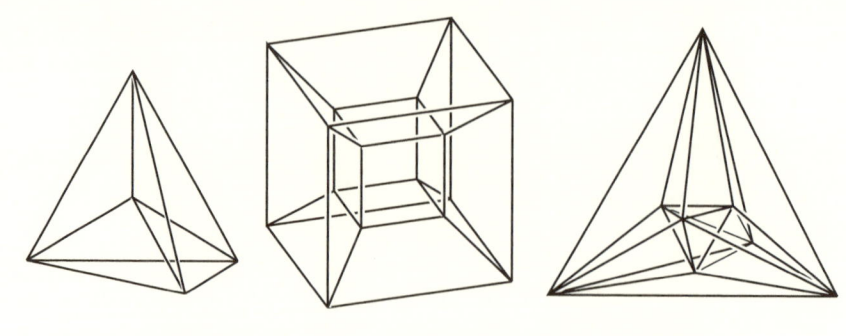

図 6.12　4次元単体，4次元立方体，4次元正16面胞体

これらの類似した多面体の3次元射影は，図6.12に示されている．もちろんこれらの絵は，実際には2次元であるが，3次元空間の構造として理解しよう．この射影は，立体の近くから一つの胞体を通して4次元多面体を見たときの構造になっている．

構造内の線分は，4次元多面体の境界を作る胞体（3次元では側面）の射影の境界線を表している．たとえば4次元単体の射影は大きな四面体になり，その内側に4つのより小さな四面体を持っている．これら5つの四面体は，4次元単体の五つの境界四面体の射影である．4次元立方体と4次元16面胞体は，立方体と八面体のように互いに双対構造になっている．つまり4次元立方体の胞体の中心は4次元正16面胞体の頂点であり，またその逆も成り立つ．

24胞体の射影は図6.13に描かれている．これは，ヒルベルトとコーン・フォッセン (Cohn Vossen) の『幾何と想像』からとった絵である．この絵は，中に23の小さな八面体を持つ大きな八面体からできている—これが，24胞体の24面の境界となる八面体の射影である．24胞体は3次元空間において対応する立体もないし，4次元以上のあらゆる次元においても類似したものが存在しない．

実際に，4より大きなnに対して，$\mathbb{R}^n$において，たった三つの正高次元多面体しかない．3次元の言葉で言えば，正四面体，立方体，正八面体に類似するものである．（胞体という言葉を使っているが，これは，4以上のすべての次元の多面体に類似した形に対して使われる．）そして，それ以外にたった5つの

6.9 4次元正多面体

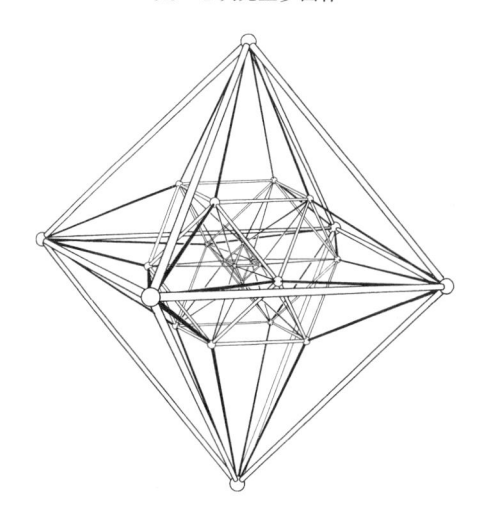

図 6.13 24 胞体の射影

正多面体と高次元多面体 (胞体) がある. $\mathbb{R}^3$ における正十二面体と正二十面体, そして $\mathbb{R}^4$ における正 24 胞体と, それ以外にあと二つ, 120 胞体と 600 胞体と呼ばれる高次元多面体（胞体）が存在する．その名前が示すように，最後の二つの高次元多面体は，それぞれ 120 の胞体（その一つひとつは正十二面体である）と 600 胞体（その一つひとつは正四面体である）によって囲まれている. 120 胞体と 600 胞体は互いに双対であり，600 胞体の 120 の頂点は, 正二十面体の対称性に対応する．120 胞体と 600 胞体の本当の姿を図示することは, ほとんど不可能に近いが, ―それらの 3 次元への射影モデルの方が見やすい―いくつかの興味深い試みについては, H.S.M. コクセター (Coxeter) の本か, 著者の『120 胞体の話』http://www.ams.org/notices/200101/fea-stillwell.pdf を参照してほしい．

すべての次元における高次元正多面体は，スイスの数学者ルードウィヒ・シュレフリ (Ludwig Schläfli) によって 1852 年に発見された．とくにシュレフリは 24 胞体，120 胞体，600 胞体を発見し，これらが正四面体，立方体，正八面体のより高次元の類似体以外の唯一の高次元正多面体であることを証明した．彼はまた 3 次元以上においてすべての正多角形（多面体）で空間を埋め尽くす可

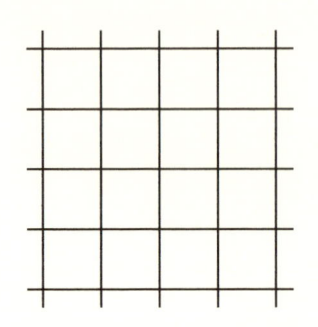

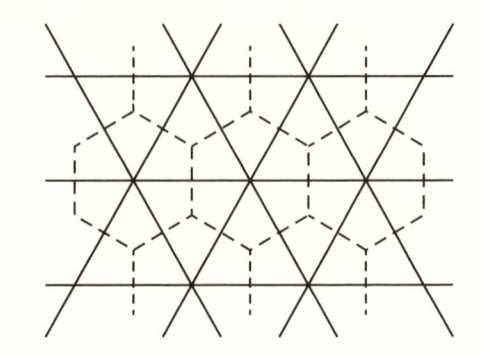

図 6.14 平面をタイルで埋め尽くす

能性も発見した．これらは図 6.14 に描かれている，正方形，正三角形，正六角形の形のタイルで平面を埋め尽くすことを，高次元で行うことになる．また，立体のタイルがあると考えて立方体タイルで空間を埋め尽くすという，図 5.1 に描かれている方法の，より高次元への展開である．正三角形と正六角形のタイルによる平面の埋め尽くしは例外的である．なぜならば，この理論は高い次元において同じようなことが起きないことと，この二つの図形は，一つのタイルの頂点がもう一方の形の中心であるという意味において互いに双対であるという特殊性がある (図 6.14)．

正方形と立方体のタイルでの埋め尽くしは，n 次元立方体による空間 $\mathbb{R}^n$ の埋め尽くしへ一般化することができる．n 次元立方体の頂点は整数 n 個の点からなる集合である．しかし，$\mathbb{R}^n$ におけるこの "明らかな" 立方体タイルの埋め尽くしを別にして，空間をタイルで完全に埋め尽くす方法が二つだけ，ともに 4 次元空間で存在する．そのうちの一つは $\mathbb{R}^4$ を 24 胞体に分割する方法で，もう一つは各 24 胞体を，先ほど埋め尽くしした 24 胞体の中心の点に置き換えて胞体を作ることで埋め尽くされる．ということは，今までの言い方を使うと，その双対形になる．結果として生じる点は，$\mathbb{R}^4$ の 4 次元正 16 面胞体の頂点になる．座標軸を適当に選択すると，この正 4 次元胞体タイルの頂点は次の四元数で表されている．

$$a\left(\frac{1}{2} + \frac{\mathbf{i}}{2} + \frac{\mathbf{j}}{2} + \frac{\mathbf{k}}{2}\right) + b\mathbf{i} + c\mathbf{j} + d\mathbf{k} \quad (a, b, c, d \text{ は整数})$$

第7章 イデアル

はじめに

　本書では自然数 $1, 2, 3, 4, 5, \ldots$ の話から，数学について考えてきた．この章では，もう一度自然数に戻ることにしよう．自然数から始まった数は，現実に使うときの要求や，現実に対応できない状態などに遭遇して，拡張を重ねてきた．ところが，まだわれわれは，自然数自体の多くの性質をすべて見ているわけではない．

　自然数と整数は，積に"分ける"ことができない"原子"のような元を持っていることが，実数との大きな違いである．このような自然数を**素数**と呼んでいる．この素数を使うことにより，自然数を素数の積に分解する素因数分解の一意性が保証される．そして，この素因数分解によって，自然数の多くの大切な性質を説明することができる．1より大きい各数はただ一つの方法によって，素数の積として表される．

　素因数分解の一意性は，本質的にはユークリッドの原論の中で議論されている．しかし，素数は，1640年までほとんど注目を浴びることはなかった．1640年は，フェルマーが素数と方程式の解に関するいくつかの驚くべき定理を発表した年である．さらに，1世紀を経て，オイラーとガウスが，たとえば $x^2 + 2$ を $(x + \sqrt{-2})(x - \sqrt{-2})$ に分ける，整数を複素整数に"分ける"ことによって，フェルマーの定理を説明した．

　しかし，複素整数はそれらがただ一つの複素素数の組合せで表せるときだけ有効な使い方ができる．a と b が普通の整数で $a + b\sqrt{-5}$ のような数は，この性質を持たない複素整数である．ということは，素因数分解の一意性の有効性をもはや使うことは不可能に思える．ドイツの数学者エルンスト・エドアルド・

クンマー (Ernst Eduard Kummer) は 1840 年代にこの障害を発見すると同時に，それを乗り越えて，有効に使う方法はないかと考えた．

クンマーは彼が言うところの "イデアル素数" に分解することによって，性質の悪い素数も有効に使うことができると信じていた．彼が渇望した "イデアル素数" は，彼が最初にそれを使ったときには，まだ存在することが知られてさえいなかった！ それらが複素素数を使った最大公約数として見つけられることが，ユークリッドの自然数の素数に関する研究方法とどのように大きく関連するかを考えてみよう．

7.1 発見と発明

> 発明について考えよう．発見について話すより正確に話せるだろう．二つの言葉の区別はよく知られている．発見は現象，法則，すでに存在しているがそれまで気づかれていなかったものに関係したことである．コロンブスはアメリカを発見した．アメリカは，彼より以前に存在していた．一方，フランクリンは照明のロッドを発明した．彼以前にはどんな照明のロッドも存在していなかった．
>
> そのような区別が，いつでも，はっきりできることがあるわけではない．トリチェリは水銀槽の上で閉じた管を逆さにするとき，水銀はある決まった高さまで上ることを観察した．しかし，こうするうちに彼は気圧計を発明した．発明と同じくらい多くの，科学的結果の発見がある．
>
> ——ジャック・アダマール，『数学における発見の心理学』

発明と発見についてのアダマールのコメントは多くの数学者に何かを気づかせるが，数学において発明と発見の違いは本当のところ何だろう？ 単純に考えると，数学者はたいてい数学の結果は発見されると考える．しかし，それを表現するための，言葉，記数法，証明法は周りとの議論と伝達のために発明されると，数学者は思っている．これら人間の発明した表現方法は，数学的事実を完全に具体化する手段としては程遠い．むしろ，具体化する表現法を完全にす

7.1 発見と発明

るための,特別な一時的な手段が言葉や記号である.言葉と記号によって数学的事実を理解することは困難であるが,一度"理解する"とその数学的事実は言語と独立して存在し始める.このとき,図を描くことは非常に役に立つ.ピタゴラスの定理を中国あるいはインドの本で見ると,言語はわからないにしても,言っていることは簡単に認識できるし,また何百もの異なる証明(ルーミスの本『ピタゴラスの命題』の中に集められた)が,すべてこの同じ定理の証明であることがわかる.

言葉,思考,伝達,そしてその発明と発見に対する影響について,さらに多くを語ることができる.しかしこの章では,数学的事実—素因数分解の一意性—に焦点を当てることにしよう.この事実は,とくに印象的な方法で,発見と発明の間の関係を理解させてくれる.

最初に話題を,自然数,すなわち,正の整数 $1, 2, 3, 4, 5, \ldots$ と,そこに含まれる素数についてだけにしておこう.素数は,1より大きくて,その数より小さい自然数の積で表せない数である.最初のいくつかの素数を書き上げると,

$2, 3, 5, 7, 11, 13, 17, 19, 23, 29, 31, 37, 41, 43, 47, 51, 53, 59, 61, 67, 71, 73, 79, \ldots$

ある意味,素数の概念は言葉の発明であり,整数を,ある特定の性質を持った数へ分解する考え方である.しかし,素数の性質を発見すればするほど,素因数分解はますます有益になる.言葉の発明は勝手にできるかもしれないが,自然の淘汰を受けやすい.もっともふさわしい発明が生き残り,そして素数は数の基本性質のいくつかをもっともよく表現するので,これまで生き残ってきたのである.素数の定義から,1より大きいすべての正の整数は素数の積であることが簡単にわかる.数 n がそれ自身素数でないなら,それは1より大きい,たとえば a と b といった n より小さい数の積である.a あるいは b がそれ自身素数でないなら,それもまた1より大きく,それらより小さな数の積として表すことができる.正の整数は,1以上の数なので,n から a, b へと数の大きさが減っていく,この手順は,限りなく続くわけではない.ということは,n を素数の積として表すために必要な手順の回数は有限である.

たとえば60は積 4×15 として書くことができ,4と15は素数の積に分解される.$4 = 2 \times 2, 15 = 3 \times 5$ である.ゆえに60の素因数分解は $60 = 2 \times 2 \times 3 \times 5$

である．

　しかし，この手順から，今求めた素因数分解が，60 のただ一つの素因数分解であることはわからない．数 60 は多くの異なる因数分解を持つ．たとえば $60 = 4 \times 15 = 6 \times 10 = 5 \times 12$ であり，6×10 と 5×12 が同じ素因数の積に分解されることを確かめていない．（読者は試みてみるとよい．）

　60 のすべての素因数分解は，$2 \times 2 \times 3 \times 5$ にたどり着くが，同じことが他の自然数でも起こるという保証はない．一般に私たちは素因数分解の存在のみを証明し，そして素数は正の整数に対する乗法の"建築ブロック"であるという表現をすることが多い．

　本当に大切で必要なことは素因数分解の一意性であり，各自然数はただ一つの方法で，素数の積から作ることができる．1 より大きい各正の整数は素数の積として，ただ一つの形で書くことができる（使う素数を増える順序に並べるという約束をする）．素因数分解がただ一つしかないことの証明は後に回し，いくつかの例を挙げておこう．

$$30 = 2 \times 3 \times 5, \quad 60 = 2 \times 2 \times 3 \times 5, \quad 999 = 3 \times 3 \times 3 \times 37$$

　これらの積に使った自然数を，もっと小さな因数に分解しようとしても，最後はここで使っている素数の因数だけになることがわかる．大きい因数から小さい因数へ分解する方法は，たくさんの道筋がある．なぜそれがいつも同じ結果を導くのか，明白な理由がこれらの計算をしているときにはわからない．それで，素因数分解の存在より，その一意性のほうが，もっとずっと捉えにくい．

注意 1 は素数ではないので，1 は素因数分解を持たない．これは私たちの素数の定義が完全でないことを表しているのか？もちろん定義が間違っているということではない．ただ，もっと現実をよく表している定義が存在する可能性があるかもしれない．問題は 1 を素数と呼ぶことは，より意味があるのかということである．

　1 が素数だとしても，素因数分解の存在に影響を与えない．実際に 1 が素数になるので，定理の文章が少し美しくなる．しかし，素因数分解の一意性は，1 が因数として認められたとき無効になる．積の値に影響を与えずに，1 を何度でもかけることができるからである．1 の何とか乗が，素因数分解にたくさん

入ることができる．このことから，素因数分解の一意性を重要視すれば，1を素数と呼ばない方がよい．（かつては，1を含むように素数を定義することが一般的であったが，自然の成り行きで—素因数分解の一意性を考慮して—現在は1を素数とは定義しなくなっている.）

7.2　余りのある割り算

　素数について議論するために，正の整数における除法の計算方法についてはっきりさせておく必要がある．これには，小学校で習う割り算の計算方法を思い出すことが大切だ．小学校では，余りのある割り算を練習する．最初に「割り切れる」ということについて考えよう．一方がもう一方をちょうど割り切る，正の整数の関係である．

割り切れる

$$\text{ある正の整数 } q \text{ に対して} \quad a = qb$$

なら，正の整数 b は a を割り切るという．この関係を表現する他の一般的な方法には，a は b で割り切れる，a は b の倍数である，という表現がある．いくつかの例をあげてみよう．6 は 12 を割り切るが，6 は 13, 14, 15, 16, 17 を割り切らない．割り切れる関係を整除性という言葉で表すことがある．整除性はきわめてまれにしか起こらず，整除性があるかどうか，すぐにはわからないので，なかなか興味深い関係である．たとえば 321793 が 165363173929 を割り切るかどうか判断するのは難しい．165363173929 がそれ自身より小さい（1を除く）いずれかの正の整数によって割り切れるかどうか調べるのはさらに困難である—つまり 165363173929 が素数であるかどうかを調べるのは非常に難しい．

　このように，素数であることを調べるのは難しい．それが素数の魅力の一つである．さらに，それは素数が不可思議で不規則な並びを作っているということに大きな原因がある．よく知られたいくつかの素数の並びについての規則は

あるが，それを除くと，ほとんど素数の列には規則がない．たとえば，知られている素数の列の規則は，次のような倍数に関することである．2 より大きな素数は，2 の倍数ではない．3 より大きな素数は 3 の倍数ではない．5 より大きな素数は 5 の倍数ではないなど，倍数に関する否定的な言い回しの方がよく知られている．素数の列が無限であるかどうかさえ明らかでないが，──ユークリッドによるこの事実の証明は，整除性の方法が数学の証明に貢献した最初の一つであっただろう．

無限に多くの素数があるというユークリッドの証明は，1.6 節でほのめかした事実を使っている．c が a を割り切り，c が b を割り切るなら，c は $a-b$ を割り切る．なぜなら，c が a と b を割り切るとき，

$$\text{ある正の整数 } m \text{ と } n \text{ に対して，} \quad a = mc \quad b = nc$$

であり，ゆえに

$$a - b = (m-n)c, \quad \text{よって } c \text{ は } a-b \text{ を割り切る．}$$

この簡単な事実を使うと，素数が無限にあることがわかる．どんな素数 $p_1, p_2, \ldots, p_n$ を与えられても，これら以外の素数 p を見つけることができる．よって，無限にたくさんの素数があることがわかる．

ユークリッドの証明は『原論』の第 IX 巻の命題 20 にあり，積 $k = p_1 p_2 \cdots p_n$ と $k+1$ を考える．明らかに，すべての素数 $p_1, p_2, \ldots, p_n$ は k を割り切るが，それらのうちの一つが $k+1$ を割り切るなら，それはまた差 $k+1-k = 1$ も割り切る．これは不可能である．

しかし前節で見たように，2 より大きいどんな整数も素数の積であるので，いくつかの素数 p は $k+1$ を割り切る．このような p は与えられた素数 $p_1, p_2, \ldots, p_n$ と異なる素数である． □

余　り

b が a を割り切るということが，いつも起こるわけではないので，より普通に起こる，余りのある割り算を考えないといけない．学校で習った割り算から

7.2 余りのある割り算

```
  0       b       2b              qb   a   (q+1)b
  •-------•-------•------ ... -----•---◦---•
                                       r
```

図 7.1 b の倍数と余り r

わかるように，b で a を割ると，この割り算は商が q, 余りが r と表せる．割り切れるときには，割り算の式は $a = qb, r = 0$ と表せるが，割り切れないときには，余り r の大きさについてどんなことがわかるだろうか？ 一般的な割り算の姿を図示したものが，図 7.1 である．a は b の二つの連続する倍数，qb と $(q+1)b$ の間にあるということになる．

これから，$a = qb + r$ であり，余りについては，$0 \leq r < b$ が明らかである．$b \neq 0$ である限り，a がある qb と $(q+1)b$ の間にあるということが成立しているから，a と b は正であるという仮定を落とすこともできる．これで整数全体での除法の性質を与えることができる．すべての整数 a と $b, b \neq 0$ に対しても，整数 q と $r \geq 0$ が存在して，$a = qb + r$, $0 \leq r < |b|$ となっている．

b のすべての倍数を書き留めるより，数 q と r を見つける良い方法もあるので，図 7.1 も r が b より小さいことに気づくための唯一の方法ではない．しかし整数の構造を複素数に一般化するときには，この幾何学的な考え方を 2 次元に拡張することが，余りが存在するかを考えるためにもっとも簡単な方法である．（そうでないこともあり，少し驚くこともある.）

最大公約数

整数の倍数を，数直線上に等間隔にとられた点によって表すという考え方は，a と b 両方を割り切る最も大きい整数，すなわち整数 a と b の最大公約数を見事に表現できる．$a = 6, b = 8$ のときを例に考えてみよう．

最初に，6 の倍数 $6m$ がある．

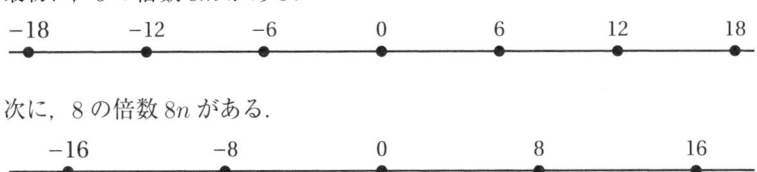

```
  -18    -12    -6      0      6     12     18
  •-------•-----•-------•------•-----•------•
```

次に，8 の倍数 $8n$ がある．

```
     -16       -8        0        8       16
  •---•--------•---------•--------•--------•
```

そして最後に，これらの倍数のすべての和 $6m+8n$ がある．

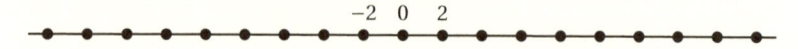

$$-2\quad 0\quad 2$$

すぐに驚くことは，数 $6m+8n$ は，6 と 8 の最大公約数 2 の整数倍であることである．(これは負の数にまで m と n を広げて考えたことの結果である．正の m と n だけしか使えない場合は，数 $6m+8n$ は不規則な数列 $6,8,12,14,16,18,\ldots$ になる．) ちょっと考えるとこの理由はすぐにわかる．

- 6 は 2 の倍数であり，8 は 2 の倍数であるので，$6m+8n$ の形の数は 2 の倍数である．

- 数 2 は $-6+8$ に等しいので，2 のどんな整数の倍数も $2q = -6q + 8q$ という形になり，それは $6m+8n$ の形である．

- 数 $6m+8n$ は正確に 2 の倍数の集まりで，その 2 は 6 と 8 の最大公約数である．

同様の議論を一般の最大公約数，整数 a と b についての $\gcd(a,b)$ (a と b の最大公約数を表す) を考えるときに使うことができる．整数 m と n によって $ma+nb$ という形の整数を作ると，ちょうど $\gcd(a,b)$ の整数倍になっている．

上の特別な場合と違うのは，一般の場合は余りを使った割り算をしなければならない．(6 と 8 の gcd は明らかに 2 なので，例の中ではこのことに気づかない)．

- a は $\gcd(a,b)$ の倍数であり，b は $\gcd(a,b)$ の倍数なので，$ma+nb$ の形のあらゆる数は $\gcd(a,b)$ の倍数である．

- c を $ma+nb$ の形の最も小さい正の値とする．すると c のすべての整数倍もまた $ma+nb$ の形になる．逆に，$ma+nb$ の各値は c の倍数である．なぜか？ 背理法で証明する．ある整数 $m'a+n'b$ があって c の倍数ではないとする．c によって，この数を割ったときの余りは，商を q とすると $m'a+n'b-qc$ の形で表される．qc は $ma+nb$ の形なので，その余りもまたこの形になっている．しかし割り算の性質より，余りは c より小さく，c より小さい正の数 $ma+nb$ は c の決め方に矛盾する．

- このように，数 $ma+nb$ は正確にこの形の数で最小の正の数 c の倍数である．数 $ma+nb$ は a と b を含み，ゆえに a と b は c の倍数である．つまり c は a と b の公約数である．しかし $\gcd(a,b)$ がすべての数 $ma+nb$ を割り切ることはすでにわかっているので，$\gcd(a,b)$ は c を割り切り，ゆえに $c=\gcd(a,b)$．もし $c=\gcd(a,b)$ でなければ，最大公約数 $\gcd(a,b)$ より大きな公約数 c が存在してしまう．

7.3 素因数分解の一意性

前節の事実が教えてくれることは，約数と素数は不可解な謎かもしれないが，公約数は，われわれに開かれた知識であるということである．任意の整数 a の約数についての単純な公式はないが，a と b の gcd は $ma+nb$ という形の，最も小さい正の整数だということがわかる．素数について学ぶときに，gcd が使えるかもしれない．しかし，どのようにしてこの二つの数の間の関係を確立すればよいのだろうか？

一つは，次のような方法である．p が素数であり，a が p で割り切れない整数であるなら，$\gcd(a,p)=1$ である．p の唯一の正の約数が p と 1 であり，これら二つの約数のうち 1 だけが a を割り切るということになる．素数についての基本的な性質は，ユークリッドの『原論』第 VII 巻，命題 30 で与えられている（ユークリッドの証明は異なるけれども）．

素数の約数としての性質 素数 p が整数 a と b についての積 ab を割り切るなら，p は a を割り切るか，あるいは p は b を割り切る．

これを証明するため，p が a を割り切らないと仮定する（こうして p が b を割り切ることを示したい）．すると上の議論から，$\gcd(a,p)=1$ となる．前節から，整数 m と n に対して $\gcd(a,p)=ma+np$ となることがわかり，ゆえに

$$1 = ma + np$$

p が ab を割り切るという事実を利用するために，この等式の両辺に b をかける．

これにより $b = mab + npb$ となり，p が右辺の両項を割り切るのがわかる—明らかに npb を割り切り，仮定により ab を割り切る．ゆえに p は mab と npb の和を割り切ることによって，$mab + npb = (ma + np)b, ma + np = 1$ となることもあるので，p は b を割り切るという，証明したいことが結論として得られる．
□

この素数の約数における性質から次のことがわかる．

- 素数 p が正の整数 $q_1, q_2, \ldots, q_n$ の積を割り切るなら，p は $q_1, q_2, \ldots, q_n$ のうちの一つを割り切る．

- また $q_1, q_2, \ldots, q_n$ が素数なら，p はそれらの一つと等しい（素数の唯一の約数はその素数自身だからである）．

- $p_1 p_2 \ldots p_r$ と $q_1 q_2 \ldots q_s$ が素数の積で，その値が等しいとする．このとき，$p_1, p_2, \ldots, p_r$ の中の各素数は $q_1, q_2, \ldots, q_s$ の中の素数の一つに等しく，逆もまた成り立つ．（各 p_i は $p_1 p_2 \ldots p_r$ を割り切り，積 $p_1 p_2 \ldots p_r$ の値は $q_1 q_2 \ldots q_s$ に等しいからである．）

このように値が等しくなるいくつかの素数の積は，実際に同じ素因数から作られている．よって，次の定理が成立する．

素因数分解の一意性 任意の 1 より大きい正の整数は，小さい因数の順序で並べれば，唯一つの方法で素数の積として表せる．

素因数分解の一意性は，どちらかと言えば近代的な定理である．最初，1801 年ガウスによって提出されたが，その本質はユークリッドの結果として知られる素数の約数の性質である．素因数分解の一意性が現れることが遅かった一つの理由は，それを表現するために必要な，すぐれた記数法がなかったからかもしれない．ユークリッドは上の証明で使っている"未知数の未知の数"のような表現はもちろん，3 つあるいは 4 つ以上の未知数を使うことを好まなかった．しかし，素数の約数としての性質が，しばしば本質的に必要であることも，また真実である．この例をあとの節で見てみよう．

2 の無理数根

第 1 章で $\sqrt{2}$ が無理数であることを証明し，このことからオクターブを整数の振動数の比を使って分けるピタゴラスの規格が，12 の等しい区間にオクターブを分けることにそぐわないという説明をした．今度は，素因数分解の一意性を使って，どんな整数 $k \geq 2$ に対しても $\sqrt[k]{2}$ が無理数であることを証明しよう．(それはオクターブを整数の振動数の比を用いて，等しい分割をしようとするとき，どんな整数 k に対しても不可能であることを示すことになる．)

背理法の矛盾を導くために，証明を次の仮定から始める．

$$\text{ある整数 } m \text{ と } n \text{ に対して} \quad \sqrt[k]{2} = \frac{m}{n}$$

であり，m と n が素因数分解

$$m = p_1 p_2 \ldots p_r, \quad n = q_1 q_2 \ldots q_s$$

を持つとする．両辺を k 乗することによって，

$$2 = \frac{(p_1 p_2 \ldots p_r)^k}{(q_1 q_2 \ldots q_s)^k}$$

ゆえに，

$$2(q_1 q_2 \ldots q_s)^k = (p_1 p_2 \ldots p_r)^k$$

これは素因数分解の一意性と矛盾する！右辺における 2 の出現数は k の倍数であるけれども，左辺における素数 2 の出現数は，右辺の素数 2 の出現数である k の数倍に 1 を加えたものである．($q_1 q_2 \ldots q_s$ の中に何回 2 がかけられていても，それは k の倍数である．)

ゆえに，最初の仮定 $\sqrt[k]{2} = \frac{m}{n}$ が間違いである．この仮定は $\sqrt[k]{2}$ が有理数であるということだった． □

7.4 ガウスの整数

素因数分解の一意性を使う理論はたくさんあり，それは数の理論の中で有力な手段として正しく評価されている．実際，素因数分解の一意性はユークリッ

ドが想像していたよりさらに強力な手段である．自然数の世界だけではなく，"整数"や"素数"のように振る舞う複素数もあり，素因数分解の一意性は，そのような数に対してもまた適用できる．そのような複素整数はオイラーによって1770年頃最初に使われた．彼はそれらの特別な数が，普通の整数の秘密を見つけるために，まるで魔法のような力を持つことを見つけた．たとえば，aとbが整数である$a+b\sqrt{-2}$という形の数を使うことによって，彼は27が2の平方から拡張された，ただ一つの立方であるというフェルマーの主張を証明することができた．オイラーの結果は正しかったが，部分的には幸運も手伝っている．彼は実際には複素"素数"とそれらの振舞いを理解していなかったのである．

　1832年に，ガウスが初めて複素整数の研究に確かな基礎を築いた．彼は，今日，ガウス整数—aとbが普通の整数であるときに$a+bi$で表される数—と呼ばれるものの研究を進めた．特に，彼は"素数"にあたるガウス整数—今ではガウス素数と呼ばれる—を見つけ，この複素数に対する素因数分解の一意性を証明した．普通の整数はガウスの整数の中に含まれるが，普通の素数は必ずしもガウス素数ではない．たとえば，2は"より小さな"ガウス整数の因数$1+i$と$1-i$を持ち（2を因数分解するので，2より小さなという言葉を使っている），それは普通の素数2がガウス素数でないことを示している．

　実際，ガウス素数因数分解

$$a^2 + b^2 = (a+bi)(a-bi)$$

を持つような，普通の整数a^2+b^2はいずれもガウス素数でない．これは不都合に見えるかもしれないが，実はa^2+b^2のガウスの因数分解は，二つの平方の和の隠された性質を明らかにする．これはピタゴラスの定理の発見以来数学者を魅了してきた話題である．不都合な事実ではなく，非常に実りの多い性質がたくさんある．ガウスの素数を，より初歩的な話題に対して使ってみようと思う．そのためには，普通の整数に対して考えたように，ガウスの整数に対する除法を理解する必要がある．

余りのあるガウス整数の除法

ガウス整数 A をガウス整数 B で割るときでも，普通の整数の割り算とほとんど同じことをする．A が B のすべての倍数の間のどこに落ちるかを探す．A に最も近い QB は商 Q を与え，そして差 $A - QB$ が余りである．しかし，この余りは B より "小さい" か？ この疑問に答えるためには B の倍数がどのような性質をもっているかを知る必要がある．

ガウスの整数は，図 7.2 に示されているように正方形のグリッド，格子を形成する．1 も i も O からの距離が 1 であるので，格子を作る正方形の辺の長さは 1 である．

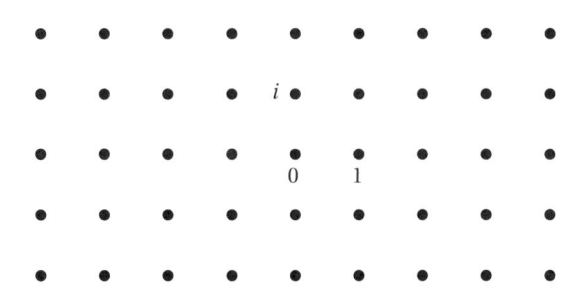

図 **7.2** ガウス整数

B が任意のガウス整数であるなら，B とガウス整数 $m + ni$ をかけたものは m に B をかけ n に iB をかけたものをたしたものである．そこで B の倍数は点 B と iB の和となり，それは O から直角をなす方向にあり，それぞれ原点 O からの距離は $|B|$ にある．これにより，すべてのガウス整数 $B \neq 0$ の倍数は辺 $|B|$ の長さの正方形の格子を作る．図 7.3 は，$2 + i$ の倍数を示している．

A を任意のガウス整数とし，ガウス整数 $B \neq 0$ による A を割ったときの商と余りを見つけよう．B の倍数は正方形の格子を作り，A は正方形のうちの一つの中に入る．QB が A に最も近い正方形の頂点なら，$A = QB + R, R = A - QB$ というように，商 Q と余り R がきまる．$|R|$ は図 7.4 のように，格子を作る正方形の辺に，平行な辺を持つ直角三角形の斜辺の長さである．

正方形の辺の長さは $|B|$ であるから，直角三角形の辺はともに $\dfrac{|B|}{2}$ より短い．

図 7.3 $2+i$ の倍数が表す格子点

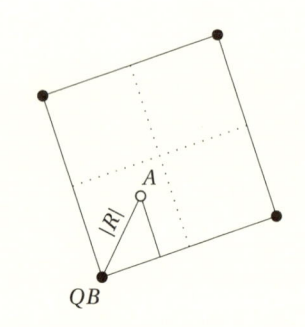

図 7.4 A と一番近い B の倍数

ゆえにピタゴラスの定理から

$$|R|^2 \leq \left(\frac{|B|}{2}\right)^2 + \left(\frac{|B|}{2}\right)^2 = \frac{|B|^2}{2} \quad \text{よって} \quad |R| < |B|$$

以上よりガウス整数の割り算の性質がわかる.

ガウス整数の割り算の性質

$A, B \neq 0$ である任意のガウス整数について,次のようなガウス整数 Q と R

が存在する．
$$A = QB + R, \quad ただし 0 \leq |R| < |B|$$
（Q と R が唯一つであると主張しているのではない—実際 A が正方形の中心にあるとき，四つの最も近い点が存在する—ある小さな余り R が存在するということである．）

7.5 ガウス素数

7.3 節から，普通の整数の割り算の性質が，素因数分解の一意性への道を開くことがわかる．同じことをガウス整数でも期待するかもしれない．しかし，それならばガウス素数を定義する必要があり，ガウス素因数分解が存在することを確認しなければならない．ちょうど自然数の素数から数 1 を除くことが普通のように，ガウス素数から $\pm 1, \pm i$（単位元と呼ばれる）を除外することが適切である．これは複素数に対する"大きさ"を測る方法から起こることで，ガウス素数の議論において，この"大きさ"が重要なのである．

ガウス整数に適した大きさの測り方は，やはり複素数に対する絶対値である．すでに，なぜ余りのある除法の研究が必要なのかを説明してきた．そこで，ガウス素数を 絶対値 > 1 で，それより小さい絶対値のガウス整数の積にはならないガウス整数として定義する．絶対値 1 の数は除外しておく—ちょうどそれらが自然数の素数でも 1 を除外するように—素因数分解の一意性の可能性を高めるために．

素因数分解：存在

素因数分解は，7.1 節で説明した普通の整数の素因数分解を少し変えることによって，作ることができる．このとき，絶対値そのものより，絶対値を 2 乗したノルムと呼ばれる大きさを測る量を使った方が都合が良い．これは，ガウス素数の考え方には，悪い影響は与えない．（ノルムが大きければ，絶対値も大きくなる．）しかし，ノルムは普通の整数の値をとるので，有限回の減少しかしないという利点がある．ノルムの繰り返しは，有限回の減少で終わる．

素因数分解の手順を説明しよう．N が素数ではないガウス整数とする．このとき，1 よりノルムが大きく，N よりノルムが小さいガウス整数 A と B の積になっている．A と B がガウス素数でないときには，さらに A と B は，より小さな，かつ，1 より絶対値の大きなガウス整数の積に分解される．正の整数は無限に小さくなることはできないから，この繰り返しは有限回で終わり，最後はガウス素数の積で N を表せる． □

ノルムは，ガウス整数の約数を見つけることにも役立つ．ノルムの積の性質

$$\mathrm{norm}(B)\mathrm{norm}(C) = \mathrm{norm}(BC)$$

が約数を見つけることに使える．この式は 2.5 節のディオファントスの恒等式を見直したものに過ぎない．

$$(a^2+b^2)(c^2+d^2) = (ac-bd)^2 + (bc+ad)^2 \quad \text{ただし } B = a+bi, C = c+di$$

$A = BC$ とすれば，積の性質の言葉を使うと，B が A を割り切れば，ノルム $\mathrm{norm}(B)$ は $\mathrm{norm}(A)$ を割り切る．（この場合，ノルムは定義から整数．）このことから，約数 B を探す範囲を狭めることができる．B は $\mathrm{norm}(B)$ と等しいノルムを持ったガウス整数の中で探せばよい．

例

1. ガウス整数 $1+i$ は $1^2+1^2 = 2$ よりノルム 2 である．2 は普通の自然数の素数で，より小さい自然数の素数の約数を持たない．ということは，$1+i$ は，より小さいガウス整数の積に直すことはできない．すなわち，$1+i$ はガウス素数になる．同じように $1-i$ もガウス素数であるから，$(1+i)(1-i) = 2$ は自然数の素数 2 のガウス素数による素因数分解となる．

2. ガウス整数 3 は 3^2 がノルムである．ノルム 9 を普通の整数の約数で分解すると，$1, 3, 3^2$ になる．しかし，3 はガウス整数 $a+bi$ のノルム a^2+b^2 にはならない．ガウス整数 $a+bi$ の a,b から 2 乗の和を作って 3 にする

ことができないからである．このことより，3 はより小さいノルムのガウス整数の積にはならない．よって，3 はガウス素数である．

3. ガウス整数 $3+4i$ はノルム $3^2+4^2=5^2$ を持っている．5 は自然数の素数である．よって，$3+4i$ のガウス因数のノルムは 5 である．明らかなガウス整数でノルムが 5 のものは，$2+i$ などがある．この数を 2 乗すると $(2+i)^2=2^2+4i+i^2=3+4i$ である．因数 $2+i$ はノルムが 5 であり，5 は自然数の素数であるから，$2+i$ はガウス素数である．

素因数分解，一意性

割り算の性質がわかったので，ガウス整数の素因数分解の一意性の道具をそろえることができた．残っていることは，7.3 節で自然数の素因数分解で使った方法が，ガウス整数に対しても使えるかどうかを調べることである．

- 最初にすべてのガウス整数 A と B に対してガウス整数 M と N が存在して，

$$\gcd(A,B) = MA + NB$$

これは，$MA+NB$ の形のすべての数が，その最小の数の倍数であることを示せば証明される．ここで，最小という言葉の意味は，絶対値が最小であるということである．ここが，自然数の場合と異なるところである．

- つぎに，ガウス素因数の性質が必要である．もしガウス素数 P が AB を割り切るとすると，A は P で割り切れるか，B が P で割り切れるかのどちらかである．このことは，自然数の素数のときと同じように証明できる．$\pm 1, \pm i = \gcd(A,P) = MA + NP$ であることと，この方程式に B をかけることで証明した．自然数の素数の場合と同じ方法が使える．

- 最後は，一意性の詰めの部分である．ガウス素数の二つの積 $P_1P_2\ldots P_r$ と $Q_1Q_2\ldots Q_s$ が等しいとき，それらは，等しいガウス素数の積になっている．前に使ったように，素因数の性質を，それぞれの P は，どれかの Q を割り切っている．しかし，これは $P=Q$ を意味してはいない．

$P = \pm Q$ または，$P = \pm iQ$ を保証するだけである．P と Q は単位の約数だけ違いが存在する．

このように，ガウス整数の素因数分解の一意性は，自然数の一意性より若干弱い一意性になっている．

ガウス整数の素因数分解の一意性　ガウス素数の二つの積 $P_1 P_2 \ldots P_r$ と $Q_1 Q_2 \ldots Q_s$ が等しいとき，それに含まれる素因数の違いは，かける順序と，単位の約数 $\pm 1, \pm i$ の違いだけである．

7.6　有理数の傾きと有理数の角度

ガウス素因数分解の一意性の非常に単純な応用は，2.6 節で述べられた結果である．有理数の辺を持つ直角三角形における角度は π の有理数倍ではない．（私はこの証明をジャック・カルカットから学んだ．）これはちょうど有理数の振動数の比率の列が，オクターブを等しいピッチ区間に分けることができないようなものである．バビロニアの粘土版プリンプトン 322 におけるような，有理数の長さの辺を持つ直角三角形の列は，0 と $\pi/2$ の間の等間隔の角度の "大きさ" を決して作らないことを意味する．

仮に，整数の辺 a と b，整数の斜辺 c，角 $\dfrac{2m\pi}{n}$ (m と n は整数) を持つ直角三角形があるとしよう．言い換えると点 $\dfrac{a}{c} + \dfrac{bi}{c}$ は図 7.5 におけるように，単位円上の角 $\dfrac{2m\pi}{n}$ のところにあるようになっている．

乗法の幾何学的性質により，2.6 節において次のような性質を考えた．

$$\left(\frac{a}{c} + \frac{bi}{c}\right)^n = 1$$

から

$$(a + bi)^n = c^n \tag{7.1}$$

$a + bi$ と c が必ずしもガウス素数でなくてかまわないので，一意性が成立するかどうかまだ明らかでないのだが，この等式はガウス素因数分解の一意性を壊

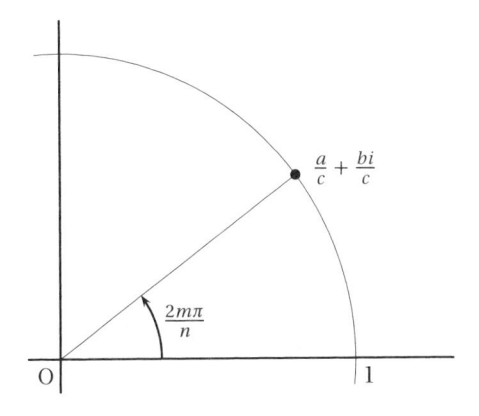

図 7.5 仮想の点

すことが次のように示せる．$a+bi$ と c はガウス整数であるから，単位の因数とかける順番を無視して唯一つのガウス素因数分解を持つ．

$$a+bi = A_1 A_2 \ldots A_r$$

$$c = C_1 C_2 \ldots C_s$$

また，$a+bi$ は c の単位の因数倍である $\pm c$ や $\pm ic$ ではないので，$A_1, A_2, \ldots, A_r$ と $C_1 C_2 \ldots C_s$ は，順序や単位の因数倍だけではない違いがある．

このように (7.1) に (7.6) を代入すると，等しい二つの素因数分解が得られる．

$$(A_1 A_2 \ldots A_r)^n = (C_1 C_2 \ldots C_s)^n$$

この素因数分解は，次数や単位の因数だけではない違いがある．これは，ガウス素数による素因数分解の一意性に反する．よって，最初の，$\dfrac{a}{c} + \dfrac{bi}{c}$ が $\dfrac{2m\pi}{n}$ (m と n は整数) という偏角を持つという仮定が正しくないことを示している．

□

7.7 成立しない素因数分解の一意性

実数（普通の整数）には成立する，いつでも同じ素因数分解が得られるということが，… 複素数（複素整数）では成立しないという

ことは，非常に残念なことである．これが簡単に示せてしまう．このことから，複素数はそれほど完璧なものではないのではないだろうか．他の性質は，実数と同じように作れるにもかかわらず，このような基本的なことが成立しないとは．

——エルンスト・エドワルド・クンマー,『全集』

ガウス整数は有理三角形における角度を説明するのにとても適しているが，その他の問題については他の"複素整数"が適しているかもしれない．その画期的な例は，オイラーの『代数学原論』(1770) における方程式 $y^3 = x^2 + 2$ の解であった．問題は 7.4 節ですでに簡潔に扱っていて，この方程式の唯一つの正の整数解は $x = 5, y = 3$ である．ディオファントスは『算術』第 6 巻，問題 17 で述べており，1657 年フェルマーはそれが唯一つのものであると主張した．

オイラーは $y^3 = x^2 + 2$ の x と y を正の整数と仮定することから始める．そして彼は，$x^2 + 2$ が立方 y^3 に等しいことから，大胆にも $x^2 + 2$ の因数である $x + \sqrt{-2}$ と $x - \sqrt{-2}$ も立方になっていると考えた．特に

$$x + \sqrt{-2} = (a + b\sqrt{-2})^3, \quad a \text{ と } b \text{ は普通の整数}$$
$$= a^3 + 3a^2 b\sqrt{-2} + 3ab^2(-2) + b^3(-2)\sqrt{-2}$$
$$= a^3 - 6ab^2 + (3a^2 b - 2b^3)\sqrt{-2}$$

両辺の虚部を比較して，

$$1 = 3a^2 b - 2b^3 = b(3a^2 - 2b^2)$$

1 の整数の約数は ± 1 であるから

$$b = \pm 1, \quad 3a^2 - 2b^2 = \pm 1$$

よって，$a = \pm 1, b = \pm 1$．これらを実部 $x = a^3 - 6ab^2$ に代入すると，$a = -1$ と $b = -1$ も正の解，つまり $x = 5$ を与えることがわかる．対応する y の値は，明らかに正の解 3 である． □

この魅力的な証明が成功したのは，オイラーが $x + \sqrt{-2}$ と $x - \sqrt{-2}$ とが，a と b が普通の整数である数 $a + b\sqrt{-2}$ の 3 乗の集合の中に入っていることを，

7.7 成立しない素因数分解の一意性

的確に仮定したからである．オイラーがこの仮定をした根拠は疑わしい—そのような仮定が間違いである場合も，同じことができる可能性がある—．しかしこの場合，数 $a+b\sqrt{-2}$ に対する素因数分解の一意性のおかげで，この仮定の完全な正当化は可能である．この性質はガウス整数において適用できることとほぼ同じ理由で，ここでも適用できる．

$a+b\sqrt{-2}$ のノルムは，絶対値の 2 乗，つまり普通の整数 a^2+2b^2 である．$a+b\sqrt{-2}$ という形の素数は，より小さなノルムを持つ数の積にはならない数である．多くの場合，素因数分解の一意性は除法の性質の結果として成立する．除法の性質はガウス整数に対して用いたのと同じ方法で証明することができる．複素数平面において $a+b\sqrt{-2}$ という数に対応する点を見て，それらが幅 1，高さ $\sqrt{2}$ の長方形の格子を作っているのがわかる．除法の性質は，そのような長方形の中のどの点からも，最も近い頂点までの距離が 1 より小さいという簡単な幾何学的事実から説明できる．

特別な形の方程式を解くためには，特別な整数を研究する必要がある．この特別な実の整数を研究するために複素整数を使う一般的な方法を，これらの例が垣間見せてくれるのである．これが本節の最初の引用文でクンマーが言っていた "整数理論" である．クンマー自身は，フェルマーの最終定理—等式 $x^n+y^n=z^n,\ n>2$ を満たす正の整数 x,y,z はないという問題—と関連させて彼の整数理論を研究した．

クンマーがこの問題に取り組む直前に，間違いではあるが，x^n+y^n を複素整数で因数分解する一般的な "証明" が与えられていた．x^n+y^n が $x+y\zeta_n^k, \zeta_n=\cos\dfrac{2\pi}{n}+i\sin\dfrac{2\pi}{n}$ の形に因数分解できるというものである．これらの因数の積が n 乗の冪 z^n に等しくなることから，各因数はそれ自身 n 乗の冪になっていると仮定することは魅惑的である（方程式 $y^3=x^2+2$ に対してオイラーが仮定したように）．しかし，この仮定は ζ_n から作られた複素整数に対する素因数分解の一意性を仮定しなければならない．クンマーは素因数分解の一意性が $n \geq 23$ のときは，成り立たないことを発見した．

そのような複雑な状況においてクンマーが素因数分解の一意性が崩れるのを発見できたことは注目すべきである．しかし，この失敗に対する彼の反応は，はるかに注目すべきである．彼はそれを受け入れようとしなかった！実際に

彼は，素因数分解の一意性がないとき，素因数分解の一意性が成立するような"理想の素数"—虚数の幾何学的用語から"理想の"という言葉を採用した（イデアルと日本語でも言われる）—があるに違いないと信じていた．理想の素数（イデアル）の存在を私たちも信じる前に，それらがなぜ必要となるかがわかる，もっとも単純な例を説明しよう．（理想の素数（イデアル）が存在しても，フェルマーの最終定理の証明は，この方法では成功しない．それはまた別の理論が必要になる …．）

複素整数 $a+b\sqrt{-5}$

普通の整数 a と b について $a+b\sqrt{-5}$ という形の複素整数は，a^2+5b^2 という形の普通の整数の複素因数として現れる．たとえば

$$6 = 1^2 + 5 \times 1^2 = (1+\sqrt{-5})(1-\sqrt{-5})$$

といった具合である．しかし，6 はよく知られた，2×3 という因数分解を持ち，$2, 3, 1-\sqrt{-5}$ と $1+\sqrt{-5}$ は，すべて素数であることがわかる—これは，素因数分解の一意性について，困ったことが起こっている．

これは複素数のノルムをその絶対値の平方として定義することが適切であるもう一つの例である．ノルム $(a+b\sqrt{-5}) = a^2+5b^2$ とすることは，因数分解にとっても意味がある．素数かどうかはより小さなノルムを持った複素整数の積にならないことを調べる．これを調べるには良い方法がある．普通の整数の割り算で，B が A を割り切れば，ノルム (B) がノルム (A) を割り切る．このように $a+b\sqrt{-5}$ は，そのノルムが，それより小さなノルムをもつ普通の整数因数へ分けることができないなら素数である．この考え方が，数 $2, 3, 1-\sqrt{-5}$ と $1+\sqrt{-5}$ が，すべて素数であるかを確かめるための手っ取り早い方法になる．

- 2 はノルム 2^2 を持ち，それは 2×2 という素因数分解だけを持ち，どんな整数 a と b に対しても $2 \neq a^2 + 5b^2$ なので，2 はノルムではない．

- 3 はノルム 3^2 を持ち，それは 3×3 という素因数分解だけを持ち，どんな整数 a と b に対しても $3 \neq a^2 + 5b^2$ なので，3 はノルムではない．

- $1+\sqrt{-5}$ はノルム 6 を持ち，それは 2×3 という素因数分解だけを持ち，2 と 3 はノルムではない．

- $1-\sqrt{-5}$ もまたノルム 6 を持つので，同じ結論を得ることができる．

このように 6 の素因数分解 2×3 と $(1+\sqrt{-5})(1-\sqrt{-5})$ は，ともに素因数分解であるが，私たちが作ったノルム計算からは，それらが素数としての約数の性質を欠いていることがわかる．たとえば，2 は $6 = (1+\sqrt{-5})(1-\sqrt{-5})$ を割り切ることができるが，2 は $1+\sqrt{-5}$ と $1-\sqrt{-5}$ を割り切ることができない．なぜかというと，$\mathrm{norm}(2) = 2^2 = 4$ は $\mathrm{norm}(1+\sqrt{-5}) = \mathrm{norm}(1-\sqrt{-5}) = 6$ を割り切ることができないからである．

これらの，いわゆる素数の受け入れがたい行動は，クンマーに，それらが実際には素数ではないが，理想的なものが存在することを，いわゆる素数の行動から推論させた．これらは，隠された"理想の"素数の混合物であるのではないかと確信させた．彼はその状況を，元素"フッ素"が存在すると思われていたがフッ素化合物のみが観察されている，彼の時代の化学の状況と比較した．フッ素化合物を観察することにより，フッ素のいくつかの性質を推論すること，また新しいフッ素化合物の性質を予想することは可能であった．

クンマーは彼の理想の素数の研究をこの方法で進めた．彼は実際に理想の素数を見つけることなく素因数分解の一意性の力を使うことができた．そしてちょうど最終的にフッ素が分離されたように，（ある意味）クンマーの"理想の素数"（イデアル素数，素イデアル）も，クンマー自身によってではないけれども，作り上げられた．

7.8 イデアルと素因数分解の一意性の復活

しかし，そのような数の領域における今後の研究の見通しについて絶望すればするほど，本当に偉大で有益な発見によって，最終的に大きな実りを得ることができた．クンマーの確固とした信念と努力に，より大きな賞賛をしなくてはならない．

—リヒャルト・デデキント，『代数的整数論』

第7章 イデアル

クンマーが正しいなら，複素整数 $a+b\sqrt{-5}$ の中の，いわゆる素数 $2, 1+\sqrt{-5}$ は，素数としてあまり都合の良い働きはしない．それらは本当の素数ではないからである．それらは"イデアル"因数に分解される．そのような"理想の数（イデアル）"はどのように見つければよいのだろうか．クンマーの基本的な考えは，ある数を理解するときに，その数の倍数全体がわかればよいということである．この考え方を使うと，理想の数（イデアル）の倍数を調べることで，イデアルを十分にとらえられるというものであった．1871 年，デデキントは彼がイデアルと呼ぶところの，"倍数全体"のみを考えることにより，この理論を完成させた．彼はイデアルは記述が簡単であること，かけ算が簡単であること，そして"複素整数"の考える領域に対する素因数分解の一意性を持つことなどを証明した——クンマーの夢を完全に現実にした．

デデキントのイデアルの発見は数学の偉大な成功物語の一つであり，それが素因数分解の一意性を復活させたからだけではない．イデアルは数の理論，代数学，幾何学の多くの分野において実りの多い，重要な概念であることがわかった．それらは圧倒的に大きな成功を収めたので，現在多くの人々は，作られたときの元の目的を知らずにイデアルを学ぶようになった——不合理で解決不能と思われる状況を受け入れるのでもなく，それを解決した研究の目的をも忘れて学ぶことにより，一見不可能なものの解決を矮小化する傾向がある．ここでの著者の目的は，イデアルの役割を，明らかで説得力のある例で説明することにある．それはすべての人が，イデアルを学ぶ前に知らなければならないことである．

特に，複素整数 $a+b\sqrt{-5}$ の中の，2 と $1+\sqrt{-5}$ に注目しよう．2 と $1+\sqrt{-5}$ がイデアル素数に分解される可能性があり，それらは共通なイデアル因数を持っているかもしれない．これにより 2 と $1+\sqrt{-5}$ の最大公約数を探すことができるかもしれない．7.2 節から，整数 $ma+nb$ の中で普通の整数 a と b の gcd（最大公約数）は最も小さい整数であることを思いだそう．実際，整数 $ma+nb$ は正確に $\gcd(a,b)$ の整数倍であるので，$\gcd(a,b)$ は m と n が整数であるような $ma+nb$ という形の整数の集まりから"知る"ことができるかもしれない．

ゆえに $\gcd(2, 1+\sqrt{-5})$ が，複素整数 $2M+(1+\sqrt{-5})N$（M と N は複素整数 $a+b\sqrt{-5}$ を動く）から"求められる"かもしれないと考えてみよう．この数

7.8 イデアルと素因数分解の一意性の復活

図 7.6 2 の倍数

図 7.7 $1+\sqrt{-5}$ の倍数

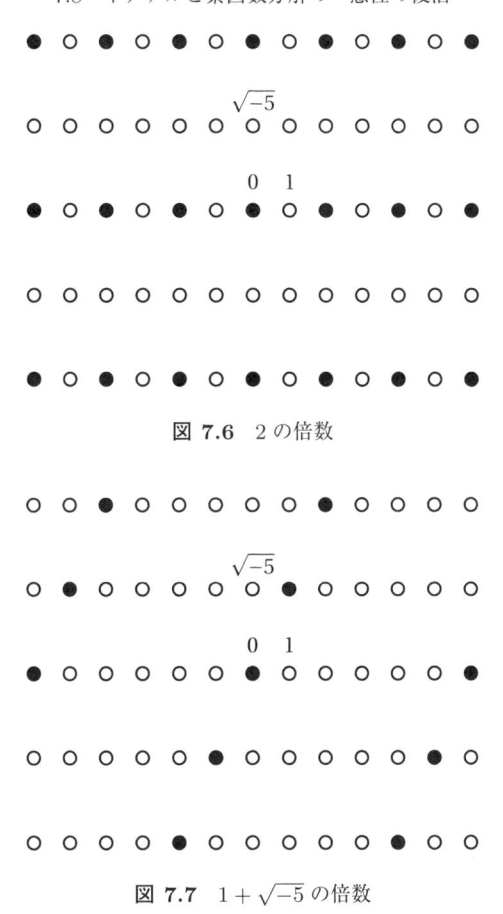

の集合がどのような集まりを作るかを図で見てみよう．

まず，2 の倍数である，すべての複素整数 $2M$ の作る格子（図 7.6）は長方形である．この長方形は，複素整数 $a+b\sqrt{-5}$ すべてが作る格子と同じ形（だが 2 倍の大きさである）の長方形を形成する．

次に，$1+\sqrt{-5}$ の倍数 $(1+\sqrt{-5})N$ を考えよう．N は複素整数 $a+b\sqrt{-5}$ 全体を動く（図 7.7）．

全複素数平面を定数 $1+\sqrt{-5}$ 倍することは，すべての距離を定数倍拡大することなので，また同じ形の格子を形成することになる．（それらは $1+\sqrt{-5}$

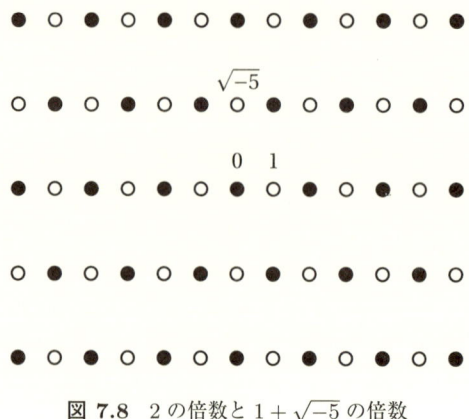

第7章 イデアル

```
●○●○●○●○●○●
            √−5
○●○●○●○●○●○
           0 1
●○●○●○●○●○●
○●○●○●○●○●○
●○●○●○●○●○●
```

図 7.8 2の倍数と $1+\sqrt{-5}$ の倍数

の虚数成分によって回転されるので，最初から長方形を見つけることは少し難しい．）格子 $2M$ と $(1+\sqrt{-5})N$ は主イデアルと呼ばれるものの例であり，一般に主イデアルはいくつかの決められた数の倍数の集まりである．

最後に，2の倍数の $2M$ と $1+\sqrt{-5}$ の倍数 $(1+\sqrt{-5})N$ との和を考えよう（図 7.8）．これらの和は長方形でない格子を形成するので，$a+b\sqrt{-5}$ という形のあらゆる数の倍数の集合ではない[†]．クンマーの言語では，その要素は"イデアル数" $\gcd(2, 1+\sqrt{-5})$ の倍数である．

今日使う，もっともおもしろくない言葉では，この格子は非主イデアルである．

同じ方法で $\gcd(3, 1+\sqrt{-5})$ や $\gcd(3, 1-\sqrt{-5})$ を表す格子を見つけること

[†] クンマーが存在しない数の倍数を発見したこと，また，そのときの彼の反応は，デデキントによって書かれている（ディリクレの『数論講義』の付録 X，162 節，1871）．

「そのような数がなくてもかまわない… この現象を見るだけで，クンマーはすばらしい発想を持った．そのような数を見えるようにしてくれる，すなわち，イデアル数を使った.」

この言葉の中には "fake" という言葉が使われていて，視覚的に見せることができるというような意味に取ればよいだろう．イデアルを現実的なものにするために，多くの優れた図解の説明を用いている．「それを作るまでは，それを見せる.」fake は偽物という意味もあるが，似せたものを見て，本物を想像することができる．

7.8 イデアルと素因数分解の一意性の復活

ができる．それぞれは非主イデアルとなる．

どんな二つのイデアル $\mathscr{I}$ と $\mathscr{J}$ に対しても自然な積 $\mathscr{I}\mathscr{J}$ を定義することができる．この積は集合で，両方のイデアルから持ってきたすべての元の積を作り，その和を作ったものが元になっている．一つの積でもかまわない．

$$A_1B_1 + A_2B_2 + \cdots + A_kB_k \quad A_s は \mathscr{I} の元, B_s は \mathscr{J} の元$$

もし，$\mathscr{I}$ が A の倍数からできる主イデアル $ideal(A)$ で，$\mathscr{J}$ が B のすべての倍数からできている主イデアル $ideal(B)$ であるとすると，$\mathscr{I}\mathscr{J}$ は単純に AB のすべての倍数が作る主イデアル $ideal(AB)$ である．このように主イデアルの積は数の積に対応し，非主イデアルの積を"イデアル"の積とみなすことにしよう．非主イデアル $\gcd(2, 1+\sqrt{-5})$, $\gcd(3, 1+\sqrt{-5})$ や $\gcd(3, 1-\sqrt{-5})$ の積を作ると，この考え方が適切であることがわかる．これら"イデアル数"に割り切れる，という意味を付け加えることができる．

計算を省き，結果だけを書くと次のようになる．

$$\gcd(2, 1+\sqrt{-5})\gcd(2, 1+\sqrt{-5}) = (2)$$
$$\gcd(3, 1+\sqrt{-5})\gcd(3, 1-\sqrt{-5}) = (3)$$
$$\gcd(2, 1+\sqrt{-5})\gcd(3, 1+\sqrt{-5}) = (1+\sqrt{-5})$$
$$\gcd(2, 1+\sqrt{-5})\gcd(3, 1-\sqrt{-5}) = (1-\sqrt{-5})$$

この式から，6 の二つの素因数分解 $2 \times 3, (1+\sqrt{-5})(1-\sqrt{-5})$ は，イデアル数を使った同じ式に分解される．

$$\gcd(2, 1+\sqrt{-5})\gcd(2, 1+\sqrt{-5})\gcd(3, 1+\sqrt{-5})\gcd(3, 1-\sqrt{-5})$$

さらに，これらのイデアル因数は素数であることがわかり，イデアル素因数分解は唯一つであることがわかるので，クンマーは正しかった．いわゆる素数 $2, 3, 1+\sqrt{-5}, 1-\sqrt{-5}$ はイデアル素数 $\gcd(2, 1+\sqrt{-5}), \gcd(2, 1+\sqrt{-5}), \gcd(3, 1+\sqrt{-5})$ と $\gcd(3, 1-\sqrt{-5})$ の化合物である．

イデアル素数は，a と b が普通の整数であるときの複素整数 $a + b\sqrt{-5}$ の中には存在しない．しかし，奇跡的にそれらの"倍数の集合"の中に存在し，普通

の整数を扱うのと同じくらいのやさしさでイデアル素数を扱うことができる．1877年，デデキント [13.p57] はこれを $\sqrt{2}$ のような，無理数の存在と比較している．$\sqrt{2}$ は有理数の中には存在しないが，それは有理数の集合によって作られ（1.5節で用いた小数の集まりのように），ほとんど個々の有理数と同じくらい簡単に，無理数を表現する有理数の集合を扱うことができる．

このように，二つの重要なケースにおいて，普通の数の無限の集合のなかに"不可能"と思われた数を実現することができる．デデキントのこの発見は，実り豊かなものである．これについて詳しくは第9章で考えよう．

第8章 周期的な空間

はじめに

不可能性ということを，数学より芸術から考えてみよう．M.C. エッシャーの滝（図 8.1）を見てみよう．水の不可能な循環は，トライバルと呼ばれる幾何学的図形によるものである．この図形は 3 次元で現実に作るのは不可能である．それは三つの直角を持つ三角形を含むので，現実の空間には存在しない．

これは興味深い数学的挑戦を作り出す．トライバルは，われわれが住んでいる所とは，異なる 3 次元空間に存在し得るのか？ 私たちの目的は，それがあり得ることを示すことであり，トライバルを受け入れる世界を探すことが，さまざまな周期的空間を考えることにつながる．このような空間は，空間内の視点からは無限回現れ，それぞれの構造内部については，各構造が無限に繰り返されている．

円柱を考えてみよう．光がその測地線に沿って進むとすれば，円柱の中で生活する生物は何度も一つの同じ物体を見ることになるだろう．彼らにとって，無限の空間に住んでいるように見えるだろうが，柱の中のある不思議な物体はかなり普通に見えるだろう．たとえば，二つの辺と二つの直角を持つ多角形（円柱の中では存在可能である）は平面において無限のジグザグの道として現れる．

円柱を一般化することによって，3-円柱と呼ばれる 3 次元空間を考え出す．普通の柱と違って，3-円柱は "外側" から眺めることができない．周期的な空間として "内側" から眺めなくてはならず，"内側" の地点からの眺めでも周期的に見える．この周期的に見える物体の本当の姿を推論することにより，3-円柱がトライバルを含むことを見つけることができる．

本当には見えない不思議な空間を視覚化するこの方法によって，一般的な空

第8章 周期的な空間

図 8.1 エッシャー,「滝」

間の性質と,その周期性についての秘密に近づくことができる.これらの考えについて,本書では,ほんの短い説明をする時間しかないが,それは20世紀における数学において最も重要な分野の一つであるトポロジーの到達点を見てもらうことになるだろう.

8.1 あり得ないトライバル

> 無限へのあこがれは，焦燥感と所有感とともにわれわれを苦しめる．われわれの周りは，3次元空間が取り巻いている．それは，普通すぎて，退屈で，当たり前すぎる．自然ではないもの，超自然なもの，存在しないものは，魅力的である．
>
> —M.C. エッシャー，『エッシャーのエッシャー：無限を探る』

M.C. エッシャーはおそらく，数学者に一番気に入られている芸術家だろう．彼の作品は多くの数学の本の中に現れる．これは確かに，エッシャーが数学的テーマをよく使うことによるだろうが，それだけでもないようだ．彼の不可能へのあこがれ，それが，私たちに何かを思い出させくれるのだとも思う．滝のような絵を見るとき，それが描く状況が，今述べた魅力や巧妙さ，そして（どうも）論理のようなものを持っているので，それが真実であればよいと思わせる．それはまるで，エッシャーが別の世界を見る能力を何か持っているかのように見える．

滝をじっくり見てみると，それは図 8.2 に描かれたような，あり得ない物体の図に基づいていることがよくわかる．この物体はトライバルあるいはペン

図 **8.2** トライバル

第 8 章 周期的な空間

図 8.3 ブリューゲル,「絞首門の上のカササギ」

ローズのトライバルとして知られている.エッシャーはこの図形をライオネル・ペンローズ (Lionel Penrose) とロジャー・ペンローズ (Roger Penrose) の論文「あり得ない対象」(*British Journal of Psychology* 49(1958), pp.31-33) により,この数学を知った.

ペンローズ親子(父と息子)は本当のところトライバルを再発見したのである.トライバルは 1930 年代から芸術の世界では知られていて,パラドックスやだまし絵の効果のために一般の芸術でよく使われている.その応用は,図 8.3 のブリューゲルの「絞首門の上のカササギ」の絵から見ることができる.何世紀も前のピラネーシとブリューゲルへと,トライバルの絵画への応用はさかのぼる.絞首門の横木はその足の位置と平行に描かれているだろうか.理由はわからないが,ブリューゲルはそのように描きたかったのだろう.

トライバルについては,そのような曖昧さはない.三つの直角を持つ三角形

は存在しないので，それは普通の 3 次元空間ではあり得ない．しかしトライバルは他の 3 次元空間に存在し，この章の目的はその最も単純なものについて述べることである．トライバルは数学的にあまり重要ではないので，単なる気分転換になるような数学の話に過ぎない．永遠に繰り返す動きから，何か発想を得るようなことをしてはいけない．しかし，それは現代の幾何学と物理学のいくつかの重要な概念を紹介することに役に立つ．

　トライバルが説明する一つの考え方は，"局所"と"広域"の違いである．一つの小さな部分を一瞬見ると，トライバルは単純に直角を持つ長方形の棒に見える．それは"局所的に"は正しいと言えるだろう．しかし，"広域的には正しくはない"．少なくとも三角形が三つの直角を持つということは，通常の 3 次元空間 $\mathbb{R}^3$ ではありえない．トライバルは局所的には $\mathbb{R}^3$ のようであるが，広域的には異なる環境が必要である．トライバルを表現しようとするとき，表現できる望みがあるかどうかを考えるためには，二つの次元における局所と広域の区別を考えた 5.3 節を思い出す必要がある．円柱は局所的には平面と同じであるが，広域的には異なる．このことは，あるパラドックスが起こるような状態を考えて，それが論理的に不備であることを考えるのとは異なることである．

8.2　円柱と平面

　平面ではあり得ない図形を円柱上で作図することは容易である．閉じた直線や同じ 2 点を通る複数個の直線といったような，平面ではあり得ない図は，5.3 節ですでにいくつか見てきている．図 8.4 は，形では別のパラドックスを表現している．それは少し，トライバルについてのパラドックスに似ている．"二つの辺を有する多角形"あるいは二つの直角を持つ二角形ができる．二角形は平面には存在しないが，図から円柱内に存在することは明らかである．

　円柱を形成するために平面をぐるぐると巻くように 3 次元空間を巻けるなら，トライバルを創造することは可能である．これは物理的には可能ではないが，円柱を違った見方で見るなら，何をすべきかがわかってくる—平面の細長い一片を巻くと考えるのではなくて，周期的な平面を巻くと考える．この考え方については，実際に古代文明での先例がある．現在のイラクにあたる，"川の間"

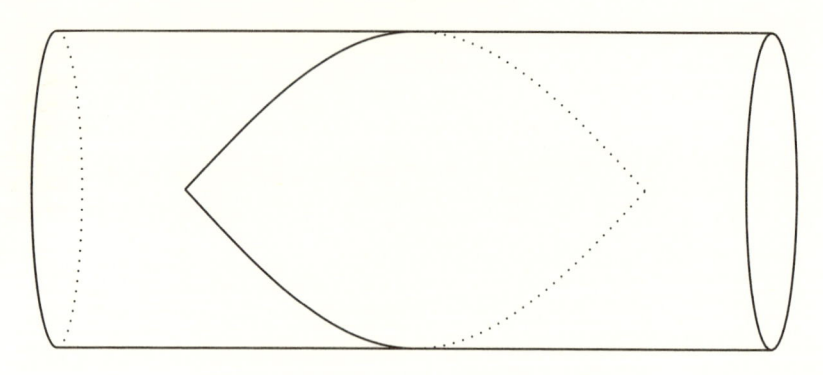

図 8.4 円柱の上の二つの直角を持つ二角形

の地域であるメソポタミアから来ている．

　2003年4月，イラク国立博物館から略奪された財宝の中に，人，動物，植物を形取った，上品なデザインの彫刻が施された何千もの小さな石柱があった．これら柱印と呼ばれるものは，5000年前のメソポタミア文明によって生み出された，最もすばらしい芸術作品の中の一つである．それは環状のデザイン（柱上の）を平面上の周期的なパターンへ変えるために使われた．これは図 8.5 に示されているように，柔らかい土の上で柱を転がすことによって模様が写される．柱印は普通数学的業績としては考えられていないが，それらは柱がある意味周期的空間と同じ性質を持つことから，数学的成果と言える．

　図 8.4 の直角二角形デザインを転がして写すと，図 8.6 に描かれているような平面上の直角のジグザグなパターンが得られる．

　円柱表面に住む2次元生物は，5.3 節で説明したように本質的に平らであるので，円柱を平らであると考えているだろう．そのような生物は二角形をジグ

図 8.5 メソポタミアの円柱印

8.2 円柱と平面

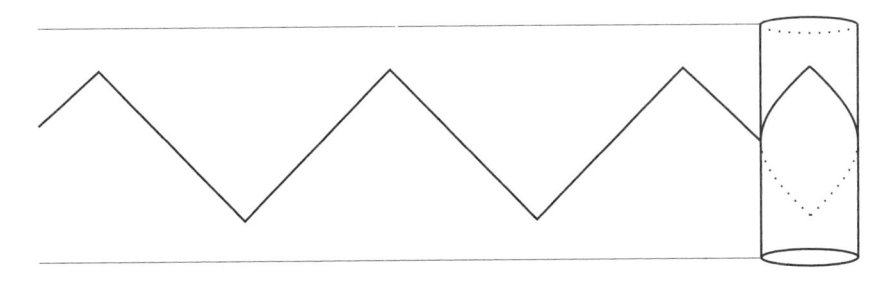

図 8.6 二角形からできるジグザグ図形

ザグな道として見るが，道に沿って歩いているとデジャヴのような強烈な感覚を覚えるだろう．疑いなく，（たとえば）頂点への各方向は同じに見えるだけでなく，実際に同じになっている．その生物が頂点に印を付け，"次の"頂点で同じ印を見つけることによって，方向が同じであることを確かめることができた．実験を通してさらにわかることは，各点における印はある固定された方向で（円柱の軸と直角をなす方向）定距離（円柱の円周）となり，それが繰り返されていることである．

しかし，この生物が 3 次元感覚を持たないなら，これでもまだ円柱の丸さを想像できないだろう．これについては，円柱を周期的な空間とみなすことのほうが，よりわかりやすいだろう．周期的空間は各物体が規則的な空間的間隔によって何度も繰り返されるような空間である．光線が円柱の測地線に沿って進むなら，その生物は，障害物なしで，正確に繰り返しの図形を見ることができる．その眺めは周期的平面の生物の眺めとちょうど同じだろう．2 次元生物が見る，前面の眺めは直線に過ぎないので，周期的な平面の外側からの周期性の眺め（図 8.6 のジグザグの眺めのようなもの）ほど明らかではないだろう．そのような生物にとって，周期性は図 8.7 のように見えるはずだ．黒と白の等しい線分に分けられる直線の遠近法による見え方である．

3 次元における周期性は，図 5.1 で示された等しい立方体に分けられた平らな空間の眺めからすでにわかっているように，かなり複雑に見える．しかし，

図 8.7 直線の透視図による見え方

"円筒形の"3次元空間の内側からの眺めを想像するなら，それに慣れなくてはならない．われわれは，外側からそのような眺めを見ることはできない！

8.3 野生のものはどこにあるのか

2次元空間である円柱は，ある方向では円のようであり，それと直角をなす方向では直線のようである．円柱の表面に住む生物は，ある方向で平面が周期的であることを除いて，平面に住んでいるように感じるだろう．この姿は，3-円柱と呼ぶ3次元の円柱へ一般的に拡張される．3-円柱はある方向では円のようであり，円に垂直な方向では平面のような3次元空間である．3-円柱に住む生物は，空間がある方向において周期的であることを除いて，自分は通常の3次元空間に住んでいると感じるだろう．

このとき，どのように見えるのだろうか？マグリットによる次の絵（図8.8）は完全に正しい見え方ではないが（そして確実に彼の頭には3-円柱はなかったが），正しい見方への一つのステップである．

周期的な方向を見ている3-円柱の中の人は，自分の頭の後ろを見るだろう——ちょうどマグリットの気味の悪い鏡を見る人のように．しかし，3-円柱では自分の頭の後ろの像は等しい間隔で無限に何回も現れる．頭を球にしてしまえば，3-円柱の周期的方向における眺めは図8.9に似たものになる．

また，この眺めで表現できるものは，直角を持つ周期的な長方形の棒が繰り返し見えるものもある．しかし，もちろん，その眺めにおける各球は実際に同じ球を，新たに何度も見る眺めである．それと同じように，球の隣の棒の各角は，実際には閉じた棒の同じ角である．繰り返しの間の棒の線分の数を数えれば，三つあることがわかるだろう．その棒が実はトライバルである．

これがなぜトライバルか，実際3-円柱に存在するのかを説明する必要があるかもしれない．しかし，どんな意味で3-円柱が存在するのか？実際の物理的空間は，たぶん3-円柱ではないし，"通常の"3次元空間 $\mathbb{R}^3$ でもないので，天文学からはこの疑問への回答は期待できない．しかし，3-円柱を数学的に実現するいくつかの方法がある．それらの方法は，どれも円柱を作るときの方法に類似している．その2次元の円柱と高次元の円柱を区別し，高次元の円柱を作る

8.3 野生のものはどこにあるのか

図 8.8 マグリット,「禁止された繰り返し」(ⓒ2006. C. Herscovic, Brussels/Artists Right Society(ARS), New York)

方法を説明するために,通常の 2 次元円柱を 2-円柱と呼んでおこう.

- ちょうど 2-円柱は,(たとえば) x 軸からの距離が 1 であるすべての点からなる, $\mathbb{R}^3$ における図形として定義される.同じように,(たとえば) 3-円柱は (x, y) 平面からの距離が 1 であるすべての点からなる, $\mathbb{R}^4$ における図形として定義され得る.

- 2-円柱上の点は, x が実数であり, θ が角度であるような座標 (x, θ) を持つ.同じように 3-円柱上の点は, x と y が実数であり, θ が角度であるよ

図 8.9　トライバルと 3 次元円柱の中の球

うな座標 (x, y, θ) を持つ．

- ちょうど 2-円柱が，二つの平行線により囲まれた，有界な長方形の細長い一片の両側の辺を結ぶことによって作図できるように，3-円柱は二つの平行線により挟まれた，有界な空間の平板の反対側の辺を結ぶことによって作図することができる．

この最後の点における "結ぶ" 過程は数学的作図の意味を考えると，さらに疑問を生じる．これらの疑問は現代数学の多くの部分にとって重大であるので，次の節でそれらについて十分に議論しよう．

8.4 周期的な世界

厳密な定義 … 数学者が異なるものを同じものと呼びたいときに使うトリックである.

——ミカエル・シュピバック,『直感的微分幾何学』

空間で異なる位置を占めている点を "結ぶこと", あるいは異なる点を "同じである" ということは, 数学ではかなり一般に行われている. どのようにして数学者は, そのようなことをしても問題が起こらないようにしているのだろうか？ 普通の円柱が, 紙の細長い長方形の断片の, 反対側の辺を結ぶことによって作られるときのように, 結合する過程の明らかな物理的な図形がときどき存在する. このとき, 結合した部分は, 最初は異なる場所であるが, 結合した後は円柱の同じ場所を形成している. あるいは 360° による回転が 0° による回転と同じ結果を与えるときのように, ときどき二つの異なる動きが同じ結果を導くことがある. これにより, 0 と 360 は同じ角度（度）, あるいは 0 と 2π は同じ角度（ラジアン）であるということになる.

しかし, 対象が等しくないときに等しいというのは普通混乱することであり, 混乱を起こさないためには, それらを同値であると言い換える必要がある. 与えられた対象 A と同値であるすべての集合を考えることにする. すると対象 A と B は, それぞれが作る同値なものの集合が等しい場合のみ同値であり, 同値なものの集合の間に, 同じかどうかを議論することができるようになる.

この考え方の良いところを示すためだけに, 角度の概念の厳密な定義を与える同値を用いることにしよう. ちょうど先ほど述べたように, 角度がラジアンで測られるとき, 角 0 は角 2π と "同じ" である. こうして 0 を 2π と同値にし, したがって, -2π, また $-2\pi, \pm 4\pi, \pm 6\pi$ などとも同値にする. "角 0" は, 実際に実数の同値な集合 $0, \pm 2\pi, \pm 4\pi, \ldots$ である. 一般に, 他の角でも同じように同値な集合を定義できる.

$$\text{角 } \theta = \{\theta, \theta + \pm 2\pi, \theta + \pm 4\pi, \theta + \pm 6\pi, \ldots\}$$

これらの数は, 数直線に沿って 2π の間隔で並んで, 点の無限の列を作っている. 図 8.10 は 0 と同値な集合を白い点, $\dfrac{\pi}{2}$ と同値な集合を灰色の点で表して

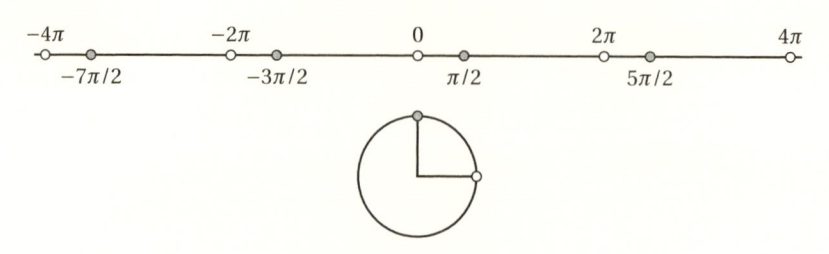

図 8.10 同じ角を表す数

いる．単位円のほうは，角 0 に対応する単位円上の点を白い丸で，角 $\frac{\pi}{2}$ に対応する点は，灰色の丸を使って示している．

すると等しい角度，たとえば "角 $\frac{\pi}{2}$" と "角 $\frac{5\pi}{2}$" は本当に同じ場所にある．単位円周上で，それらは灰色の一点で表され，数直線では灰色の点列の集合である．同値な元の集合の加法もまた角度の加法の意味を考えて定義できる．つまり集合 θ プラス集合 ϕ を集合 $\theta + \phi$ にする．たとえば角 π プラス角 $\frac{3\pi}{2}$ を角 $\frac{\pi}{2}$ と定義する．これは，$\pi + \frac{3\pi}{2} = \frac{5\pi}{2}$ が $\frac{\pi}{2}$ と同値な元の集合に含まれるからである．

角度を同値な集合として考えるとき，円上の各点は角度に対応するので，円上の点もまた同値な集合を表している．図 8.10 がこれを明らかにしている．円上の白い点は直線上の白い集合に対応し，円上の灰色の点は直線上の灰色の集合に対応する．このように，2-円柱が周期的な平面であり，3-円柱が周期的な空間であるのと同じ意味で，円は周期的な直線となっている．

これまでの説明で，周期的な直線が何であるのかがわかったので，2-円柱を一つの軸が通常の直線であり，もう一方が周期的な直線である平面として考えることができる．これが座標 (x, θ) が意味していることである．x は通常の直線上の座標であり，θ は周期的な直線上の座標，つまり角度である．同様に 3-円柱は二つの軸が通常の直線であり，三つ目が周期的な直線であるような空間である．ゆえにその座標は (x, y, θ) である．

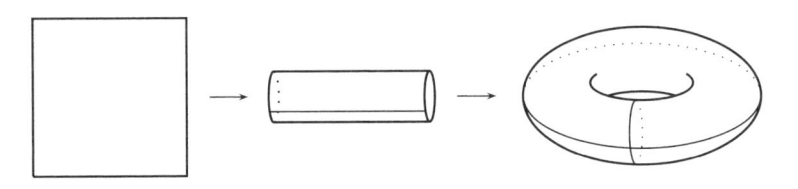

図 8.11　正方形から 2 次元トーラスを作る方法

8.5　周期性とトポロジー

　普通の直線を周期的な直線に置き換えることは，一つ以上の方向で周期的な面あるいは空間を作ることで可能になる．たとえば軸として二つの周期的な直線を持つ平面は，トーラスあるいは 2-トーラスと呼ばれる．ちょうど反対側の辺と辺を結合させることによって，紙の細長い一片から円柱を作り，さらに両端を結合させる．図 8.11 のように反対側の辺を結合させて，正方形から 2-トーラスを作成することができる．

　正方形の辺は座標軸に平行であり，それらの長さは同値な点間の距離である．同値な点を組み合わせて，辺を結合させることによってトーラスを作る．こうすれば，周期的な平面における同値な点の集合に対して，トーラス上にちょうど一つの点が対応する．最初の段階である上面と底面を結合することは，ちょうど 2-円柱を作るときのようである．歪曲はまったく必要とされず（紙の細長い一辺どうしを貼り合わせるだけであるから）．ゆえに，結果として生じる面はまだ部分的には平面のようである．しかし，第 2 段階は歪曲が必要になる．有限な柱の端を結ぶことは曲率の変化が必要になる．そこで最終的にできる "ベーグル" の面は，周期的な平面と違って 2-トーラスの幾何学的に正確なモデルではない．にもかかわらず，ベーグルは 2-トーラスのいくつかの性質をよりよく説明している．いわゆる位相的な性質に似ている．これらの中には，ベーグルの有限性と，面上で 2 種類の方法でつながっている閉じた曲線が描けるなどの性質を含んでいる．

　同様に，三つの直角をなす軸すべてに周期的な性質を持つ空間は 3-トーラスと呼ばれる．位相的には，この空間では反対側の立体同士を結合することによって，作り上げられる．この過程を視覚化しようとすることは，現実には役

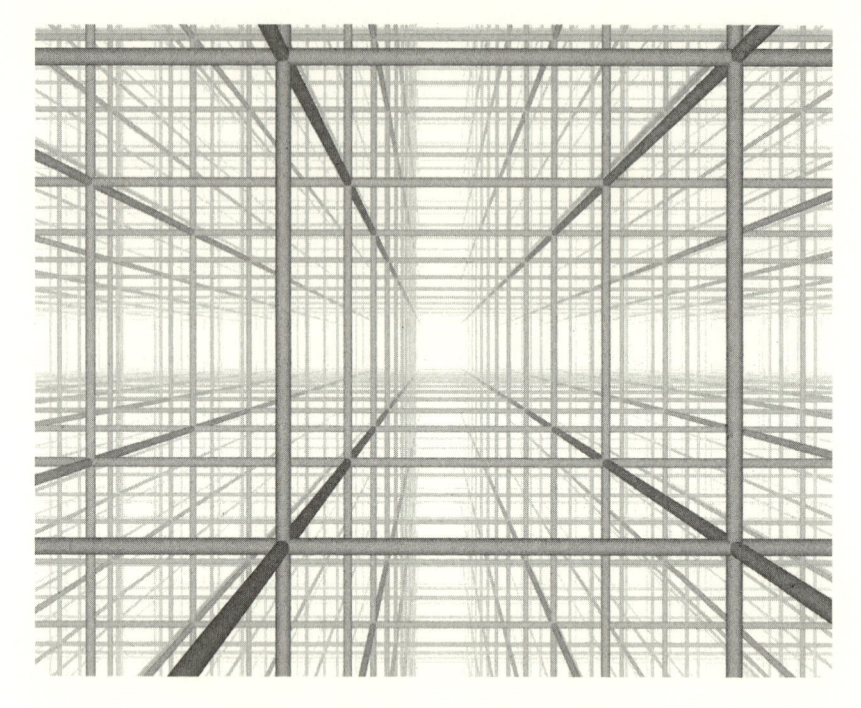

図 8.12 3次元トーラスの内側からの見え方

に立たないだろう．通常の空間のようにして，三つの方向で周期的な空間を視覚化することは，もっと簡単にできるので，そちらのほうが役に立つだろう．それは図 8.12 によって，簡単に視覚化できる．

　この図は以前に第 5 章で $\mathbb{R}^3$ の絵として使われたが，3-トーラスの内側からの眺めとしても，ちょうどよい解釈ができる．各立方体を同じ 3-トーラスの繰り返しとして考えればよい．あなたが 3-トーラスの中にいるなら，鏡の壁を持つ立方体の内側から見ているような世界である．それぞれの単一立方体であなた自身の像を見るだろう——3-立方体の内側ではすべての像は同じ方向に面していて，壁を通って歩くことができるということに注意していなければならない．2-トーラスのように，3-トーラスは有限な空間であり，トーラス面はそれを分離しないようにできている（立方体の各壁が一つにまとまっている）．それらは"内側"も"外側"も持たない．また 2-トーラスのように，3-トーラスは完全

8.5 周期性とトポロジー

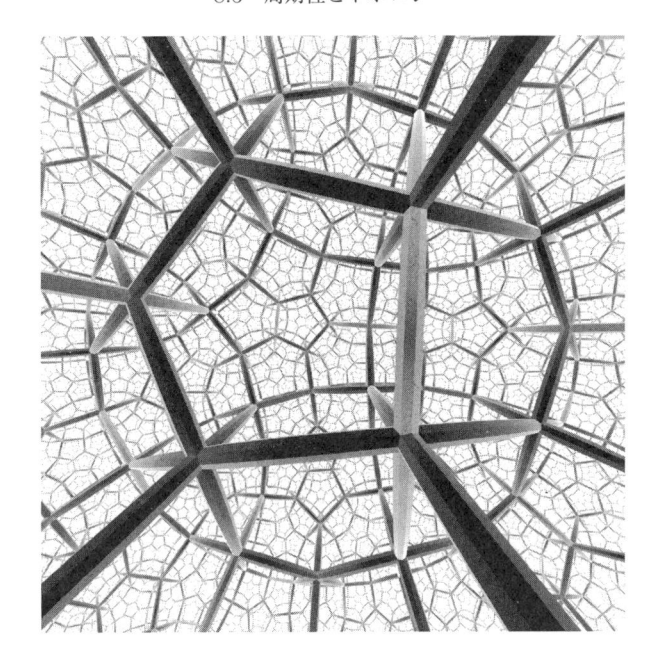

図 8.13 正十二面体空間 (A.K. Peters, *Not Knot*, 1994 より)

に滑らかな空間である．直線は単にその上に描かれた"印"であり，空間の本質的な部分ではない．

この面と空間は多様体のもっとも単純な例である．部分的には通常の空間に似ているが，全体的には"周りを包まれた"空間である．それらの重要な性質は位相的性質であるので，トポロジーの全分野はそれらを研究するために発展してきた．最近になって，トポロジストは疑問を解決しようと天文学者と共同研究をし始めたところである．どの多様体が自然の宇宙なのか？ 普通，宇宙は有限であると考えられているので，$\mathbb{R}^3$ や 3-円柱のようであるはずはない．それは位相的には，3-球あるいは 3-トーラスと同じであると考えられている．それらがともに有限であるという理由からである．しかし無限にたくさんの他の選択肢があり，より複雑な周期性を含んでいるものもある．図 8.13 は，前に第 5 章の双曲型空間を描くために使った絵と同じで，周期性の一つの可能性を表している．

その絵は非ユークリッド周期性を示し，それは十二面体の反対側の面を結ぶことによって得られる多様体である．十二面体の空間の内側からの眺めとしてこの図を理解することができる．絵の中の各十二面体の細胞は同じ十二面体の空間の繰り返しである．

より強力な望遠鏡を使えば，いつか宇宙で周期性を観察することができて，宇宙を表す周期的性質を定義できるかもしれない．さらに，この夢のような可能性，そして3次元多様体の丁寧な説明については，ジェフリー・ウィークス (Jeffrey Weeks) の "The Shape of Space" を参照するとよい．http:\\www.geometrygames.org/CurvedSpaces/ で入手可能な，3次元空間を見るためのウィークスのフリーソフトウェアもお勧めである．参照できる空間のなかに3-トーラスと十二面体空間，内側からの眺めが周期的な3-球のようないくつかの空間が扱われている．

物理学者もまた3次元以上の多様体に関心を持っている．宇宙空間は実際には，より高い次元を持っているが，これらの次元は私たちが直接観察するには小さすぎる周期で周期的であると推測されてきた．これらの推測について解決するために，数学者は「ひも理論」と呼ばれる理論体系を作り上げた．これについては，ブライアン・グリーン (Brian Greene) の『エレガントな宇宙』("The Elegant Universe") を参照してほしい．

8.6 周期についての歴史

時間と円運動の周期性は，天空にある太陽，月，星の明らかな動きを使うことによって，つねに私たちは観測することができた．点が単位円の回りを一定の速さで動くにつれて，その中心からの水平方向と垂直方向との距離は周期的に変化し，この変化を角 θ を使って表現した関数が円関数，コサインとサインである（図 8.14）．

時間 t の関数として，動点の水平方向（コサイン）と垂直方向（サイン）の距離 x, y は図 8.15 に示されているように，コサインは灰色でサインは黒で，-1 と 1 の間を周期的に変化する．二つの曲線は同じ形を持ち——円の対称から容易に予想できるように——サイン波と呼ばれる．

8.6 周期についての歴史

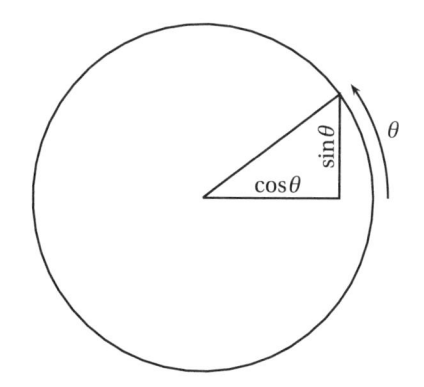

図 8.14 角度の関数としての cos, sin 関数

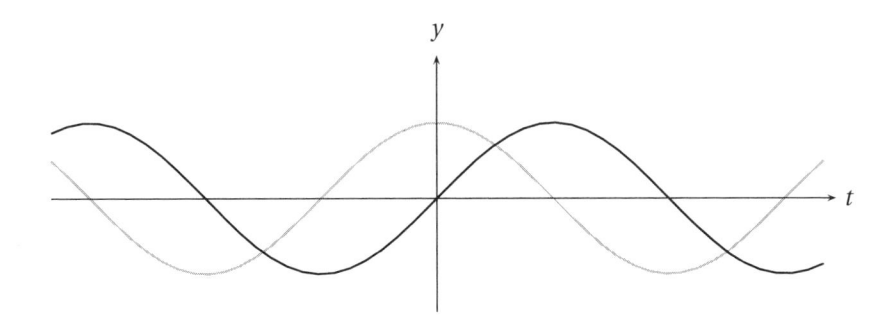

図 8.15 時間の関数としての cos, sin 関数

サイン波は 1 次元の周期性で視覚的にすべてを表すことができる．1713 年，イギリスの数学者ブルック・テイラー (Brook Taylor) は，サイン波（y 方向に縮小された）が単純な振動をしているひもの形である（本書の図 1.2 に示されている）ことを発見した．1753 年にスイスの数理物理学者ダニエル・ベルヌーイ (Daniel Bernoulli) は，音が単純な基音へ分解できるのを聞いた経験から，振動のあらゆる姿は，単純な振動の和であると正しい推測をした．直線上の素直なあらゆる周期的な関数はサイン波の（おそらく無限の）和であるということになる．1822 年，フランスの数学者ジョゼフ・フーリエ (Joseph Fourier) は，ベルヌーイの推測を現在フーリエ解析として知られる数学の分野へと洗練させた．要するに，フーリエ解析によると，あなたが聞くものは，サイン波からあ

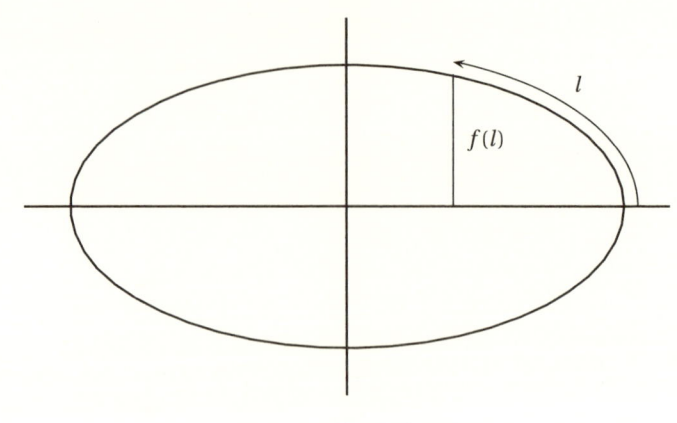

図 8.16 楕円関数の例

なたが受け取るものである.1次元の周期性はサイン波になり,ゆえに最終的には円の性質になる.

2次元における周期性や複素数についての周期性は,比較的最近の発見である.それは初期の積分法,特に曲線の弧の長さを見つける試みから明らかになった.積分と無限級数を使って解くことはできるけれども,第4章で見たように,これは円に対してさえも難しい問題である.より困難な問題は楕円の弧の長さから始まり,楕円積分や楕円関数と呼ばれるものへと発展していった.

楕円積分の例は,与えられた始点からの楕円の弧の長さ l であり,楕円関数の例は弧の長さ l のときの楕円上の点の高さになり,関数 $f(l)$ として図の中に表されている(図 8.16).

楕円は閉じた曲線なので,総周の長さを持っている.それを λ とすれば $f(l+\lambda)=f(l)$ となる.そこで楕円関数 f は周期 λ の周期関数となる.ちょうどサイン関数が周期 2π の"周期"を持つのと同じである.しかし,ガウスが1797年に発見したように,楕円関数はこれよりもずっと興味深い.それらは第二の複素周期を持つ.この発見は,いくつかの関数は,複素平面上の関数として理解しなければならないということを表している.これにより,完全に解析計算の姿を変化させた.そして,ちょうど直線上の周期関数が,周期的な直線上の関数——つまり円上の関数——とみなされ得るように,楕円関数は二重に周期的な平面上の関数——つまり,2-トーラス上——とみなされるということである.

8.6 周期についての歴史

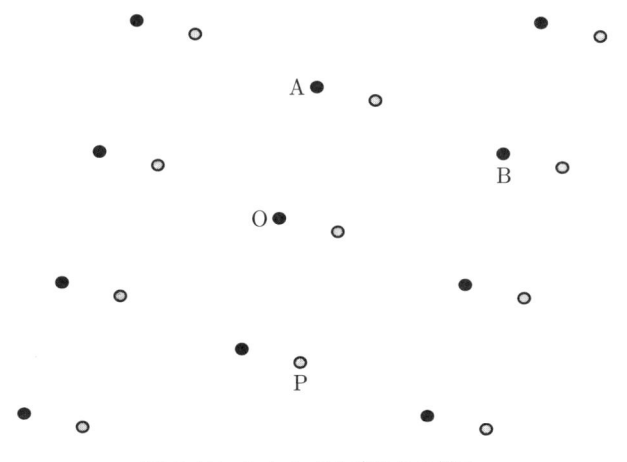

図 8.17 A と B に生成された格子

1850 年代，ガウスの学生ベルンハルト・リーマン (Bernhard Riemann) は，それらの二重の周期性は円関数の単純な周期性と同じくらい自然に，トーラスを楕円関数の理論の始点にすることができることを示した．（それらを "トーラス関数" と呼ぶ方がより良いが，歴史的な理由により "楕円関数" という名前を守るようだ．）

二重の周期性はより変化があるので，単一の周期性より興味深い．すべての円は半径の長さ以外は同じであるので，本当に一つの周期的な直線だけである．しかし，大きさを無視したとしても，無限にたくさんの二重に周期的な平面がある．これは二つの軸の間の角度が変化するので，周期の長さも変化する可能性が出てくる．二重に周期的な平面の一般的な図は，複素平面の格子によって与えられる．A と B が O から異なる距離にある，ゼロでない複素数であり，m と n がすべての整数を動くときの，$mA + nB$ の形のすべての点の集合を考える．A と B はそれらの和と差のすべてから格子を作るので，$mA + nB$ は格子（格子点）を生成するといわれる．

図 8.17 はこの例を示している．格子は黒い点からなり，これらは O と同値なすべての点である．（それは，周期を繰り返すと O と重なる．）ある点 P と同値な集合は "P + 格子" である——$P + mA + nB$ の形のすべての点（灰色の点）．各同値な点の集合は，2-トーラス上の単一の点に対応する．

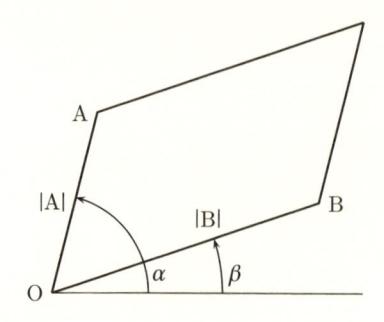

図 8.18 A/B がなぜ平行四辺形で説明できるか

非ユークリッド周期性

　いくつの"本質的に異なる"二重周期の平面があるのか？　答えは，平面に点があるだけ．それらの格子が異なる形を持つなら，二重周期の平面を異なると考え，その形は複素数つまり A/B によって決めることができる．実際，数 A/B は隣接した辺 OA と OB を持つ平行四辺形の形を決める（図 8.18）．その絶対値 |A|/|B| は辺の長さの比であり，その角度 $\alpha - \beta$ は辺の間の角である．そして，明らかに辺の長さの比と角度が平行四辺形の形を決定する．（複素数の除法に詳しくなるためには，2.6 節の複素数の乗法の議論に戻ってみるとよい．）

　そこで点 $mA + nB$ の格子の形は，複素数 A/B によって表される．どんなゼロではない複素数も格子の形を決定することがわかるので，ある意味で全平面は格子の形を決定していると考えてもよい．さらにおもしろいことに，異なる数が同じ格子を表すことがあるので，格子の形を決めるという見方をした平面は，周期的な平面である．これはほとんど明らかなことである．たとえば A と B により生成される格子は，また A + B と B によっても生成され，そこで数 C = A/B により生成される格子もまた，数 (A + B)/B = (A/B) + 1 = C + 1 によって生成される．同様に A と B により生成される格子は，−B と A によっても生成される．よって，数 C = A/B で生成される格子も数 −B/A = −1/C によって生成される．このように複素平面において，あらゆる数 $C \neq 0$ について，数 C + 1 と −1/C は，同じ格子を生成するという意味で C と同値である．

　C と同値なすべての数を作ろうとすれば，その操作は，最後にはこの二つの

8.6 周期についての歴史

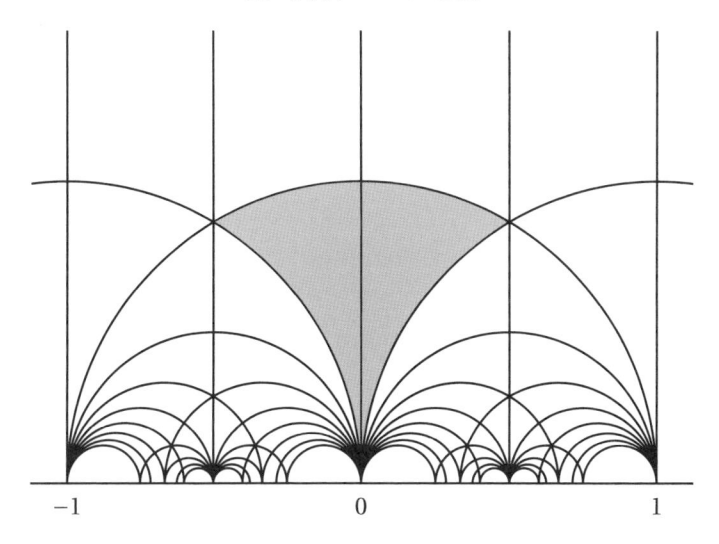

図 8.19 格子平面の周期性

操作だけでできることがわかる．1 を加えることと，負の逆数をとることである．1 を加えることは，もちろん周期性を保つ単なる普通の操作である．この操作が負の逆数をとることと一緒になると，その結果は図 8.19 に示されているように複雑な周期性を作ることになる．各格子の形は平面の上半分の数によって表すことができるので，平面の上半分だけが示されている．灰色の三角形状の部分は，各格子を生成する一つの数を含む．他の領域は，それに 1 を加え負の逆数を繰り返しとることによって得られる．たとえば，灰色の三角形のまっすぐ上の領域は，灰色の三角形の内側のすべての点の負の逆数から作られる．

周期性のこのパターンは，1800 年頃ガウスによって最初にきっかけが捕まれた．彼は格子の形を楕円関数との関連，また数論との関連から関心を持った（第 7 章で複素数との関連で格子がでてきたのを思い出すとよい）．しかしこの考えを公にせず，彼の結果は後に他の人たちによって再発見された．楕円関数の二重の周期性は，1820 年代にノルウェーの数学者ニールス・ヘンリック・アーベル (Niels Henrik Abel) とドイツの数学者カール・グスタフ・ヤコビ (Carl Gustav Jacobi) によって最初に公表された．格子の形による平面の周期性は，1830 年代にヤコビによって紹介された．そしてこの研究は，本質的に格

子の形から決定される関数である楕円モジュラー関数の研究から再び注目を浴びる．

　同様な周期性を持つほかの関数は 1870 年代に現れ，1880 年にフランスの数学者アンリ・ポアンカレ (Henri Poincaré) は，それらが共通に持つ特徴を発見した．双曲型平面の規則的なタイルの周期性である．これは数学において，双曲型幾何学の理論が完成する以前の最初の発見であった．それはポアンカレとドイツ人の同じ分野の研究者フェリックス・クライン (Felix Klein) を，非ユークリッド的周期性の世界における熱狂的な探求へと導いた．"周期的な平面"の本質的な考え（このような言葉ではいけないけれども）は，この時代から始まる．クラインは非ユークリッドのタイルが，平面内の同値な点の各集合を，平面上の単一な点として扱うことによって，周期的な平面をより機能的に扱えることを発見した．彼はタイルの境界上の同値な点を結合することによって，この面を作図した．——各同値な集合の代表を含む双曲型平面における多角形——ちょうど 8.5 節で二重周期的なユークリッド平面の正方形の断片からトーラスを作ったように．

　双曲型平面でその"点"が同値な集合を表している平面の最も単純な例は，5.6 節と 5.7 節で扱った擬球である．それは漸近線により区別された，くさび形の有界な双曲型平面で，くさびの反対側の辺の上の同値な点を結合することによって得られる円柱に似たものを，双曲型空間で考えたものである．

　双曲型平面における周期性から生まれる面は，円柱やトーラスのようなものであるが，一般にもっと複雑である．それらはいくつかの"穴"を持つ．その考えが 1895 年にポアンカレによって作られた．3 次元あるいはそれ以上の空間に拡張されるとき，結果として生じる形の複雑さはさらに大きい．数学のすべての新しい分野は，周期的な空間の定性的幾何学に関連するところが大きい．この分野を代数的位相幾何学とよび，ポアンカレの 1895 年の論文の目的のために作られたと考えられている．3 次元空間のトポロジーはまだ完全には理解されていない．それについてのポアンカレの疑問の一つ——いわゆるポアンカレ予想——は今日の数学において最も有名な未解決問題の一つである[†]．

[†] 訳注：この予想は，グレゴリー・ペレルマンにより解決された．

第9章　無　　限

はじめに

　これまでの章で扱った数学は，すべて無限へつながっている道のように見える．とにかく，不可能とかあり得そうもないことを表現しようとする試みのほとんどは，外に現れているいないにかかわらず，何らかの方法で無限であることを要求する．必ずしも無限が大きいわけではなく，必ずしも小さいわけでもない．確かに，無限にはたくさんの姿がある．

　無限にある数を使わないで済ますことはできるが，無限集合を使わないで済ますことはできない．特に自然数の集合 $\mathbb{N} = \{1, 2, 3, 4, 5, \ldots\}$，実数の集合 $\mathbb{R}$, そこから構成する平面 $\mathbb{R}^2$, ユークリッド空間 $\mathbb{R}^3$, そしてその中にあるさまざまな曲線や面はなくてはならない．

　最初に数直線として $\mathbb{R}$ に出会うが，整数や有理数の点，無理数の点 $\sqrt{2}$ や π などの数直線上の重要な点にも出会う．第1章で，$\sqrt{2}$ がどのようにして有理数の無限集合のすきまとして解釈できるかを考えた．ここでは，この解釈を，すべての無理数が同時に扱えるような理論に広げようと思う．そうして直線を点の集合として理解できるようにする．

　$\mathbb{R}$ は，同時に一つひとつの要素を理解することはできず，集合全体としての理解のみが可能である．ここで，一見不可能な状況に直面することになる．

　この困難を打開するための準備に必要なことは，同時に一つひとつの要素を理解することができる $\mathbb{N}$ のような，いわゆる可算集合を調べることである．可算集合は有理数の集合も含むが，無理数の集合は含まないので，$\mathbb{R}$ も含まない．

　実際に各可算集合が直線の中で占領しているところを考えると，"ほとんど何も"占めていないことがわかる．このことから，なぜ $\mathbb{R}$ が可算ではないのか

を示す．代数的でない数の存在などの，これと同じ性質を持つようないくつかの結果も説明する．そのような数を一つひとつ見つけるのはとても大変だが，それらは"ほとんどすべての"実数を含む．

9.1 有限と無限

　　　無限はすぐに使えるが，有限はちょっと時間がかかる．

　　　　　—スタン・ウラム，　D. マケイエル：『冗談の部署』からの引用

　私たちの知る限り，宇宙は有限である．現在の宇宙論の結果によると，宇宙は有限の昔にゼロから始まり，それから有限な速度で膨張してきた．その結果，宇宙は有限の年齢，有限の大きさを持ち，有限な数の素粒子を含む．

　数学の証明など，人間が作る人工産物もまた有限である．よって，無限が存在するという証明は危険であり，無限自身が有限な世界の中にあるのだから，そこで無限を"証明する"のは間違いである．ゆえに，無限の存在は証明することができない．それにもかかわらず… 無限に存在するは，それ自体便利な仮定である．

　無限は数学者の最初の逃げ場であるということは，この本の今までの章からわかるはずだ．$\sqrt{2}$ や π といった，私たちがよく使うお気に入りの数のいくつかは，無限の操作を繰り返すことによってのみ決めることができる．無限は平行線が交わる場所である．"架空の数"は実際の数の無限集合によって表され，錯覚を起こさせる物体—トライベル—は現実の無限の物体，周期的な棒によって表される．そしてウラムが上に引用したコメントで示唆したように，無限についての問題はしばしば有限についての問題より簡単である．たとえば4.8節で，無限級数 $1 - \frac{1}{3} + \frac{1}{5} - \frac{1}{7} + \cdots$ の和は $\frac{\pi}{4}$ になるとわかった．だれが，有限級数 $1 - \frac{1}{3} + \frac{1}{5} - \frac{1}{7} + \cdots \frac{1}{1000001}$ の和を計算したいだろうか？

　このように"不可能への挑戦，あり得ないものの表現"は多くの場合，無限への熱望であり，数学的夢がどのようにして実現されたかを理解するためには，無限について少しは理解する必要がある．

私はわざと"少し"と言ったのだが，それはこの章をできるだけ短くしておきたいからである．無限について最も注目すべきことは，有限数の言葉で無限を理解することができるようなのだ．それでこの目的を実現するためには，あまりいろいろな説明をしないほうが良い．私の言っている意味を説明してみよう．

> 数列 $1, 2, 3, 4, 5, \ldots$, を考えよう．各数は必ず後者を持つ．

この数列が後ろに続くものがない数で終わるなどという考えを受け入れるのは難しい．私たちのほとんどは喜んで，この数列は終わりがないと考える．それは無限空間に対してのルクレティウスの議論の状況と似ている（5.1 節）．終わりがあると考えるなら，そこに行って投げ槍を投げたら何が起こるか？（あるいはこの場合，最後の数に行き，ひとつ加えたら？）一つ加えることは今まである数より大きな数を生み出し，それは新しい数なので，この状況を周期性で乗り切ることはできない．実を言えば，各数が後ろに続く数を持つという仮定は証明することができない．しかし，後者を持たないという仮定も証明することができない．この仮定は，さらに現実的ではなく，有益でもない．

これについて考えれば考えるほど，すべての数学の始まりは自然数の無限数列 $1, 2, 3, 4, 5, \ldots$ であることが明らかになる．終わりのない過程によって生み出される自然数の無限の列である—1 で始まり，1 を加え続ける．19 世紀まで，すべての自然数の集合 $1, 2, 3, 4, 5, \ldots$ を完全な全体として考えることは必要だと思われていなかった．実際，そのような考えは多くの数学者や哲学者から，大きな悲しみをもって受け止められていた．

9.2 潜在的，現実的無限

> あなたの証明のように，無限を使うこと，無限を何か完全な姿であるかのように使うことに，私は強く抗議しなければならない．数学の中ではこのようなことは許されない．無限は言葉の中での数値の状態である．極限が私たちが望むある比率に限りなく近い数値として存在したり，すべての限界を超えて量が増加することを表現するときに使う言葉である．

第9章 無限

——カール・フリードリッヒ・ガウス，シューマッハへの手紙，
$$\text{1831 年 7 月 12 日}$$

自然数の数列 $1, 2, 3, 4, 5, \ldots$ は，すべての無限数列のモデルである．それは初項 (1) を持ち，各項から次の項へ行くための生成過程（1 を加える）を持っている．他の例では，

$$1, \frac{1}{2}, \frac{1}{4}, \frac{1}{8}, \frac{1}{16}, \frac{1}{32}, \ldots$$

（初項 1；各項は一つ前の項の半分）

$$2, 3, 5, 7, 11, 13, 17 \ldots$$

（初項 2；各項は次の素数）

$$1, \quad 1 - \frac{1}{3}, \quad 1 - \frac{1}{3} + \frac{1}{5}, \quad 1 - \frac{1}{3} + \frac{1}{5} - \frac{1}{7}, \quad 1 - \frac{1}{3} + \frac{1}{5} - \frac{1}{7} + \frac{1}{9}, \ldots$$

（初項 1；各項は $\frac{\pi}{4}$ を与える無限級数の最初からの項を並べていく）

一般の無限数列 $x_1, x_2, x_3, x_4, x_5, \ldots$ を表すときに使う表現法は，自然数の数列の決まりに合わせているのは明らかである．各自然数 n に対して，"第 n 項 x_n" があるので，無限数列の項を並べることは，自然数の列 $1, 2, 3, 4, 5, \ldots$ を数えることと同じ方法である．実際，その要素が無限数列となるあらゆる集合は，この並べ方ができるので，可算と呼ばれる．その集合は第 1 番目の要素，2 番目の要素，3 番目の要素，$\ldots$ を決めていくことによって "数えられる"．各要素一つひとつが，ある自然数一つに対応することによって，番号を付けられる．（ゆえに各要素は，ただ有限個の前者を持つ．）

数える順番は集合の元の自然な順序ではないかもしれないが，このように集合の元を数えることは，集合の元にある順序を入れることになる．たとえば，0 と 1 の間の有理数の集合を考えてみよう．数の自然な順序を考えれば，この集合は最初の元を持たず，どんな二つの元の間にも無限にたくさんのほかの元がある．にもかかわらず $\frac{1}{2}$ を最初にとり，次に分母が 3 の分数 $\frac{1}{3}, \frac{2}{3}$．そして分母が 4 の分数は $\frac{1}{4}, \frac{2}{4}, \frac{3}{4}, \frac{2}{4} = \frac{1}{2}$ であるから，分母が 4 になる有理数は $\frac{1}{2}, \frac{3}{4}$ となり，これらを並べることによって，0 と 1 の間の有理数をすべて整列させ

9.2 潜在的，現実的無限

ることが可能である．分母が 6 以下の有理数を並べると

$$\frac{1}{2}, \quad \frac{1}{3}, \frac{2}{3}, \quad \frac{1}{4}, \frac{3}{4}, \quad \frac{1}{5}, \frac{2}{5}, \frac{3}{5}, \frac{4}{5}, \quad \frac{1}{6}, \frac{5}{6}$$

である．ただ有限な多くの有理数があるといっても，0 と 1 の間の各有理数 $\frac{m}{n}$ は分母の大きさを決めれば有限個である．分母 $\leq n$ となる 0 と 1 の間の有理数は有限個である．すべての有理数の一覧表を作るため，少しだけ考えを変えてみることも難しくはない．（ヒント：分子と分母の絶対値の和を決めて，一覧表を作ることもできる）．もっと驚くことに，もしかすると 9.5 節で見るように，すべての代数的数を並べることができるかもしれない．このようにすべての無限集合が可算であるかのように見え始め，理解するのが簡単に思えてくる．

ある決まりを作ると，各元が有限な集まりになって現れるので，可算集合は無限であるが "潜在的に" 無限であるだけで，有限個の並びで現れる．集合のすべての元を同時に理解しようとする必要はない——それらを生成する過程だけ考えればよい．古代から 19 世紀まで，これが数学における，ただ一つの無限の受け入れ方であると考えられていた．実際に，1874 年までは可算集合のみが知られていたので，今までの考え方は，必要な唯一の使用可能な方法のように見えていたかもしれない．

しかし，ガウスはこのような無限の考え方を完全な形でもっていた，最後の偉大な数学者の一人である．それ以降，数学者は上で引用された彼の見方とは逆の傾向があった．現在は，無限を実体として考え，"近づく" や "増える" を言葉の姿とみなす．（これらの言葉も，数学の言葉に直さなければならない．）これは非可算集合の発見による変化といえるだろう．それは次の節で議論されるが，これが時間と動きの概念が数学の発想のなかで，あまり重要な役割をしなくなる過程である．

数学で時間の概念の全盛期は 1650 年から 1800 年であった．無限小の計算がほとんどすべての物理的世界を数学の領域として扱えるようにしたときである．微分積分はただ変化と動きの問題を解決しただけではない——変化と動きは微分積分の基本概念と考えられていた．たとえば 1671 年，ニュートンは曲線についてのすべての問題は次の二つの要素だけであると信じていた [42, vol.3, p.71]．

1. 距離が空間の中で連続に与えられれば，いつでも動きの速度を観測で

きる.

2. 動きの速度が連続的に与えられれば，空間の距離はいつでも観測できる.

数学的存在は時間には無関係であるので，今日 "変化" や "過程" の本質的な部分は，数学における言葉として表現されている．たとえば，1 を繰り返し加えることにより自然数を生成する "過程" は，時間で起こる現象ではない．私たちは，たとえば紙の一片に数字を書いている誰かを視覚化することができる．これは単なる心の像である．彼が数字を作っているわけではない．現代では，ある程度まで創造されてきた大きな数が今ここにあり，それより大きな数は明日作られる，と本当に信じている人はいない．もし自然数が存在するなら，それらはすべて今このときに存在している．数学的実体の永遠の世界では潜在的無限は現実の無限である．

時間との無関係，現実の無限と非可算無限の間の関係は，2.1 節で紹介した実数の直線 $\mathbb{R}$ によって作られる．幾何学的対象として，直線はこれ以上ないほど単純である—点のみがより単純である—が，点と直線の間の関係は，この単純さにおいてもほとんど理解できない．第 1 章で $\sqrt{2}$ などの無理数の存在の結果として起こる複雑な現実を見た．しかし，これらはすべての無理数を理解する問題として考えたことではまったくない．この問題の深さを最初にかすかに理解したのは 19 世紀のドイツの数学者リヒャルト・デデキント (Richard Dedekind) とゲオルグ・カントール (Georg Cantor) であった．

9.3 非可算

直線上のすべての点は，二つの集合に分けられる．第 1 の集合のすべての元は，第 2 の集合の元の常に左側にある．このとき，あるただ一つの点があって，直線を二つの部分に分ける．

… 多くのこの本の読者は，この何の変哲もない表現が連続性の本質だと言ったら，非常に落胆するに違いない．

リヒャルト・デデキント，『連続性と無理数』

9.3 非可算

1.3 節で見たように，ピタゴラス学派は有理数が直線全体を満たさないことを発見した．$\sqrt{2}$ などの無理数が現れるすきまがある．1 世紀ほど後にエウドクソスはすきま自身が数のように振る舞うことに気がついた．すきまは単一の点の幅を持ち，有理数の間でのそれらの位置を考えることによって，すきまの点は大小を比較したり，加えたり，かけたりすることが可能である (1.5 節)．しかし完全な無限を受け入れなかったので，ギリシャ人は個々のすきましか扱うことができなかった．有理数の全体を同時に把握する考えはタブーであった．すきまの全体を同時に理解することもタブーであり，ガウスの時代でもまだそうであったのだ．

連続した直線を有理数の全体＋すきまの全体 (あるいは彼がそれらを呼んだように，有理数におけるカット) として最初にとらえたのは，1858 年，デデキントであった．直線は連続的である—すきまなしに—すべてのすきまはその中に含まれているという単純な理由で！これは冗談のように聞こえるかもしれないが，もしその通りなら，とてもよい連続の性質となる．$\sqrt{2}$ などの無理数によって，有理数の間に生まれるすきまを満たすことで，無理数を説明する以上に，良い方法は本当に見当たらない．

デデキントの直線の定義は可能な限り簡潔であるが，単純ではない．それは有理数のすきまの無限を完全に全体として受け入れることを強く要求する．そしてすきまの無限は，単なる潜在的な無限としてはうまく説明することができない．これは有理数に対しては成功している．信じられないかもしれないが，すきまの集合は可算ではないので有理数が存在するより多くのすきまがある．それで直線を数の集合として受け入れることは，現実の無限に対するギリシャ時代からのタブーを破ることを意味し，さらに，今まで知られていなかった非可算集合という未知の世界に入ることを意味する．

なぜ $\mathbb{R}$ は非可算集合なのか

非可算性は 1874 年，カントールによって発見された．このとき彼は，実数の集合 $\mathbb{R}$ が非可算であることを示した．(無理数の集合もまた非可算であり，ゆえに有理数の可算集合は数えきれない多くのすきまを持つということになる．)

証明は，$\mathbb{R}$ のすべてを含む，実数の可算集合はないということを示すことによる．カントールの 1874 年の証明はかなり曖昧であり，私はドイツの数学者アドルフ・ハルナック (Adolf Harnack) のアイデアとして，1885 年から使われ始めた方法に基づく次のような証明の方が好きである．

ハルナックは，可算集合はその全体の長さが非常に小さい線分の断片で覆われ得ることを示し——直線全体の長さより確実に小さい——，ゆえに可算集合は直線全体を埋め尽くすことはない．それを示す単純な方法がある．それは可算集合を覆うことは，基本的には有限な和を持つ無限級数を見つけることと同じである．

$x_1, x_2, x_3, x_4, x_5, \ldots$ を実数の可算集合であると仮定する．たとえば点 x_1 を $x_1 - 0.05$ から $x_1 + 0.05$ までの線分といったように，長さ 0.1 の線分で覆うとしよう．同様に，x_2 を長さ 0.01 の線分によって，x_3 を長さ 0.001 の線分によって，x_4 を長さ 0.0001 の線分によって，と続けていく．すると全可算集合 $x_1, x_2, x_3, x_4, x_5, \ldots$ は，全長がせいぜい

$$0.1 + 0.01 + 0.001 + 0.00001 + \cdots = 0.1111\cdots = \frac{1}{9}$$

の線分の集合によって覆われる．しかし，直線全体 $\mathbb{R}$ は，無限の長さを持つので，それはこれらの区間によって完全には覆われない．そこで可算集合 $x_1, x_2, x_3, x_4, x_5, \ldots$ はすべての実数を含まない． □

上の証明ではどんな可算集合も全体の長さがせいぜい $\dfrac{1}{9}$ の区間によって覆われてしまうが，明らかに長さ $0.1, 0.01, 0.001, 0.00001 \ldots$ を集合内の連続する点 $x_1, x_2, x_3, x_4, x_5, \ldots$ を覆うために選ばなくてよいということも示している．これらの 1/10 の長さの線分を選ぶことができて，全体の線分の長さの和をせいぜい 1/90 にすることができる．あるいは，たった 1/100 の長さを使えば，全体の長さ 1/900 で十分である．もちろん，別の数でもかまわない．どんな長さ l に対しても，それがどんなに小さくても，可算集合は全体の長さが l の区間によって覆うことができる．このように，もし可算集合自身が長さを持つと考えるなら，この長さはゼロとなるのである．

とくに有理数の集合は全長がゼロであり，これによって，ほとんどすべての実数が無理数であるということになる．一般に"ほとんどすべての"数がある

性質を持つという表現をするときは，その性質を持たない数の集合が長さゼロを持つときである．ほとんどすべての数は無理数であるから，$\sqrt{2}$ などの特定の無理数を見つけるのが困難であり，無理数であることは大変なことである．しかし，9.5 節では，不思議な性質さえ "ほとんどすべての" 数に対して真になることを見てもらおう．ときどき，不思議な性質を持つ数があることを示す最も簡単な方法は，可算集合は不思議なことが起こらないということに注意することである．

9.4 対角線論法

可算集合は長さゼロを持つというハルナックの証明は，どんな可算集合 $x_1, x_2, x_3, x_4, x_5, \ldots$ も実数 $\mathbb{R}$ にはなれないという，圧倒されるような事実を物語る．しかし，もし誰か（たとえば，ミズーリ出身の伝説の男）が，数 x が無限のリスト $x_1, x_2, x_3, x_4, x_5, \ldots$ にないことを示すように頼んだらどうすればよいのか？ 厳密に考えれば，その証明はそのような x をどこで見つけるかも教えてくれるはずだ．ハルナックの証明を楽しんだとしても，ミズーリの男の質問は，非可算性へのより直接的な道を明らかにするので，確かにこの問題は考えるに値する．

再び $x_1, x_2, x_3, x_4, x_5, \ldots$ を区間で覆い，次に 0 と 1 の間に x を構成する．x の構成方法は以下のようにすればよい．

x_1 を含む区間の外側,

かつ x_2 を含む区間の外側,

かつ x_3 を含む区間の外側,

かつ x_4 を含む区間の外側,

かつ x_5 を含む区間の外側

と続けていく．

このような区間を作っていくのは簡単である．なぜなら，

1. 小数第 1 位まで x_1 と一致する数を含む区間を最初に作る．たとえば，

$x_1 = 3.1415\ldots$ であれば，3.1 から 3.2 までの区間をとる．するとこの区間の外側の x は，小数第 1 位で x_1 と一致しないどれかの数になる.

2. 小数第 2 位まで x_2 と一致する数の区間を作る．小数第 2 位まで x_2 と一致して x_2 を含む区間をとることができる．するとこの区間の外側の x は，小数第 2 位は x_2 と一致しない数になる.

3. 同様に，x は小数第 3 位が x_3 と一致せず，小数第 4 位が x_4 と一致せず，小数第 5 位が x_5 と一致しない，と次々に区間をとることができる．

このように，$x_1, x_2, x_3, x_4, x_5, \ldots$ を覆う区間が上のように選択されるなら，これらすべての区間の外側の実数 x は，x_1 の小数第 1 位，そして x_2 の小数第 2 位，x_3 の小数第 3 位，x_4 の小数第 4 位などと一致しないようにと，簡単に構成することができる．ここで，このような区間は共通部分がないと気づく人もいるだろう．x を各 x_n と小数第 n 位で一致させないことによって，x を各 $x_1, x_2, x_3, x_4, x_5, \ldots$ と異なるようにすることができる．

可算集合はすべての実数を含まないことを示すためのこの議論は，1891 年にカントールによって提出された（もしかすると，$\mathbb{R}$ が非可算であるということが暗に示されている，もっとも初期の証明かもしれないが）．このような証明は，新しい数 x を構成するため $x_1, x_2, x_3, x_4, x_5, \ldots$ の小数展開の並びのなかで，"対角線" の数値が一致しない方法を使うので，よく対角線論法とか，あるいは対角化と呼ばれている．

たとえば

$$
\begin{aligned}
x_1 &= 3.1\underline{4}159\ldots \\
x_2 &= 2.1\underline{7}281\ldots \\
x_3 &= 0.54\underline{7}71\ldots \\
x_4 &= 1.414\underline{2}1\ldots \\
x_5 &= 1.7322\underline{1}\ldots \\
&\vdots
\end{aligned}
\tag{9.1}
$$

なら，x の小数点以下の数字を，順番に下線が引かれた各数字と一致しないよ

うに決める．こうして x は小数第 1 位に 1 を持たず，第 2 位に 7 を持たないように決められる．

この議論で唯一危険なのは，x が各 x_n と第 n 位に異なる数字を持つにもかかわらず，x_n のうちの一つと等しくなってしまう場合である．たとえば 0.999... は，1.000... に等しい．異なる数字を各位に持ちながら，等しくなってしまう数は，000... あるいは 999... という列を含む．そこで，x の各位に，0 あるいは 9 を使わないことによって危険を避けられる．とくに，x を次の規則によって作れば，0 と 9 を使わずに済む．

$$x \text{ の小数第 } n \text{ 位} = \begin{cases} 2 & \text{もし } x_n \text{ が 1 のとき} \\ 1 & \text{それ以外の場合} \end{cases}$$

このように決めると，前ページの式 (9.1) の $x_1, x_2, x_3, x_4, x_5, \ldots$ に対して $x = 0.211112\ldots$ という少数が得られる．この x は $x_1, x_2, x_3, x_4, x_5, \ldots$ と異なる数字の列を持ち，必然的に $x_1, x_2, x_3, x_4, x_5, \ldots$ と一致することはない．また，小数点以下に 0 あるいは 9 を持たない．

9.5 超 越 数

1874 年，カントールは，世界は非可算集合を受け入れる準備ができていなということによく気づいていた．彼の革命的な発見は「すべての実代数的数の集合の性質について」（ドイツ語から翻訳されている）という名前の論文に秘められていた．彼が証明した代数的数の性質は，この集合の可算性である．非可算性は，彼があらゆる可算集合 $\{x_1, x_2, x_3, x_4, x_5, \ldots\}$ に対して，必ず実数 $x \neq x_1, x_2, x_3, x_4, x_5, \ldots$ を見つけることができることを証明し始めるとき，静かに忍び込む．$\{x_1, x_2, x_3, x_4, x_5, \ldots\}$ を代数的数の集合と考えるとき，彼の構想は，ここで代数的数でない x を作る．その時代には代数的でない数は，ほんのわずかな例しか知られていなかった．そのとき，このような証明をすることは，非常に興味深い．

代数的数の例は有理数と $\sqrt{2}$ などの無理数である．x が代数的ということは，整数係数を持つ多項式の方程式，

$$a_n x^n + a_{n-1} x^{n-1} + \cdots + a_1 x + a_0 = 0, \quad a_n, a_{n-1}, \ldots a_1, a_0 は整数$$

を満たす数であるということである．つまり，x が整数係数の多項式の方程式の解であるというのが，x が代数的であることの定義である．$\sqrt{2}$ は，方程式 $x^2 - 2 = 0$ の解であるので，代数的数である．同様に $\sqrt[3]{5}$ は $x^3 - 5 = 0$ を満たすので，代数的である．あまり明らかではないが，$\sqrt{2} + \sqrt[3]{5}$ は，やはり代数的である．"累乗根で表現可能な" あらゆる数は代数的である．つまり整数の有限回の四則演算と累乗根（2乗根，3乗根など）を適用した数によって作られる数も代数的である．代数的数はこれだけではない．$x^5 + x + 1 = 0$ の根は，累乗根では表現できないけれども代数的である．

このように，すべての代数的数を書き並べることは容易なことではないし，価値があるものでもない—非代数的数が存在するという簡単な証明を知りたいというのなら別だが．1874年以前，非代数的数の存在証明は，代数的数の構成についてのいくつかの難しい研究を元にしたものであった．カントールの考え方は，無限についての推論を使うと，非代数的数の存在証明において，代数学を完全に避けて通ることができるというものであった．つまり代数的数は，可算集合を作っていることを証明すれば良かったのである．

カントールは，この考え方に基づいて，次のように証明した．整数係数を持つ各多項式に対して，

$$p(x) = a_n x^n + a_{n-1} x^{n-1} + \cdots + a_1 x + a_0$$

彼はその "高さ (height)" と呼ばれる自然数を対応させた．

$$\text{height}(p) = n + |a_n| + |a_{n-1}| + \cdots + |a_1| + |a_0|$$

この量について唯一の重要なことは，ある高さ (height) を持つ多項式は，有限個のみであるということである．これは「多項式 p の次数 $n \leq \text{height}(p)$」であり，さらに多項式 p の $n+1$ 個の係数の絶対値をそれぞれたし合わせると高さ (height) 以下になるように決めてあることから導かれる．

このように，ある高さに対して，有限の次数と，各次数について有限個の係数の組み合わせのみがある．その結果，原則として，ある高さを持つすべての

9.5 超越数

多項式を並べて書くことができる．そして，それらをすべて一緒に並べたら

高さ 1 の多項式のリスト

高さ 2 の多項式のリスト

高さ 3 の多項式のリスト

$$\vdots$$

のように，すべての多項式を書き並べることができる．これは無限の列であるが，各高さの多項式は，高々有限の個数でしかない．最終的に，リスト上の各多項式をその解の有限なリストで置き換えれば，全代数的数の列を作ることができる．こうして代数的数の集合は可算であり，同様に（実解のみをリストすることによって）実代数的数の集合もまた可算である． □

そしてカントールは，可算集合のすべての要素と異なる実数 x を見つけるための彼の方法を，可算集合である代数的数に適用した．その結果，x は非代数的数になる．それらは普通の代数的数の定義を "超越する" ので，非代数的数，または超越数とも呼ばれる．そのような数は 1844 年にフランスの数学者ヨセフ・リューヴィル (Joseph Liouville) によって発見された．彼は

$$0.10100100000100000000000000000000001000\ldots$$

のような数が，ゼロの塊の長さが急激に伸びるならば超越的であることを示した（この場合，塊の長さは，$1, 2 \times 1, 3 \times 2 \times 1, 4 \times 3 \times 2 \times 1$）．

"よく知られた" 数を超越的であると最初に証明したのは，リューヴィルの同輩シャルル・エルミート (Charles Hermite) であった．1873 年のことである．エルミートは数 e（2.7 節で述べられた）が整数係数を持つ多項式の等式を満たすことはできないことを証明した．エルミートは，微分積分の非常に洗練された使用法を作り上げた．1882 年，彼の方法はドイツの数学者フェルディナンド・リンデマン (Ferdinand Lindemann) によって，π が超越数であることを証明するために拡張された．超越数は大変な努力をして証明しなければならないので，珍しいという印象を与えたが，実際にはその反対である．代数的数は数えられるくらいしかないので，ハルナックの定理から実代数的数の集合は長さゼロを持ち，ゆえにほとんどすべての実数が超越数であるということになる．

円を正方形にする

> そう，私はまっすぐな棒の使い方を知っている．だから，円を正方形にできるのだ．　　　　　　　　——アリストファネス，『鳥』

> 円を正方形にする．不可能なことを言う戯れ言．直径と円周の正確な比率（π）を決めることができれば，円を正方形にすることができる，ような不可能なこと．
> 　　　　　　　　　　　　——『警句と寓話のブリュワーの辞典』

　アリストファネスは 400BC 頃『鳥』を書いたので，明らかに "円を正方形にする" は 2000 年以上もの間，「無駄」で「愚か」であることと同じ意味合いであった．その問題については，4.4 節や 4.9 節で簡単に触れた．それでは，この問題は正確にはどういうことなのか，そして π の超越性とどのように関連しているのか？

　まず，ブリュワーの辞典は少し不正確である．問題は，与えられた円の面積と等しい正方形を実際に作図することである．さらに重要なことは，その "作図" は定規とコンパスによらなくてはならない．これはおそらく皆さんが，中学や高校の幾何学で習った作図のようなものであるかもしれない．それには以下のような約束がある．

- 二つの与えられた点を通る直線を引く．
- 与えられた点を通り，与えられた中心を持つ円を描く．
- 描かれた直線や円の交点を見つけ，それらを新しい直線と円を描くために使う．

　単位距離だけ離れた二つの点から作図を始めるなら（たとえば "正方形" にしたい円の中心と円周上の点など），すべての作図可能な長さは，座標幾何学によって，1 から始めて，四則演算と 2 乗根を繰り返し適用した数に限ることが証明できる．このように，すべての作図可能な数は代数的である．リンデマンは，1882 年に π が作図可能な数ではないことを証明した．円はギリシャ人た

ちによって主張された規則に従って，正方形にすることはできないことを証明した．

それはまた，デカルトが曲線の長さは"人間の知性によっては知ることができない"（第4章の初めを見よ）と断言したことが，完全に的外れであったことも示している．デカルトは円と放物線の交点を作るなど，代数的作図過程のみを受け入れた．これらはギリシャ人たちの規則を超えた操作ができるが，それらは代数的数しか作れない．リンデマンの結果はここに有意性がある．単位半円の円周の長さ π は代数的には知りえない．

第4章で見たように，π は和が $\frac{\pi}{4}$ になる無限級数を通して知ることができる．

$$1 - \frac{1}{3} + \frac{1}{5} - \frac{1}{7} + \frac{1}{9} - \frac{1}{11} + \cdots$$

π は代数的には知り得ないので，この π についての公式は，無限のみが私たちに与えることができる知識が存在する良い例である．無限がそのような贈り物を与えるとき，誰が無限の存在を疑えるだろうか？

9.6 完備性への熱望

本の最後はゆったりとした終わりを期待するもので，この本の最後は完備性と閉包についてまとめることにしよう．実数 $\mathbb{R}$ は，この目的のためには理想的である．それは $\sqrt{2}$ や π などの数を考えることにより，有理数のすべてのすきまを埋めることができる．そして（$\mathbb{R}^2, \mathbb{R}^3, \mathbb{R}^4, \ldots$ の助けを得て）幾何学へのしっかりとした基礎を作った——平らあるいは曲がった空間において，そしてあらゆる次元において——さらに複素数や四元数の代数学を作った．また，実数を存在させるのに非常に重要である無限集合の考え方は，イデアルや同値な元の集合の概念にとって必要不可欠であり，現在，数の理論，幾何学，トポロジー，そして（おそらく）天文学でも重要である．

実数は微分積分の極限概念の基礎を与える鍵としても重要である．ともすれば矛盾が起こりがちな無限小の理論を側面から支えている．また現代的アプローチの鍵としても重要である．増加する数列，

$$\frac{1}{2}, \frac{3}{4}, \frac{7}{8}, \frac{15}{16}, \frac{31}{32}, \cdots$$

を考えよう．増加数列のすべての項がある値以下であるなら（この場合 1，あるいはそれより大きい数），その数列は極限を持つと予想される．数列の各項より大きい最小の数へ限りなく近づくと予想される．上の例では，極限は有理数 1 である．しかし，もちろん常に極限が有理数であるとは期待できない．たとえば増加する数列（上から 1 で押さえられている）

$$1-\frac{1}{3}, \quad 1-\frac{1}{3}+\frac{1}{5}-\frac{1}{7}, \quad 1-\frac{1}{3}+\frac{1}{5}-\frac{1}{7}+\frac{1}{9}-\frac{1}{11}, \cdots$$

の極限は $\frac{\pi}{4}$ で無理数である．数列が有理数のあるすきまに下から近づくとき，その極限は有理数のすきまが実数によってすべて埋められていれば，この有理数の数列の極限が存在することは保証される．このことから，すべての実数の集合が微分積分に必要になる．すべての有界で増加する数列が極限を持たなければ困るのだ．

こうして，次々に発見を続けて，数の概念を広げてきた．それはまるで数学の歴史における不可能との苦闘のほとんどは，数の概念を広げるための戦いであったかのようにも見える．そうかもしれないが，私たちは実数についての完全理解，そして $\sqrt{2}$ のように単純な個々の数の理解にさえもたどり着いていないようだ．1.5 節で述べたように，$\sqrt{2}$ の無限小数については，ほとんど知られていない．このようにつながる

$$1.4142135623730950488168872420969807 8569\ldots$$

各 10 個の数字 $0, 1, 2, 3, 4, 5, 6, 7, 8, 9$ が平均して $1/10$ 回ずつ起こっているかのようにも見える——なぜある数字がほかのものより頻繁に起こるのか？——しかし，このような性質も何も証明されていない．この等頻度性質は正規性と呼ばれるが，どんな無理数の代数的数についても，e や π のような "普通の数" として使っている超越数のどんなものに対しても，実際には証明されていない．しかし，ほとんどすべて実数は正規である！これは無限小数に現れる $0, 1, 2, 3, 4, 5, 6, 7, 8, 9$ の各々が等しい頻度で現れるという常識的な考えから，苦労して作り上げた結果である．

9.6 完備性への熱望

　理解できないもう一つのことは，いわゆる連続体仮説である．実数の無限はどれくらい大きいのか？とくに $\mathbb{R}$ は "最も小さい" 数えられない無限なのだろうか（非可算集合の中で）？自然数は，並べたときに，ある数の前に有限個だけの自然数があるように順序づけられる．このことから，自然数は存在する中で，一番小さい無限を表していることがわかっている．$\mathbb{R}$ は非可算であるので，$\mathbb{R}$ に対しては，自然数のような並べ方は不可能である．最も小さい非可算集合は，各元が可算個より多くの，自分より小さいものを持たざるを得ない順序を持つ．カントールはそのような順序が $\mathbb{R}$ について存在すると信じていたが，彼自身は証明することができなかった．彼は精神病院で人生を終え，それは，連続体仮説が原因であったと信じている人もいた．

　20 世紀の数学の最も深く最も複雑な理論のいくつかは，連続体仮説に明確な結論が得られないまま，その有効性の上に展開された．現在わかっているのは，その問題が集合理論を作り上げている公理によっては，処理できないということである．これは，その問題は解くことができないという印であるという人もいる．また，単に何かを見落としているに過ぎず，連続体仮説は見かけほど不可能ではない，ということを意味しているに過ぎないという人もいる．

　あなたは，私がどちらの側にいるのかおそらく推測できるだろう．しかし連続体仮説がいつか解決されたとしても，実数についての無限に多くの問題がそのまま残るだろう．すべての実数を並べ上げることができないということは，また実数についてすべての事実を知ることができないことも示唆する．（実際，自然数についてもすべての事実を知ることができないことを示唆するが，この続きをここでは追及するのはやめよう—魅力的ではあるが．）このように新しい考えや，おそらく明らかな不可能性との苦闘はいつも求められるだろう—数の理論においてさえも．

　数学は最も不変な世界であるが，決して終わらない世界である．

エピローグ

> 現代までの無限小解析の進歩を考えると，私には数学の本質的な進歩は，ギリシャ時代の数学者，ルネッサンスの幾何学者，リーマンの後継者による表現方法の進歩であると考えられる．彼らは適切な定義をすることがうまくできないので，それまでの数学から外に出ようとしていた．
>
> ——ジャック・アダマール，エミール・ボレルへの手紙，1905年

"不可能への挑戦"は数学の多くの進歩の源であることは明らかであり，大きな役割を果たした"不可能"の性質に少なくとも二つを認めることができる——現実的な不可能と，見かけ上の不可能である．数学の発見は明かなことと不可能の間の薄い層に生じるという，序文で引用したコルモゴロフの見方がある．彼の考え方からすれば，この二つの不可能から数学が進歩したことは決して驚くことではない．層が薄いとき，現実的不可能と見かけ上の不可能の違いを見分けることは困難であり，ともに真実に近い．

「現実的な不可能は必ず新しい真実へ導く」　すべての数が有理数である世界のように，数学者が熱望するものは単純すぎて真実になり得ないこともある．しかし，有理数のすきまを満たすことによって得られる実数の世界のように，少しだけ複雑なことが真実かもしれない．

実際にいくつかの真実は複雑すぎて，最初の目的にも到達できない．偽（にせ）である"ほぼ真実"から始める必要があるのかもしれない．微分積分の近似理論における無限小の理論などがそれに当たるだろう．

最終的にいくつかの不可能性は妥当でさえないが，沈黙の幸運により新たな真実の近くにいる．3次元の数への欲求は望みがないが，4次元の四元数へと

導く．それは 2 次元以上のどんな次元の数よりも身近にあるだろう．

「見かけ上の不可能は新しい真実」　この本の例のほとんどはこのカテゴリーにある．有理数，虚数，無限遠における点，曲率空間，イデアル，無限のさまざまな姿，これらのことは直感で理解することができないので，最初は不可能に思えるが，私たちの感覚を人工的技術により，ある意味拡張した数学的記号を助けとすれば理解できる．

　たとえば無理数の点 $\sqrt{2}$ と，1.41421356 などの $\sqrt{2}$ に近い有理数の点との差を言うことはできない．しかし，無限小数の記号を用いて，なぜ $\sqrt{2}$ が有理数と異なるのかを理解することはできる．その小数展開は無限であり，周期的ではない．

　$\sqrt{-1}$ についてその状況は似ているが，まったく同じではない．その平方が負であるので，$\sqrt{-1}$ に対しては実数になることが不可能である．$\sqrt{-1}$ がゼロより大きいとか，あるいは小さいともいえないので，$\sqrt{-1}$ を実数直線上で見ることはできない．しかし，$\sqrt{-1}$ は四則演算に関して数のように振る舞う．これは $\sqrt{-1}$ を表現するためには，どこか他の場所を見るようにわれわれをけしかけているのである．実際，実数直線と垂直なもう一つの直線上（虚数軸）で $\sqrt{-1}$ を見つけることができる．

「不可能性と数学的実在」　約 100 年前まで，不可能の概念は曖昧だった．不可能な構成物が，どれだけ明らかに実際のものとして見つけられたか，何度も見てきた．しかし，たとえば矛盾などいくつかのものは確かに不可能である．実際に存在する物体は四角くもあり，丸くもあるなどといった，矛盾する性質をもたない．しかし矛盾が不可能性の唯一の理由だろうか？

　1900 年の国際数学者会議での有名な演説で，ヒルベルトはこの状況の"簡単な指針"を述べた．

> もし，設定した概念が矛盾を導いたら，その概念は数学的には存在しない．たとえば，実数の中に，2 乗して -1 になる数が存在しないように．

そして彼は大胆にもその逆も主張した．

もし，設定した概念が論理的な有限回の手順で矛盾を起こさないと証明されたならば，その概念（たとえば数や関数が何かの条件を満たすなど）は存在することが証明されたと考えられる．

どのようにしてヒルベルトがこの主張を正当化したかは定かではない．数理論理学者によって，後にこの結果は正当化される．1915 年のことである．—レオポルド・レーウェンハイム (Leopold Löwenheim, 1915), ソラルフ・スコーレム (Thoralf Skolem, 1922), クルト・ゲーデル (Kurt Gödel, 1929). これらの結果は，無矛盾性が以下の意味での存在を保証することを示している．第 1 階述語論理で無矛盾な文章の集合（数学を普通に記述するのに十分な言葉）はモデルを持つ，つまりすべての与えられた文を真にする "解釈"（日本語でも普通，インタープリテイション (interpretation) という）が存在する．

"解釈"（インタープリテイション）は象徴的であり，文章を表現する言語の記号から構成されるので，人が望むことより直感的ではない．しかし，これがなぜ数学が過去において何度も "不可能" を解決してきたかの理由でもある．まず不可能な事柄は $\sqrt{-1}$ などの記号として表され，この記号が，現在受け入れられている数学の世界の要素と，どのような相互作用をするかを試す人がいる．新しい記号が $\sqrt{-1}$ のように，矛盾がないと認められれば，それもまた受け入れられ，新たな数学的事柄を記述するとみなされ市民権を得る．

「不可能の未来」 数学におけるすべての戦いは今や解決され，もはや不可能性に取り組む必要がないという印象を残してこの本を終わりたくはない．現実は，そのまったく反対である．たとえば，物理学の微分積分における無限小についての戦いと同じくらい深刻に，数学は別の戦いによって過去 80 年の間悩まされてきた．その二つの重要な理論，一般相対性理論と量子論は両立しがたい！

実際には相対論と量子論は異なる領域で使われるので，互いの方法が直接衝突することはない．天文学の大きな世界における相対論と原子の小さな世界における量子論．それぞれの世界で，これらの理論は驚くほど正確であると実証されてきた．しかし，ここには一つの世界しかないので，相対論と量子論の両方が正しいことはあり得ない．たぶん真実はそれら両方にとても近いどこかにあるが，まだ誰もこの真実を十分に表現できていない．

相対論と量子論を調和させることを主張する理論に，いわゆるひも理論がある．しかし，これまでのところひも理論は実験的に試すことができていない．ということは，実際は物理学ではない．驚くべきことは，ひも理論はすばらしい数学であるのだ！ 1990年代，ひも理論は純粋な数学における難しい問題を解くために使われた（ブライアン・グリーンの『エレガントな宇宙』を見よ）．それらのいくつかは，証明できそうもなく，月光と呼ばれている．ひも理論により証明ができれば，相対論と量子論の統合という不可能な世界が本当に解決される．そのとき何が起きるのだろうか？

訳者あとがき

　数学というと，普段の生活とは何の関係もないと思われているようです．現代数学は社会生活から離れてしまってる．そんな風に思われている方が多いと思います．しかし，数学の歴史は，人類の歴史と同じくらいの長さがあります．それは，毎日の生活に密着していたからです．だから，数学は今まで存在してきたと考えて間違いはないでしょう．

　現代数学が，人間の生活から乖離して見えるのは，理論がなぜできたかに注意を払わないということが大きな原因です．なぜその分野の数学の研究が行われてきたのか，ということに考えを馳せないからです．研究している人も，外から見ている人も，数学の理論の背景がわからないことが多いようです．

　学問はすべて，何かを解決するためにできたと考えてもよいでしょう．それを忘れると，理論がある意味を見失います．そして，その理論の価値もわからなくなります．数学は公理から出発して，無矛盾に理論が展開されていく学問です．そして，それが数学の唯一の意味であると考えらているようです．そうではなく，数学も自然現象を理解したり，農作物を作ったりするのと同じように，現実を理解し，それにどう対処するかを考え続けてきた学問です．その発展の中で，矛盾を否定する数学も，矛盾を受け入れそれを乗り越えて来ました．それが数学の発展です．そして，その何かを解決するときには，想像力も，ときには空想力も必要でした．

　数学の理論の始まりは，今どんなに生活から離れているように見えても，生活に密着したものでした．数学を外から見る人たちは，数学で使う言葉を拒否することもあるでしょう．しかし，その言葉も不可能を乗り越えるために工夫し続けた結果です．この本を読んだ方が，少しでも数学の理論がなぜそこにあるのかを理解してもらえるために，この本があります．しかし，そのためには，

少しハードルがあります．

　この本を読むと，数学を理解するためには，大きな努力が必要だという，メッセージが伝わってきます．テレビなどでよく言われる，やさしく説明するということが不可能であるということがわかります．やさしく説明できることは，やさしいことだけです．難しいことを説明するのは，難しいのです．現実の現象はやさしいものではありません．それを調べるために作られた理論も，やはり難しくなります．

　ですから，それを最初に作った人たちは大きな努力を必要とします．その努力の甲斐があり，不可能を受け入れられるようになった理論は，いまでは，論理的に積み上げられた形になっています．そのおかげで，努力と根気を忘れなければ，理解できるようになっているわけです．難しいことをやさしくしようとするのは，無駄な努力であると同時に，する必要のないことです．実際の現象を理解しようとすれば，難しい仕組みも受け入れなければなりません．

　著者が言うように，この本を理解するためには，高校を卒業したレベルの知識があれば十分です．しかし，それとともに，わからないところを何度も読む努力も必要です．そうすれば，数学が何をして，どのように人間に取って不可能だったことを克服することができたのかがわかります．

　扱っている題材は，音楽，絵画などの芸術までに渡ります．それは，数学が人間が作った文化の一つであるということの表れです．著者は数学の文化としての面も読者に伝えようとしていると思います．この本のすべてを，一度に理解しようとする必要はありません．何度も気に入ったところを読んでいただくようなことも大切です．別の場所の理解が深まると，思ってもいなかった場所が理解できることがあります．この本によって，少しでも数学が皆さんの身近なものになることが，訳者の願いです．

　最後に，わざわざバイオリンとヴィオラを訳者の研究室にお持ちいただき，音について説明してくださった，早稲田大学高等学院音楽科教諭 浅香満先生に感謝します．

2013 年 12 月

訳　者

索 引

■1〜9■
1 次結合 ················· 169
120 胞体 ················· 187
2-円柱 ··················· 225
2 次元球面 ·············· 131
2 次方程式 ········· 26, 36
2 乗恒等式 ·············· 173
2-トーラス ············· 229
2 平方恒等式 ··········· 174
24 胞体 ·················· 181
3-円柱 ··················· 217
3 次曲線 ·················· 77
3 次元球面 ······· 130, 131
3 次元空間 ·············· 131
3 次元空間の回転 ····· 177
3 次元の対称性 ········ 179
3 次方程式 ··············· 38
3-トーラス ············· 229
3 平方の恒等式 ········ 173
4 次元 ·············· 15, 159
4 次元空間 $\mathbb{R}^4$ ········ 175
4 次元正 16 面胞体 ··· 185
4 次元正多面体 ········ 184
4 次元単体 ·············· 185
4 次元立方体 ··········· 185
4 度 ························ 3
4 平方恒等式 ··········· 172
600 胞体 ················· 187
8 平方恒等式 ··········· 173

■A■
$adequality$ ············ 114

■B■
Bézout の定理 ········· 56

■C■
$\cos x$ ···················· 54

■E■
e ·························· 54

■G■
$\gcd(a,b)$ ·············· 196

■S■
$\sin x$ ···················· 54

■あ■
アダムズ ················· 42
アーベル，ニールス・ヘンリック ··· 237
アポロニオス ·········· 110
アルカージン ··········· 44
アルキメデス ·········· 106
アルクワリズミ ········ 12
アルゴリズム ····· 20, 23
アルベルティ ··········· 69
アロゴス ················· 12

■い■
一意性 ···················· 62
イデアル ················ 210
イデアル素数 ·········· 190
緯度円 ··················· 133
因数定理 ················· 52
因数分解 ················· 55

■う■
ヴィエト ················· 46
ヴェッセル，キャスパー ········· 47
ウェーバー–フェフィナーの法則 ········ 5
ウォリス，ジョン ··· 123

索　引

■え■

エウドクソス ································ 17, 109
エッシャー，M.C. ··························· 151
エルミート，シャルル ······················ 251
円 ··· 127
遠近法 ·· 59
円錐 ·· 77
円錐曲線 ································ 77, 110
円柱 ·· 136
円の曲率 ······································ 142

■お■

オイラー，レオンハルト ···················· 54
扇形 ·· 107
オクターブ ····································· 2
音楽 ··· 2

■か■

解 ··· 31
　――の公式 ·································· 36
海王星 ·· 42
解釈 ·· 259
解析 ··· 55
回転 ··· 48
ガウス ·· 47
　――の曲率 ···························· 142, 146
ガウス整数 ···································· 200
　――の素因数分解の一意性 ············· 205
ガウス素因数分解 ··························· 203
ガウス素数 ···································· 200
角度 ······································· 16, 46
可算集合 ······································ 239
数の理論 ······································· 15
傾き ··· 66
カッシオドルス ······························· 12
加法 ······································ 14, 31
加法的 ·· 5
ガリレオ ······································· 42
カルダノ ······································· 38
　――の公式 ·································· 40
完全5度 ·· 3
カント，イマニュエル ····················· 155
カントール，ゲオルグ ····················· 244

■き■

幾何学 ·· 2
　――の基礎 ································ 156

幾何学的級数 ································ 105
擬球面 ··· 147
偽距離 ··· 150
奇数 ·· 10
基底 ·· 169
基本周波数 ···································· 4
逆元法則 ······································· 87
球 ·· 127
球状空間 ······································ 127
球面 ·· 127
鏡像 ··· 32
共役数 ··· 16
極限 ····································· 125, 254
局所 ·· 221
局所的 ··· 136
曲線の傾き ··································· 111
曲線の長さ ···································· 97
曲線論 ·· 78
曲率 ····································· 127, 145
虚数 ·· 31
虚数解 ··································· 38, 40
虚部 ·· 43
距離 ·· 167
ギリシャ人 ······························· 13, 14
ギリシャ数学 ································· 15
キレン ··· 106

■く■

空間の回転 ··································· 177
偶数 ·· 10
くさび型 ······································ 150
クライン，フェリックス ··················· 156
クンマー，エルンスト・エドアルド ·· 190

■け■

形式的演繹 ··································· 155
ケイレイ，アーサー ························· 77
結合幾何学 ···································· 75
結合公理 ······································· 74
結合法則 ······································· 87
ゲーデル，クルト ··························· 259
減法 ··· 31
原論 ·· 15

■こ■

広域 ·· 221
交換法則 ······································· 87

索　引

格子点 ………………………………… 64
公約数 …………………………… 1, 197
公理 …………………………………… 62
古典幾何学 …………………………… 89

■さ■

最小曲率 …………………………… 145
最大曲率 …………………………… 145
最大公約数 ……………………… 21, 196
サッケーリ，ジローラモ ………… 143
サドル ……………………………… 146
座標 …………………………………… 63
座標幾何学 …………………………… 78
三角形の内角の和 ………………… 138
三角錐 ……………………………… 102
三角柱の体積 ……………………… 101
算術 …………………………………… 2
三平方の定理 ………………………… 7

■し■

四角形 ………………………………… 70
四元数 ……………………………… 159
次数 …………………………………… 56
指数関数 ……………………………… 54
自然数 ………………………………… 1
実関数 ………………………………… 57
実数 …………………………………… 31
実数解 ………………………………… 36
実数直線 $\mathbb{R}$ ……………………………… 31
実代数曲線 …………………………… 57
実代数的数 ………………………… 249
実部 …………………………………… 43
四面体 …………………………… 15, 102
射影幾何学 …………………………… 75
射影空間 ……………………………… 80
射影写像 …………………………… 151
射影点 ……………………………… 134
射影平面 ………………………… 76, 80
射影モデル ………………………… 153
斜辺 …………………………………… 44
シャンクス ………………………… 106
主イデアル ………………………… 214
周期 …………………………………… 23
周期性 ………………………………… 22
周期的 ………………………………… 22
　　—な空間 ……………… 217, 228, 230
　　—な直線 ……………………… 228

　　—な平面 ……………………… 228
周期連分数 …………………………… 26
周波数 ………………………………… 3
主曲率 ……………………………… 145
シュタウト，クリスチャン・フォン
……………………………………… 85, 89
シュパイゼル，アンドレアス ……… 134
シュレフリ，ルードウィヒ ……… 187
循環小数 …………………………… 105
順序 …………………………………… 64
順序対 ………………………………… 64
消失点 ………………………………… 69
小数 …………………………………… 17
乗法 …………………………… 14, 31
乗法因子 ……………………………… 48
乗法的 ………………………………… 5
乗法特性 ……………………………… 46
除法 …………………………………… 31
ジラール ……………………………… 52
振動 …………………………………… 3
振動数 ………………………………… 6

■す■

水平線 ………………………………… 60
スコーレム，ソラルフ …………… 259
ステヴィン，サイモン ………… 13, 16
ストゥルイク ………………………… 13

■せ■

正規性 ……………………………… 254
正高次元多面体 …………………… 186
正四面体 …………………………… 178
正十二面体 ………………………… 178
整除性 ……………………………… 193
整数 …………………………………… 32
整数解 ………………………………… 40
正多面体 …………………………… 178
正二十面体 ………………………… 178
正の数 ………………………………… 31
正八面体 …………………………… 178
正方形 ………………………………… 13
接線 …………………………………… 97
絶対値 ………………………………… 47
　　—の乗法性質 ………………… 159
漸近線 ……………………………… 143
線形方程式 ………………………… 157

■そ■

素 11
素因数分解 191
　——の一意性 191
双曲型幾何学 145
双曲型空間 127
双曲型平面 127, 145
双曲線 77
双曲線 sin, cos 関数 144
相似 80
相似形 23
相似比 22
相対的 3
測地線 136
測地線分 136
素数 16, 189
祖忠之 106

■た■

対角線 16, 70
対角線論法 248
対称図形 159
代数 14
代数学 16
　——の基本定理 52
　——の法則 86
代数学的方程式 111
代数曲線 56
代数的数 249
体積 97
第二の複素周期 234
楕円 77
楕円関数 234
楕円積分 234
楕円モジュラー関数 238
多面体 15
多様体 231
タルタリア 38
単位 14
単位球 177
単位元法則 87
単位正方形 14
ダンテ・アリギエーリ 129

■ち■

中心投影 149
稠密 9

■つ■

朱載堉（チュー・チアン） 27
長方形 22
直線の方程式 66
直方体 100

■つ■

追跡線 147

■て■

ディオファントス 43
定曲率 157
定常球面 131
底面積 101
テイラー，ブルック 233
テオドリック王 12
デカルト，ルネ 52
デザルグ，ジラール 77
　——の定理 79
デデキント，リヒャルト 212, 244
デーン 15
点対称 49
天文学 2

■と■

同一直線上 76
　——にある性質 84
等角写像 151
同値 82, 227
等比数列 105
トライバル 217
トーラス 229
取り尽くし法 109

■な■

長さ 97

■に■

ニコマコス 2
ニーダム，ジョセフ 28
ニュートン，アイザック 56

■の■

ノルム 203

■は■

配置定理 76
背理法 11

索引

バークリー，ジョージ ……………… 124
パスカル，エティエンヌ ……………… 77
八元数 ……………………………………… 173
パッポス …………………………………… 78
　——の定理 ……………………………… 78
バビロニア人 ……………………………… 8
ハミルトン，ウィリアム・ローワン ‥ 160
パラドックス ……………………………… 60
ハリオット，トーマス ………………… 134
ハルナック，アドルフ ………………… 246
判別式 ……………………………………… 37

■ひ■

非可算集合 ……………………………… 243
東ゴート族 ……………………………… 12
ビークマン，アイザック ………………… 3
ピサのレオナルド ……………………… 44
非主イデアル …………………………… 214
被整除性 ………………………………… 16
ピタゴラス学派 …………………………… 3
ピタゴラス数 ……………………………… 8
ピタゴラスの定理 ………………………… 7
ピーターソン，マーク ………………… 131
ヒッパルコス …………………………… 133
微分積分法 ……………………………… 120
非有理 ……………………………………… 51
非ユークリッド幾何学 ………… 128, 143
非ユークリッド空間 …………………… 144
非ユークリッド的 ……………………… 143
非ユークリッドの世界 ………………… 144
ヒルベルト，ダビッド ………… 85, 100

■ふ■

フィボナッチ ……………………………… 44
フェルマー，ピエール・ド ……………… 63
フェロ ……………………………………… 38
複素解析 …………………………… 55, 57
複素関数 …………………………………… 57
複素数 ……………………………………… 32
　——の積 ………………………………… 43
　——の和 ………………………………… 43
複素数解 …………………………………… 50
複素整数 ………………………………… 200
複素単純 Lie 群 ………………………… 57
不動点 ……………………………………… 48
プトレマイオス，クローディアス …… 133
負の曲率 ………………………………… 145

負の数 ……………………………………… 31
フーリエ，ジョゼフ …………………… 233
フロベニウス，ゲオルグ ……………… 173
分数 ………………………………………… 17
分数表記 …………………………………… 24
分配法則 …………………………… 33, 87

■へ■

平行四辺形 ………………………………… 99
平行線 ……………………………………… 61
　——の公理 ……………………………… 61
平行六面体 ……………………………… 101
平方 ………………………………………… 36
平方根 ……………………………………… 37
平方和 ……………………………………… 44
ヘルツ ……………………………………… 3
ベルトラミ，エウジェニオ …………… 149
ベルヌーイ，ダニエル ………………… 233
ペルラン …………………………………… 71
ペンローズ，ライオネル ……………… 220
ペンローズのトライバル ……………… 219

■ほ■

胞体 ……………………………………… 186
放物線 ……………………………… 77, 110
ボス，アブラハム ……………………… 77
ホッブズ，トーマス …………………… 123
ホロ球面 ………………………………… 144
ポワンカレ，アンリ …………………… 158
ボンビエリ，ラファエル ………………… 41

■ま■

マヒン …………………………………… 106

■み■

ミンディング，フェルディナント …… 148

■む■

無限 ………………………………………… 19
無限遠直線 ………………………………… 69
無限遠点 ……………………………… 60, 69
無限級数 ………………………………… 107
無限空間 ………………………………… 127
無限循環 …………………………………… 25
無限小 ……………………………………… 98
無限小数 …………………………………… 19
無理数 ……………………………………… 2

■め■
面積 …………………………………… 97

■も■
モウファング，ルース ………… 82, 85

■や■
ヤコビ，カール・グスタフ ………… 237

■ゆ■
有限 ……………………………………… 21
有限宇宙 ……………………………… 130
有限確定 ……………………………… 25
有限小数 ……………………………… 19
有理数 …………………………………… 2
有理数比 ……………………………… 51
有理複素数 …………………………… 50
ユークリッド ………………………… 15
　──の平行線の公理 ……………… 62
ユークリッドアルゴリズム ……… 21
ユークリッド幾何学 ……………… 78
ユークリッド平面 ………………… 127

■ら■
ライプニッツ ……………………… 112

■り■
理想の素数 ………………………… 210

■り■(立)
立体射影 …………………………… 133
立方体 ………………………… 15, 178
リーマン，ベルンハルト ……… 157, 235
リューヴィル，ヨセフ …………… 251
リンデマン，フェルディナンド … 251

■る■
累乗 ……………………………………… 28
累乗根 ………………………………… 50
ルクレティウス …………………… 128
ルジャンドル，エイドリアン＝マリー … 163

■れ■
レヴェリエ …………………………… 42
レーウェンハイム，レオポルド … 259
連続 ……………………………………… 31
連続体仮説 ………………………… 255
連続的 ………………………………… 31
連分数 ………………………………… 24

■ろ■
ロゴス ………………………………… 12
ロドリーグ ………………………… 174
ロピタル，マルキウス …………… 114
ロビンソン，アブラハム ………… 126

■わ■
割り切れる ………………………… 193

訳者紹介

柳谷　晃（やなぎや　あきら）
1983年　早稲田大学大学院理工学研究科博士課程修了
現　在　早稲田大学高等学院教諭，早稲田大学理工学術院兼任講師
主　著　『忘れてしまった高校の数学を復習する本』，中経出版，2002.『事例でわかる統計解析の基本』，日本能率協会マネジメントセンター，2006.『世の中の罠を見抜く数学』セブン＆アイ出版，2013. ほか多数.

内田　雅克（うちだ　まさかつ）
1995年　東京大学大学院総合文化研究科言語情報科学専攻修了
現　在　東北芸術工科大学芸術学部／教養教育センター教授，教育学博士
主　著　『大日本帝国の「少年」と「男性性」』，明石書店，2010.『コンパクト・エッセンシャル実践英文法』，松柏社，2013（共著）.

不可能へのあこがれ
　　―数学の驚くべき真実―
原題：*Yearning for the Impossible : The Surprising Truths of Mathematics*
2014年2月15日　初版1刷発行

著　者	John Stillwell（スティルウェル）	
監訳者	柳谷　晃	
訳　者	内田雅克　柳谷　晃	© 2014
発行者	南條光章	
発行所	共立出版株式会社	

〒112-8700
東京都文京区小日向4丁目6番19号
電話　（03）3947-2511（代表）
振替口座 00110-2-57035 番
http://www.kyoritsu-pub.co.jp/

印　刷　錦明印刷
製　本　ブロケード

検印廃止
NDC 410

社団法人
自然科学書協会
会員

ISBN 978-4-320-11080-9　　Printed in Japan

JCOPY　＜(社)出版者著作権管理機構委託出版物＞
本書の無断複写は著作権法上での例外を除き禁じられています．複写される場合は，そのつど事前に，(社)出版者著作権管理機構（電話 03-3513-6969，FAX 03-3513-6979，e-mail: info@jcopy.or.jp）の許諾を得てください．

■編集委員会：飯高　茂・中村　滋・岡部恒治・桑田孝泰■

数学のかんどころ

数学理解の要点（極意）ともいえる"かんどころ"を懇切丁寧にレクチャー。ワンテーマ完結＆コンパクト＆リーズナブル主義の現代的な新しい数学ガイドシリーズ。【各巻：A5判・並製・税別価格】

① 内積・外積・空間図形を通して
ベクトルを深く理解しよう
飯高　茂著・・・・・・・・・・122頁・本体1,500円

② **理系のための行列・行列式**
めざせ！理論と計算の完全マスター
福間慶明著・・・・・・・・・・208頁・本体1,700円

③ **知っておきたい幾何の定理**
前原　濶・桑田孝泰著・・・176頁・本体1,500円

④ **大学数学の基礎**
酒井文雄著・・・・・・・・・・148頁・本体1,500円

⑤ **あみだくじの数学**
小林雅人著・・・・・・・・・・136頁・本体1,500円

⑥ **ピタゴラスの三角形とその数理**
細矢治夫著・・・・・・・・・・198頁・本体1,700円

⑦ **円錐曲線** 歴史とその数理
中村　滋著・・・・・・・・・・158頁・本体1,500円

⑧ **ひまわりの螺旋**
来嶋大二著・・・・・・・・・・154頁・本体1,500円

⑨ **不等式**
大関清太著・・・・・・・・・・200頁・本体1,700円

⑩ **常微分方程式**
内藤敏機著・・・・・・・・・・264頁・本体1,900円

⑪ **統計的推測**
松井　敬著・・・・・・・・・・220頁・本体1,700円

⑫ **平面代数曲線**
酒井文雄著・・・・・・・・・・216頁・本体1,700円

⑬ **ラプラス変換**
國分雅敏著・・・・・・・・・・200頁・本体1,700円

⑭ **ガロア理論**
木村俊一著・・・・・・・・・・214頁・本体1,700円

⑮ **素数と2次体の整数論**
青木　昇著・・・・・・・・・・250頁・本体1,900円

⑯ **群論，これはおもしろい**
トランプで学ぶ群
飯高　茂著・・・・・・・・・・172頁・本体1,500円

⑰ **環論，これはおもしろい**
素因数分解と循環小数への応用
飯高　茂著・・・・・・・・・・190頁・本体1,500円

⑱ **体論，これはおもしろい**
方程式と体の理論
飯高　茂著・・・・・・・・・・152頁・本体1,500円

⑲ **射影幾何学の考え方**
西山　享著・・・・・・・・・・240頁・本体1,900円

⑳ **絵ときトポロジー** 曲面のかたち
前原　濶・桑田孝泰著・・・128頁・本体1,500円

㉑ **多変数関数論**
若林　功著・・・・・・・・・・184頁・本体1,900円

㉒ **円周率** 歴史と数理
中村　滋著・・・・・・・・・・240頁・本体1,700円

㉓ **連立方程式から学ぶ行列・行列式**
意味と計算の完全理解　岡部恒治・長谷川愛美・村田敏紀著・・2014年2月発売予定

㉔ **わかる！使える！楽しめる！ベクトル空間**
福間慶明著・・・・・・・・・2014年3月発売予定

以下続刊

ここがわかれば数学はこわくない！

ガウス　　オイラー

イラスト：飯高　順

http://www.kyoritsu-pub.co.jp/　　共立出版　　（価格は変更される場合がございます）